U0241977

高等职业教育畜牧兽医类专业教材

动物生产技术

DONGWUSHENGCHANJISHU

李 嘉 主编

中国轻工业出版社

图书在版编目（CIP）数据

动物生产技术/李嘉主编． —北京：中国轻工业出版社，2022.1
高等职业教育畜牧兽医类专业教材
ISBN 978 - 7 - 5019 - 8861 - 7

Ⅰ.①动…　Ⅱ.①李…　Ⅲ.①畜禽 - 饲养管理 - 高等职业教育 -
教材　Ⅳ.①S815

中国版本图书馆 CIP 数据核字（2012）第 134243 号

责任编辑：马　妍　　　责任终审：滕炎福　　封面设计：锋尚设计
版式设计：锋尚设计　　责任校对：晋　洁　　责任监印：张　可

出版发行：中国轻工业出版社（北京东长安街 6 号，邮编：100740）
印　　刷：北京君升印刷有限公司
经　　销：各地新华书店
版　　次：2022 年 1 月第 1 版第 5 次印刷
开　　本：720×1000　1/16　印张：16.75
字　　数：334 千字
书　　号：ISBN 978 - 7 - 5019 - 8861 - 7　定价：33.00 元
邮购电话：010 - 65241695
发行电话：010 - 85119835　传真：85113293
网　　址：http://www.chlip.com.cn
Email：club@ chlip.com.cn
如发现图书残缺请与我社邮购联系调换
211625J2C105ZBW

高等职业教育畜牧兽医类专业教材编委会

（按姓氏拼音顺序排列）

主 任

蔡长霞　黑龙江生物科技职业学院

副主任

陈晓华　黑龙江职业学院
于金玲　辽宁医学院
张卫宪　周口职业技术学院
朱兴贵　云南农业职业技术学院

委 员

韩行敏　黑龙江职业学院
胡喜斌　黑龙江生物科技职业学院
李　嘉　周口职业技术学院
李金岭　黑龙江职业学院
刘　云　黑龙江农业职业技术学院
解志峰　黑龙江农业职业技术学院
杨玉平　黑龙江生物科技职业学院
于金玲　辽宁医学院
赵　跃　云南农业职业技术学院
郑翠芝　黑龙江农业工程职业学院

顾 问

丁岚峰　黑龙江民族职业技术学院
林洪金　东北农业大学应用技术学院

本书编委会

主　编
李　嘉　周口职业技术学院

副主编
王立辛　辽宁医学校
李亚丽　黑龙江生物科技职业学院

参编人员
吴结革　金陵科技学院
刘瑞芳　西北农林科技大学
付云超　黑龙江职业学院

前言 / PREFACE

根据国务院《关于大力发展职业教育的决定》、教育部《关于全面提高高等职业教育教学质量的若干意见》和《关于加强高职高专教育人才培养工作的意见》的精神，2011 年中国轻工业出版社与全国 40 余所院校及畜牧兽医行业内优秀企业共同组织编写了"全国农业高职院校'十二五'规划教材"（以下简称规划教材）。本套教材依据高职高专"项目引导、任务驱动"的教学改革思路，对现行畜牧兽医高职教材进行改革，将学科体系下多年沿用的教材进行了重组、充实和改造，形成了适应岗位需要、突出职业能力，便于教、学、做一体化的畜牧兽医类专业系列教材。

《动物生产技术》是规划教材之一。本课程是兽医、动物营养与饲料、动物防疫与检疫等专业的专业课，是进行动物科学研究、指导动物生产所必需的课程。着重提高学生的基本技能和独立思考能力，加强感性认识，提高动手能力。本书主要结合生产实际介绍了动物生产中各类主要家畜的生产管理技术，是按照专业培养目标和教学大纲规定的内容要求完成的。在编写时采用情境教学模式，力求体现以实际生产管理为主线，以职业岗位技能培养为核心，突出理论知识的应用、实践能力的培养和高新技术的应用，突出内容的实用性、可操作性和应用性等特点。

本教材由绪论、猪生产技术、禽生产技术、牛生产技术、羊生产技术及技能训练共六部分构成。教学目标明确，内容丰富，重点突出，文字简练、规范，通俗易懂。能够使学生牢固掌握动物生产所需要的基本理论知识和实用技能，并具备解决养殖生产技术问题的能力。

本教材由李嘉编写绪论、第二篇的情境三、情境四、情境五和情境六；王立辛编写第一篇的情境一和情境二；李亚丽编写第一篇的情境三；吴结革编写第二篇的情境一和情境二；刘瑞芳编写第三篇；付云超编写第四篇。王立辛编写技能训练的实训一、二、三，李亚丽编写实训四、五，李嘉编写实训六至实训十，刘瑞芳编写实训十一，付云超编写实训十二。

由于编者水平有限，书中难免存在不妥之处，敬请读者提出宝贵意见。

编者

2012 年 7 月

绪论

第一篇 猪生产技术

情境一 猪场建设 5

单元一 猪的生物学特性 5
单元二 工厂化猪场建设 10

情境二 猪的繁育技术 30

单元一 猪的品种资源 30
单元二 种猪的选择 37

情境三 猪的饲养管理 49

单元一 种猪生产 49
单元二 仔猪生产 69
单元三 后备猪的饲养管理 85
单元四 育肥猪生产 88
单元五 猪的应激综合征和猪肉品质 94

第二篇 禽生产技术

情境一 禽场建设 102

单元一 禽场规划 102
单元二 养禽设备 107

情境二 鸡的人工孵化技术 109

单元一 种蛋的选择 109

单元二　孵化技术　110

情境三　家禽品种　115

单元一　鸡的主要品种　115

单元二　鸭的主要品种　123

单元三　鹅的主要品种　125

情境四　蛋鸡生产　127

单元一　育雏期的饲养管理　127

单元二　育成期的饲养管理　137

单元三　产蛋期的饲养管理　139

单元四　蛋种鸡的饲养管理　143

情境五　肉鸡生产　150

单元一　肉用仔鸡的饲养管理　150

单元二　优质肉鸡的饲养管理　154

单元三　肉用种鸡的饲养管理　156

情境六　水禽生产　160

单元一　鸭的饲养管理　160

单元二　鹅的饲养管理　166

第三篇　牛生产技术

情境一　牛的外形鉴定　170

单元一　牛的品种　170

单元二　牛的外形鉴定　176

单元三　牛的体重测定及年龄鉴定　180

情境二　牛的饲养管理　184

单元一　牛的一般管理　184

单元二　奶牛的饲养管理　188

单元三　肉用牛的饲养管理　197

单元四　种公牛的饲养管理　199

第四篇 **羊生产技术**

情境一　养羊业产品　202

　　单元一　羊毛　202
　　单元二　绵羊、山羊的品种　208

情境二　羊的饲养管理　216

　　单元一　绵羊的放牧饲养　216
　　单元二　绵羊的饲养管理　220
　　单元三　绵羊的接羔技术　226
　　单元四　奶山羊的饲养管理　228

技能训练

　　实训一　参观养猪场（熟知养猪设备）　233
　　实训二　猪的品种识别　234
　　实训三　掌握屠宰测定的项目及其方法　235
　　实训四　观看配种、分娩、仔猪哺育等生产环节的
　　　　　　录像带或课件　238
　　实训五　参观肉猪基地　238
　　实训六　鸡场建筑设计　239
　　实训七　孵化操作技术　241
　　实训八　家禽品种的识别　243
　　实训九　蛋鸡场参观实习　244
　　实训十　肉鸡的屠宰与分割　246
　　实训十一　奶牛的挤奶技术　248
　　实训十二　绵羊剪毛技术　251

参考文献　253

绪 论

一、动物产业在国民经济中的地位和作用

动物产业又称畜牧业或养殖业，是农村经济中最具发展潜力的产业之一，在我国国民经济中占有极其重要的地位，改革开放以来，我国畜牧业发展取得了举世瞩目的成就。畜牧业生产规模不断扩大，畜产品总量大幅增加，畜产品质量不断提高，畜牧业生产方式发生了积极转变，规模化、标准化、产业化和区域化的步伐加快。目前，畜牧业产值已占我国农业总产值的34%，畜牧业发展快的地区，其收入已占到农民收入的40%以上。我国畜牧业在保障城乡食品价格稳定、促进农民增收方面发挥了至关重要的作用。在许多地方畜牧业已经成为农业中最具活力的支柱产业，成为增加农民收入的重要门路之一。因此，调整和优化畜牧业结构、大力发展动物产业是促进农业和农村经济持续发展，实现农民收入稳定增长的战略选择。

1. 能够为人们提供肉、蛋、奶等动物性食品

肉、蛋、奶等动物性食品中含有丰富的蛋白质，蛋白质中氨基酸的比例平衡，更易于被人体吸收和利用，动物性食品有效地改善了人类的食物结构，满足了人类的营养需要。

2. 可以促进粮食转化和农副产品的有效利用

发展动物产业可促进种植业向以粮食、饲料和经济作物为主的三元结构方向进行调整，促进生态农业的发展。畜牧业是生态农业链中的重要环节，不仅可以提供优质的畜禽产品，还能提供大量廉价、优质、可再生的有机肥资源，从而改良土壤、培肥地力，减少化肥施用量，避免污染，促进农业可持续发展。发展动物产业还可以提高土地的利用率，有利于保持土壤微生物平衡，从

而实现农业生态系统的良性循环。

3. 是农民现金收入的主要来源

近年来，我国畜牧业生产继续呈现稳步、健康发展的态势，畜产品产量持续增长，生产结构进一步优化，畜牧业继续由数量型向质量效率型转变，畜牧业产值占农业生产总值的比例超过了 30%，畜牧业已经成为我国农业和农村经济中最有活力的增长点和最主要的支柱产业，畜牧业产业收入也已经成为农民家庭经营收入的重要来源。

二、我国动物产业发展现状、存在问题及发展对策

1. 我国动物产业的发展现状

改革开放以来，我国的养殖业保持了较高的发展速度，获得了全面持续的发展，畜产品产量在世界中占有重要的地位，我国已成为名副其实的畜牧业生产大国。无论是肉类总产量、各畜种肉产量、禽蛋产量还是人均产量都呈现出持续增长的态势，其中猪肉、禽蛋已经超过世界发达国家水平。畜牧业产值在农业产值中所占比例持续增长。畜牧业的发展增加了农民的收入，成为农村经济发展的亮点。

联合国粮农组织 2009 年公布的数据显示：我国生猪存栏 5.23 亿头，占世界存栏总数的 50.9%，居世界第 1 位；绵羊 2.19 亿只，占世界存栏总数的 18.72%，居世界第 1 位；山羊 2.46 亿只，占世界存栏总数的 25.14%，居世界第 1 位；牛 1.89 亿头，占世界存栏总数的 9.2%，居世界第 3 位。肉类总产量达 10845 万 t，禽蛋（不含鸡蛋）843.6 万 t，鸡蛋 3578.6 万 t，奶类 3785 万 t，其中肉类产量占世界总产量的 30%，禽蛋产量占 80%，鸡蛋产量占 40%，奶类产量占 5%。到目前为止，我国人均肉类占有量已经超过了世界平均水平，禽蛋占有量达到发达国家平均水平，而奶类人均占有量仅为世界平均水平的 1/13。从以上数据可以看出我国畜牧业在改革开放的三十多年间取得了飞速的发展。

2. 我国动物产业存在的主要问题

（1）技术研究和推广的不力制约着我国畜牧业的可持续发展 畜牧业的可持续发展，必须要有现代科学技术作支撑。我国传统的畜牧养殖技术已经跟不上现代化畜牧养殖的要求，虽然我国在畜牧养殖方面的科技研究工作一直很受重视，但是长期以来我国的科技成果转化率不高，科技成果在畜牧业生产中不能充分发挥其作用。此外，我国从事畜牧业生产劳动的人员，素质普遍偏低，使畜牧业新技术难以顺利推广，阻碍了畜牧业生产率的提高和畜牧业的可持续发展。近几年，常规疫病频发，也严重影响了畜牧业的发展，疫病防控压力大，困扰着养殖业的健康发展。

（2）畜牧业保障机制不健全，影响养殖业健康发展 长期以来，畜牧业

生产、销售、加工、流通等环节的利益分配严重失调，畜牧生产环节周期长，风险大，效益差，饲料、屠宰、运输、销售等环节处于盈利状态，而生产环节处于微利、保本或亏损状态，养殖户利益得不到保障。我国各地区畜禽养殖数量和畜产品价格总是呈现忽高忽低的状态，波动周期越来越短，幅度越来越大，缺乏得力的调控措施，使养殖户无所适从，给畜牧业生产造成了巨大损失，这是当前我国畜牧业发展存在的最大问题，严重影响着畜牧业的发展。

（3）环境污染严重，疫病防制困难　规模养殖场畜禽粪便造成的环境污染，是造成牧业环境污染的主要污染源。据统计，我国每年产生的畜禽粪便量约为 17.3 亿 t，而我国工业行业每年产生的工业固体废物为 6.34 亿 t，畜禽粪便是工业固体废弃物的 2.7 倍。目前无论是大规模的现代化养殖场还是小规模的家庭散户养殖，对畜禽的粪尿处理还缺乏相应的环保措施和废物处理系统，粪便未经处理直接大批量的露天堆放或是直接排入河流，对家畜和环境造成污染，同时也造成了一些人畜疫病的发生。

（4）兽药、饲料添加剂使用不当，畜产品药物残留高　由于规模化、集约化畜牧业的发展，使得使用抗生素、维生素、激素、饲料添加剂等成为畜禽防病治病、保健促长的需要；经济利益的驱动和科学知识的不足，使得滥用上述药物的现象普遍存在，造成畜产品中的兽药及一些重金属、抗生素等危害人体健康的兽药残留增加，使畜产品的安全问题引起社会的关注，阻碍了畜牧业的发展。

（5）饲料资源不足　饲料用粮短缺影响我国畜牧业的进一步发展。畜牧业飞速发展导致饲料用粮大幅上升。目前，我国的饲料用粮约占粮食总量的 1/3，仍存在着人畜争粮的问题，豆粕、鱼粉等主要蛋白饲料资源进口依存度超过 70%，到 2020 年和 2030 年我国饲料粮占粮食的比例将分别达到 45% 和 50%。这种饲粮不足的情况仍将长期困扰畜牧业的可持续发展。

3. 动物产业发展的基本对策

（1）要切实提高劳动力和科学文化素质，加速科技成果的推广。要充分注意和运用好科学技术的优势，切实提高劳动者的综合素质与基本技能，要不断创新科技培训方式，定期开展畜牧科技富民强国的培训班，广泛争取县、乡级的畜牧兽医技术人员、养殖大户、加工企业等起先导作用的专业人才。要充分发挥科学技术在畜牧业经济增长中的作用，以高质量的教育普及科学技术，加速科技成果的推广；积极实施品牌战略，提高畜牧产品的知名度和市场占有率，为我国更多的畜产品走向国际市场建立绿色通道。

（2）实施国家宏观调控　加强宏观调控，构建市场风险防范机制是应对价格波动的重要手段。要宏观调控国家畜产品市场的供需平衡，保证畜产品市场价格的稳定。建立支持畜牧业持续健康发展的长效机制，落实畜牧法规定的扶持政策，增加财政投入。加强宏观调控，有效防止畜产品价格大起大落。加强畜产品质量安全风险评估，进一步促进畜牧业产业化水平，鼓励畜产品加工企业、农民专业合作社发展，逐步形成生产、流通、加工等环节的利益联动机制，保护养殖者的经济利益。

（3）要高度重视畜禽养殖业对环境造成的污染问题，加强畜牧业生态保护，发展生态环保型畜牧经济，将畜牧业生态保护纳入环境管理工作的主要内容之中，提高畜产品安全意识，加强畜禽及其产品的安全管理与质量认证。要增强对畜牧业环境污染的污染监测，加强畜禽粪便管理，提高畜禽粪便作为农业肥料的利用效率，降低饲料中的矿物质及粗蛋白含量，从而降低粪便中的氮和矿物质含量，减少环境污染。全面提高畜牧业的生态效益、社会效益和经济效益，实现生态保护、畜牧业生产、农牧民增收的协调发展。

（4）建立与国际接轨的检疫、检验、防疫的监督管理体制，加大监管力度。贯彻执行《农产品质量安全法》，全面提高农产品质量安全水平。加大动物及其产品的检疫工作。严格执行国家有关饲料、兽药管理的规定，严禁在饲养过程中使用国家明令禁止、国际卫生组织禁止使用的所有药物，禁止将抗生素等药物作为饲料添加剂使用，保证畜产品的安全，减少对人畜的污染。实施规范饲养管理，搞好动物防疫工作，保障畜牧业健康发展。

（5）广辟饲料资源，优化饲料资源配置。饲料工业是支撑现代畜牧水产养殖业发展的基础产业，是关系到城乡居民动物性食品供应的民生产业。应坚持开源节流，优化饲料资源配置，始终把资源开发和高效利用作为保障饲料工业持续发展的根本要求。广辟饲料来源、加大非常规饲料资源开发力度、减少生产损耗、提高饲料转化率，始终把保障质量安全作为饲料工业发展的首要目标。健全饲料管理法律法规体系，加大饲料质量安全监管力度，完善饲料生产经营诚信体系，推动饲料生产经营规模化、标准化、集约化，建立完善政府监管、企业负责、社会参与的饲料质量安全风险防控机制。

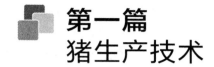

第一篇
猪生产技术

情境一 | 猪场建设

单元一　猪的生物学特性

【学习目标】　通过本单元的学习，掌握猪的生物学特性和行为特点。

【技能目标】　能对猪的生物学习性有清楚的认识，并利用其特点提高猪的生产力。

【课前思考】　猪有哪些生物学习性？其窝产仔数为多少？

家猪由野猪进化而来。猪在长期的进化过程中，因自然和人工选择的作用，逐渐形成了许多特有的生物学特性。不同的猪种既有共性，又有各自的特点。认识和掌握猪的生物学和行为学特性，并加以充分利用和改造，有助于获得较好的饲养和繁育效果，达到安全、优质、高效和可持续发展的目的。

1. 猪的生物学特性

（1）性成熟早，多胎高产　猪 4 ~ 6 月龄达到性成熟，6 ~ 8 月龄即可初次配种。猪的妊娠期一般为 110 ~ 118d，平均 114d。经产母猪每年至少能分娩两胎，若缩短哺乳期，可以达到两年五胎。经产母猪平均每胎可产仔 10 ~ 12 头，比其它家畜要高得多。据报道，我国太湖猪的产仔数高于其它猪种，窝产活仔数平均超过 14 头，个别高产母猪窝产仔数超过 22 头，最高记录窝产仔数达 42 头。

猪的实际繁殖效率并不算高，母猪卵巢中约有 11 万个卵原细胞，但它一生只排卵 400 枚左右；母猪在一个发情期内可排卵 20 ~ 25 个，而实际产仔数只有 8 ~ 15 头。由此可见，猪的繁殖潜力很大。试验证明，通过外激素处理，可使母猪一个发情周期内的排卵数提高至 30 ~ 40 个，个别的可高达 80 个。因此，生产上应采取先进的繁殖技术，进一步提高猪的繁殖效率。

（2）生长迅速，积脂力强　猪的初生重较小，平均为 1 ~ 1.5kg，仅占成年猪体重的 1% 左右。但生后生长速度很快，1 月龄的体重为初生重的 5 ~ 6 倍，2 月龄体重为 1 月龄的 2 ~ 3 倍，一般 160 ~ 170 日龄时体重可达 90 ~ 120kg，此时可出栏上市，相当于初生重的 90 ~ 100 倍。而牛和马只有 5 ~ 6 倍，可见猪比牛和马相对生长强度大 10 ~ 15 倍。在肉用家畜中，猪的胚胎期虽然短，但从出生到成年的生长强度很大，各种家畜的生长情况比较见表 1 - 1。

表 1 - 1　　　　　　　　　各种家畜的生长情况比较

畜别	妊娠期/d	生长期/月	初生重/kg	成年体重/kg	体重增加倍数
猪	114	36	1.0 ~ 1.5	200	7.64
牛	280	48 ~ 60	35	500	3.84
羊	150	24 ~ 56	3	60	4.32
马	340	60	50	500	3.44

猪的生长特点不仅在于体重的增加快速，而且体组织的变化也呈现明显的规律性。一般情况下，保育猪（1 ~ 2 月龄）阶段骨骼生长较快，进入生长猪（3 ~ 4 月龄）阶段肌肉生长加快，肥育猪（5 ~ 6 月龄）阶段脂肪组织的生长速度显著加快。生产中应根据这一规律科学饲养后备猪和肥育猪，在生长发育前期充分饲养，后期可适当限饲，这样不但能提高猪的瘦肉率，而且有利于降低饲料消耗。猪体重每增重 1kg 一般只需 2.8 ~ 4.5kg 饲料，饲料利用率高。屠宰率一般可以达到 65% ~ 80%，肉脂品质好。

（3）食性广，饲料转化率高　猪是杂食动物，有发达的门齿、犬齿、臼齿，胃的结构处于肉食动物的单胃与反刍动物的复胃之间，属中间类型，因而能广泛采食动物性、植物性和矿物质等饲料，但猪对食物有选择性，特别喜爱甜食。

猪的采食量大，消化能力强，可消化大量饲料，以满足其迅速生长发育的营养需要。猪对精料有机物的消化率为 76.7%，也能较好地消化青粗饲料，但对饲料中粗纤维的消化较差，且饲料中粗纤维含量越高对日粮的消化率就越低。因此，在猪的饲养中，要注意精、粗饲料的适当搭配，控制粗纤维在日粮中所占的比例，保证日粮的全价性和易消化性。

（4）嗅觉、听觉灵敏，视力差　猪的嗅觉非常灵敏，据测定，猪对气味的识别能力比狗高出 1 倍，比人高出 7 ~ 8 倍。仔猪出生后几小时便能依靠嗅觉寻找乳头，在 3d 内就能固定乳头。因此，在生产上按强弱固定乳头或寄养时在3d内进行容易成功。凭着灵敏的嗅觉，猪可识别自己的栏舍和卧位，保持群体间、母子间的密切关系；嗅觉在公母猪性联系中也起到很大的作用，若发情母猪闻到公猪特有的气味，即使公猪不在场，也会表现"呆立"反应。同样，公猪能敏锐闻到发情母猪的气味，即使距离很远也能准确地辨别出母猪所在方位。

猪的听觉相当发达，即便是很微弱的声音它也能敏锐地觉察到；猪的头部转动灵活，能迅速判断声源的方向、强度和节律，对各种口令等声音的刺激容易建立条件反射。这种特点虽有利于管理猪群，但也容易使猪群产生应激反应。猪对意外声响特别敏感，为了保持猪群安静，生产中应尽量避免突然的声响，尤其不要轻易抓捕小猪，以免影响其生长发育。

猪的视觉很差，视距短、视野范围小，缺乏精确的辨别能力。猪对光的强弱和对物体形态的分辨能力较弱，辨色能力较差。人们常利用这一特点，用假母猪进行公猪采精训练。

（5）适应性强，分布广　猪对自然地理、气候等条件的适应性强，是世界上分布最广、数量最多的家畜之一，除因宗教和社会习俗等因素禁止养猪的地区外，凡有人类生存的地方都可养猪。从生态学适应性上看，其主要表现在对饲料多样性的适应、对饲养方法和饲养方式上的适应，这些是它们饲养广泛的主要原因之一。

猪对温度和湿度的反应比较敏感。大猪怕热，主要由于其皮下脂肪层较厚、汗腺不发达以及皮薄毛稀、对阳光的反射能力差等因素所致；小猪怕冷，主要因为其皮薄毛稀、皮下脂肪少以及体温调节中枢不发达等，需要较高的环境温度。当环境温度高于猪的耐受临界温度时，猪的呼吸频率升高，采食量减少，生长速度减慢，饲料转化率降低，公猪射精量减少，性欲变差，母猪不发情；当环境温度低于猪的耐受临界温度时，猪的采食量增加，增重减慢。另外，猪在阴暗潮湿的环境中易患感冒、肺炎、皮肤病和其它疾病，特别是高温高湿和低温高湿的环境条件，对猪群的健康和生产有明显影响。猪需要的适宜温度为15~18℃，相对湿度为60%~80%。在生产中应给猪群创造适宜的环境条件，以使猪群的生产性能得到充分发挥。

（6）定居漫游，群居位次明显　猪在进化过程中形成了定居漫游习性，它能够寻找固定地方居住，喜欢群居，同一小群或同窝仔猪间能和睦相处。在猪群内，不论群体大小，都会按体质强弱建立明显的位次关系。若猪群过大，会难以建立位次，相互斗架频繁，影响采食和休息。所以饲养过程中应选择大小合适的猪群。

2. 猪的行为学特征

猪对其生活环境、气候条件和饲养管理条件等在行为上有其特殊的表现，而且有一定的规律性。在畜牧业日趋集约化的情况下，全舍饲、高密度、机械化、专业化流水式高效生产的同时，也形成了大量应激作用，在一定程度上妨碍了猪的正常行为习性。掌握猪的正常行为特性，有利于制定合理的饲养工艺，设计圈舍和设备，改良饲养方法，创造适宜猪生存的环境条件，提高生产效率。

（1）采食行为　猪的采食行为包括摄食与饮水。猪的采食具有选择性，喜欢含糖多的食物，对鱼粉、酵母、小麦粉和大豆等也较偏爱。颗粒料和粉料相比，猪爱吃颗粒料；干料与湿料相比，猪爱吃湿料。

猪的采食具有竞争性，群饲时比单饲时吃得多而快，故增重也快。

猪白天采食 6~8 次，比夜间多 1~3 次，每次采食时间持续 10~20min，限饲时少于 10min。

在多数情况下，饮水和采食几乎同时进行。猪的饮水量很大，除饲料组成外，很大程度上取决于环境温度。仔猪出生后就需要饮水，饮水量为干饲料的 2~3 倍；吃混合料的小猪，每昼夜饮水 9~10 次，吃湿料平均 2~3 次，吃干料的猪每次采食后需要立即饮水，直到满意为止。自由采食的猪通常采食与饮水交替进行，限饲的猪则在吃完料后才饮水。

拱土是猪的遗传特性。尽管在现代猪舍内，饲以良好的平衡日粮，猪还会表现出拱地觅食的特征，拱土觅食是猪采食行为的一个突出特征。

（2）排泄行为　在良好的饲养管理条件下，猪是家畜中最爱清洁的动物。猪采食、睡眠和排粪尿都有特定的位置。猪能保持其窝床干燥清洁，能在猪栏内远离窝床的一个固定地点进行排粪尿。猪排粪尿有一定的时间和区域，一般多在食后饮水或起卧时，选择潮湿避阴或污浊的角落处排泄。生长猪在采食过程中不排粪，饱食后 5min 左右开始排泄 1~2 次，多为先排粪、后排尿，也有在饲喂前排泄的，但多为先排尿后排粪。在两次饲喂的间隔时间里，猪多为排尿而很少排粪，夜间一般排粪 2~3 次，早晨的排泄量最大。

猪有平衡灵活的神经，通过调教训练可有效培养猪群采食、趴卧休息和排粪尿"三点定位"的良好习性。但猪群过大或围栏过小，猪的排泄习性都会受到干扰，难以保持有组织的排泄行为，排泄行为变得混乱。当猪群大部分出现排泄混乱时，是对饲养管理人员管理不善做出的反应。因此，在饲养管理上应加以注意。

（3）群居行为　在无猪舍的情况下，猪能自找固定地方居住，表现出定居漫游的特性。猪有合群性，但也有竞争习性、大欺小、强欺弱和欺生的好斗特性，猪群越大，这种现象越明显。

稳定的猪群是按优势序列的原则组成有等级制的社群结构，个体之间和睦相处；当重新组群时会发生激烈的争斗，直到建立起稳定的社会序列和群居位次环境。位次建立后，就会保持正常次序，若环境发生变化，位次关系可能再次发生变化。

（4）争斗行为　争斗行为包括进攻、防御、躲避、守势等活动。猪的争斗行为一般因争夺饲料和地盘所引起，新合并的猪群相互争斗，除争夺饲料和地盘外，还有调整猪群群居结构的作用。

猪的争斗行为通常受饲养密度或某些应激因素的影响，当饲养密度过大时，位次关系难以建立，群内争斗频率和强度增加，会降低采食量和增重。这种争斗形式包括两种：一是咬其对方的头部，二是在舍饲猪群中，咬尾争斗。在饲养过程中要根据猪舍面积等确定合适的饲养密度，还应注意不要轻易合群、并圈。

（5）性行为　性行为包括发情、求偶和交配行为。母猪发情时卧立不安，食欲忽高忽低，爬跨别的母猪或被别的母猪爬跨，频频排尿，阴户红肿，黏膜充血、湿润并有黏液流出。发情母猪主动接近公猪，嗅闻公猪的头、肛门和阴茎包皮，并站立不动，让公猪爬跨。发情旺盛期，管理人员压其背部时，立即出现静立不动的交配姿势，这种"静立反射"是母猪发情的一个关键行为。

公猪接近发情母猪，会追逐、嗅闻、向上拱母猪、口吐白沫、皱缩鼻孔、抬高并翻卷上唇，时时发出连续的、柔和而有节奏的喉音，还出现有节奏的排尿。

饲养过程中，应根据母猪的发情周期和公猪的性成熟时机采用人工授精等技术完成猪群的繁殖。

（6）母性行为　母性行为是对后代的生存和成长有利的本能反应，猪的母性行为包括产前衔草做窝，产后哺乳、养育和保护仔猪等一系列行为。

猪在临近分娩时，出现衔草、铺垫猪床做窝的行为。

母猪分娩时多采用侧卧，选择最安静的时间分娩，一般多在下午 4 点以后，夜间产仔多见。母猪在整个分娩过程中，自始至终都处在放乳状态，并用叫声召唤仔猪吮乳。仔猪出生后 2min 左右即能站立，开始搜寻母猪的乳头，用鼻子拱、掘是探查的主要方法。哺乳时母猪多采用侧卧，尽可能地暴露全部乳头，让仔猪吮吸。

带仔期间，母猪非常注意保护仔猪，在行走、起卧时十分谨慎，不踩伤、压伤仔猪。当母猪躺卧时，选择靠栏的三角地不断用嘴将仔猪拱出卧区，以防止压住仔猪，只要听到仔猪的叫声，马上会站起，防压动作再做一次，直到不压住仔猪为止。

带仔母猪对外来的侵犯，会先发出报警的吼声，仔猪闻声逃窜或伏地不动，母猪会张合上下颌对侵犯者发出威吓，甚至进行攻击。刚分娩的母猪即使对饲养人员捉拿仔猪也会表现出强烈的攻击行为。

（7）活动与睡眠　猪有明显的昼夜节律行为，活动大都在白昼。猪昼夜活动也因年龄及生产性能不同而有差异，仔猪昼夜休息时间平均 60% ~ 70%，种猪 70%，母猪 80% ~ 85%，肥猪 70% ~ 85%。休息高峰在半夜，清晨 8 点左右休息最少。

哺乳母猪睡卧时间随哺乳天数的增加会逐渐减少，走动次数由少到多，这是哺乳母猪特有的表现。

仔猪出生后3d内，除吸乳和排泄外，几乎全是酣睡不动。随着日龄的增长和体质的增强活动量逐渐增多，睡眠相应减少，但至40日龄大量采食补料后，睡卧时间又有所增加，睡眠休息主要表现为群体睡卧。

（8）后效行为　猪的行为有的是后天发生的，如学会识别某些事物和听从人们指挥的行为等，后天获得的行为称为条件反射行为，或称后效行为。后效行为是猪生后随着对新鲜事物的熟悉而逐渐建立起来的条件反射行为。例如，小猪在人工哺乳时，每天定时饲喂，只要按时给以笛声或铃声或饲喂用具的敲打声，训练几次，其即可听从信号指挥，到指定地点吃食。在养猪生产过程中我们应该注意后效行为的培育。

（9）异常行为　异常行为是指超出正常范围的行为。恶癖就是对人畜造成危害或带来经济损失的异常行为，它的产生多与动物所处环境中的有害刺激有关。长期圈禁的母猪将持久而顽固地咬嚼自动饮水器、圈栏等物体；在拥挤条件下饲养时，猪有咬尾的恶癖；同类相残是在环境压力下的另一种显著的恶习。一般地说，猪的异常行为一旦形成，将难以消除，故关键在于防范。

单元二　工厂化猪场建设

【学习目标】　通过本单元的学习，掌握猪场的布局、猪舍的型式、养猪设备及猪场各阶段生产指标，并了解猪场场址的选择原则。

【技能目标】　能合理设计猪舍的布局，计算猪场各阶段生产指标。

【课前思考】　猪场一般建在什么位置？猪舍有哪些类型？猪舍通常需要哪些设备？

建造一个猪场，首先要考虑选择场址并进行合理的建筑规划和布局。规划和布局合理，既方便生产管理，又有利于严格执行防疫制度。

1. 猪场场址的选择

场址选择是猪场筹划的重要内容，不仅关系到养猪场本身的经营和发展，而且还关系到当地生态环境的保护。因此，在选择场址时，要选在农村，最好选在山区，实行农、林、牧结合，更符合我国国情。在选择场址时，应根据猪场的性质、规模和任务，考虑相关的自然条件和社会条件，进行全面调查，综合分析后确定。

（1）地势干燥，通风良好　猪场一般要求建在地形开阔、排水良好、空气相对流通的地方。以地势高燥、背风向阳、平坦或有缓坡，坡度以1%～3%为宜，最大不超过25%。在寒冷地区要避开西北方向和长形谷地建场，炎热地区要避开山坳和低洼盆地建场，以免给猪舍环境控制带来不便。

（2）水源充足、水质良好　水源充足、水质良好是建场的先决条件，否则会给生产带来极大不便和损失。水源水量应能满足场内生活用水、猪饮用及饲养管理用水（如清洗调制饲料、冲洗猪舍、清洗机具与用具等）的要求。为了保证供给猪场优质用水，在选择猪场时，应首先对水质进行化验，分析水中的盐类及其它无机物的含量，并考察水质是否被微生物污染，与水源有关的疫病高发区不能作为无公害猪肉的生产地。猪群需水量标准见表1－2。

表1－2 　　　　　　　　　　　猪群需水量标准　　　　　　　单位：L/（头·d）

猪别	饮用量	总需要量
种公猪	10	40
妊娠母猪	12	40
带仔母猪	20	75
断乳仔猪	2	5
生长猪	6	15
育肥猪	6	25

（3）土壤类型　以沙壤土最为理想。因为沙壤土透气透水性好，既可避免雨后泥泞潮湿，又便于土壤自净，还能防止病原微生物的污染。沙壤土兼具沙土和黏土的优点，是理想的建场土壤。

（4）交通方便，供电稳定，有利于防疫　猪场必须选在交通便利的地方，交通便利对猪场极为重要。一个万头猪场平均一天进出饲料约20t，每天运出商品猪30头左右，肥料4t，交通不便会给生产带来巨大困难。

选址时必须保证可靠的电力供应，并要有备用电源。万头猪场还要有成套的机电设备，包括供水、保温、通风、饲料加工、清洁、消毒、冲洗等设备，加上职工生活用电，一个万头猪场装机容量（饲料加工除外）为70～100kW。如果当地电网不能稳定供电，大型猪场应自备相应的发电机组。

考虑到猪场的防疫需要和对周围环境的污染，规模猪场应建在离城区、居民点、交通干线较远的地方，一般要求离主要干道400m以上，距居民点、工厂500～1000m以上。如果有围墙、河流、林带等屏障，则距离可适当缩短些。距其它养殖场应在500～1500m以上，距屠宰场和兽医院宜在1000～2000m以上。禁止在旅游区及工业污染严重的地区建场，不应在旧猪场遗址上再建猪舍，因为旧猪场多曾被污染过，不利于防疫。

2. 猪场布局及猪舍型式

场地选定后，根据有利于防疫、改善场区小气候、方便饲养管理、节约用地等原则，考虑当地气候、风向、场地的地形地势、猪场各种建筑物和设施的大小及功能关系，规划全场的道路、排水系统、厂区绿化等，安排各功能区的位置及每种建筑物和设施的位置及朝向。

（1）猪场布局与规划　完善的工厂化猪场应包括4个功能区，即生产区、生产管理区、隔离区及生活区。规划时应根据当地全年主风向与地势，顺序安排各功能区，即生活区→生产管理区→生产区→隔离区。

①生活区：也称生活福利区，该区主要包括职工宿舍、食堂、车库、资料档案室、文化娱乐室和体育运动场等。为了防止生产区对生活区空气的污染，生活区应设在上风向或偏风方向及地势较高的地方，一般独成一院，同时其位置应便于与外界联系。

②生产管理区：该区主要包括办公室、接待室、技术室、化验分析室、饲料加工车间、饲料仓库、修理车间、变电所、锅炉房、水泵房、车库、消毒池、更衣消毒和洗澡间等。它们和日常的饲养工作有密切的关系，距生产区不宜远。该区与外界联系频繁，应做好严格的消毒防疫工作。

③生产区：生产区是猪场的主体部分，包括各类猪舍和生产设施，一般建筑面积占全场总建筑面积的70%～80%。禁止一切外来车辆进入，也禁止生产区车辆外出。

生产区包括配种舍、妊娠舍、分娩舍、保育舍和生长育肥舍。规划时应遵循以下原则：

a. 种猪、仔猪区应设在人流较少和猪场的上风向或偏风向位置。

b. 分娩舍既要靠近妊娠舍，又要接近保育猪舍。保育舍和生长育肥猪舍应设在下风向或偏风向位置，两区之间最好保持一定的距离或采取一定的隔离防疫措施，生长育肥猪应离出猪台较近。

c. 猪舍的朝向关系到猪舍的通风、采光和排污效果，一般要求猪舍在夏季少接受太阳辐射、舍内通风量大而均匀，冬季多接受太阳辐射、冷风渗透少。在设计时，猪舍一般以向南或南偏东、南偏西45°以内为宜。

d. 猪舍间距以能满足光照、通风、卫生防疫和防火的要求为原则，一般以 $3\sim5H$（H 为南排猪舍檐高）为宜。

④隔离区：隔离区包括兽医室、病猪隔离间、尸体剖检和处理设施、粪污处理区等。该区设在下风向、地势较低的位置，兽医室可靠近生产区，病猪隔离间等其它设施应远离生产区。

除上述 4 个功能区外，在进行猪场总体布局时，要完成场内道路、排水及绿化的规划。场内道路应净、污分道，互不交叉，出入口分开。生产区一般不设通向外界的道路，管理区和隔离区分别设路通向场外；场区地势宜有1%～3%的坡度，路旁设排水沟。猪场应结合本场特点，建立完整的废物、污水处理系统；绿化不仅美化环境，净化空气，也可以防暑、防寒，改善猪场的小气候，减弱噪声，促进安全生产，从而提高经济效益。

一个饲养600头基础母猪的现代化猪场的总体布局见图1-1。

（2）**猪舍类型** 猪舍是养猪场的核心部分和主要工程设施。猪舍的设计要求为：在寒冷地区以保温防潮为主；在温暖地区以隔热为主，兼顾防寒防潮；在炎热地区以隔热防潮为主。

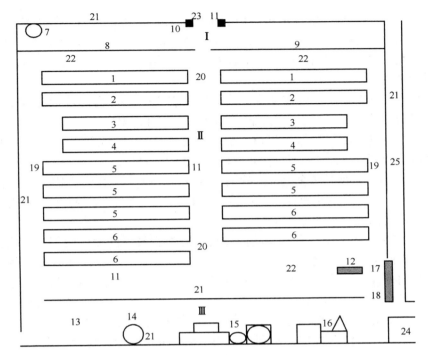

图 1-1 猪场总体布局图

Ⅰ—场前区 Ⅱ—生产区 Ⅲ—隔离区

1—配种舍 2—妊娠舍 3—产房 4—保育舍 5—生长舍 6—育肥舍 7—水泵房
8—生活、办公用房 9—生产附属用房 10—门卫 11—消毒室 12—厕所 13—隔离
舍及剖检室 14—死猪处理设施 15—污水处理设施 16—粪污处理设施 17—选猪间
18—装猪台 19—污道 20—净道 21—围墙 22—绿化隔离带 23—场大门
24—粪污出口 25—场外污道

①猪舍建筑基本结构：一列完整的猪舍，主要由地面、墙壁、屋顶、门、窗、粪尿沟、隔栏等部分构成。其中地面、墙壁、屋顶、门窗统称为猪舍的"外围护结构"。猪舍的小气候状况，在很大程度上取决于外围护结构的性能。

a. 基础与地面：基础指墙埋入土层的部分，它的主要作用是承载猪舍自身重量、屋顶积雪重量和墙、屋顶承受的风力。基础应该坚固、耐久，具有良好的防潮、抗震、抗冰冻能力及抗机械作用能力，其埋置深度应根据猪舍的总载荷、地基承载力、地下水位及气候条件等确定，在基础墙的顶部应设防潮层。

猪舍地面是猪活动、采食、躺卧和排粪尿的地方，关系到猪舍的保温性能及猪的生产性能。地面要求保温、坚实、不透水、平整、不滑、便于清扫和清洗消毒；地面应斜向排粪沟，坡度为 2%～3%，以利保持地面干燥。目前，猪舍多采用水泥地面和漏缝地板。水泥地面坚固耐用、平整，但保温性能差，可在地表下层用炉灰渣、膨胀珍珠岩、空心砖等增强地面的保温性能。

b. 墙壁：墙壁是猪舍建筑结构的重要部分，是将猪舍与外界隔开的主要外围护结构，热传递仅次于屋顶，对舍内温、湿度保持起着重要作用。对墙壁的要求是：坚固、耐用、抗震，承载力和稳定性必须满足结构设计要求，砖砌墙最为理想。

墙内表面要便于清洗和消毒。地面以上 1.0～1.5m 高的墙面应设水泥墙裙，以防冲洗消毒时溅湿墙面和防止猪弄脏、损坏墙面。

墙壁应具有良好的保温隔热性能。猪舍主体墙的厚度一般为 37～49cm，猪栏隔墙的厚度一般为砖墙 15cm，木栏、铁栏 4～8cm。

c. 屋顶：屋顶是畜舍上部的外围护结构，起遮挡风雨和保温隔热的作用。要求坚固，有一定的承重能力，不透风、不漏水、耐火、结构轻便，同时必须具备良好的保温隔热性能。

d. 门窗：猪舍设门有利于猪的转群、运送饲料、清除粪便等。一栋猪舍至少应有两个外门，高 2.0～2.4m、宽 1.2～1.5m。一般设在猪舍的两端墙上，门向外开，门外设坡道而不应有门槛、台阶，外门的设置应避开冬季主导风向，必要时加设门斗。

窗户主要用于采光和通风换气。窗户面积大则采光多，换气好，但冬季散热和夏季向舍内传热也多，不利于冬季保温、夏季防暑，窗户的大小、数量、形状、位置应根据当地气候条件合理设计。一般窗户面积占猪舍面积的 1/10～1/8，窗台高 0.9～1.2m，窗上口至舍檐高 0.3～0.4m。

无论哪种猪舍都应设后窗。开放式、半封闭式猪舍的后窗长与高皆为40cm，上框距墙顶 40cm；半封闭式中隔墙窗户及全封闭猪舍的前窗要尽量大，下框距地应为 1.1m；全封闭猪舍的后墙窗户可大可小，若条件允许，可装双层玻璃。

②猪舍的类型：猪舍按屋顶形式、结构形式、猪栏排列和功能等形式，可分为多种类型。

a. 按屋顶形式分单坡式、双坡式、联合式、平顶式、拱顶式、钟楼式、半钟楼式等。单坡式一般用于敞圈，双坡式多用于半封闭式和封闭式圈舍，联合式猪舍的特点介于单坡式和双坡式猪舍之间，钟楼及半钟楼式多用于多列式猪舍，平顶式多用于简易的农家庭院猪舍，拱顶式多用于在木材较缺的地方建舍。

b. 按墙的结构分开放式、半开放式和密闭式。

开放式：三面有墙，一面无墙，其结构简单，通风采光好，造价低，但冬季防寒困难。

半开放式：三面有墙，一面设半截墙，保温性能略优于开放式。

密闭式：密闭式圈舍有屋顶，周围有墙和门窗，形成封闭状态，分有窗式和无窗式。有窗式四面设墙，窗设在纵墙上，窗的大小、数量和结构应结合当地气候而定。有窗式猪舍保温隔热性能较好，根据不同季节启闭窗扇，调节通风和保温隔热。无窗式猪舍与外界自然环境隔绝程度较高，墙上只设应急窗，仅供停电应急时用。舍内的通风、光照、舍温全靠人工设备调控，能给猪提供适宜的环境条件，但土建、设备投资大，维修费用高，采用这种猪舍的多为母猪产房、仔猪培育舍。

c. 按猪栏排列分单列式、双列式及多列式。

单列式：猪栏一字排列，一般靠北墙设饲喂走道，舍外可设或不设运动场，跨度较小，结构简单，省工省料造价低，但不适合机械化作业。

双列式：猪栏排成两列，中间设一工作道，有的还在两边设清粪道。双列式舍建筑面积利用率高，保温好，管理方便，便于使用机械。但北侧猪栏采光差，舍内易潮湿。双列式舍适合于养种猪。

多列式：猪栏排列成三列或四列，猪舍建筑面积利用率较高，猪容纳量大，保温性好，运输路线短，管理方便。缺点是采光不好，舍内阴暗潮湿，通风不畅，必须辅以机械、人工控制其通风、光照及温湿度。

d. 按用途猪舍可分为公猪舍、配种猪舍、妊娠猪舍、分娩哺乳猪舍、保育猪舍、生长猪舍、肥育猪舍和隔离猪舍等。

公猪舍：多采用单列半开放式结构，舍内净高 2.3~3.0m，净宽 4.0~5.0m，舍内适宜的环境温度为 14~16℃，并在舍外向阳面设立运动场，以增加种公猪的运动量。工厂化的公猪与空怀母猪在同一猪舍，以利于配种。

配种猪舍：指专门为空怀待配母猪进行配种的猪舍。可群养，也可单养，并设置配种猪栏，若条件允许可设置相应的运动场供猪运动。配种猪舍的适宜温度为 13~22℃。小型养猪场可以不单独设配种猪舍，而是将公猪和待配母猪赶到空旷场地进行配种。

妊娠猪舍：空怀、妊娠母猪最常用的一种饲养方式是分组大栏群饲，一般每栏饲养空怀母猪 4~5 头、妊娠母猪 2~4 头。猪圈面积一般为 7~9m²，地表不要太光滑，以防母猪跌倒，多采用部分铺设漏缝地板的混泥土地面。妊娠猪舍的适宜温度为 10~22℃（最适宜温度为 14~18℃）。空怀、妊娠母猪舍如图 1-2 所示。

分娩哺育舍：也称产仔舍，要求外围护结构有较高的保温隔热性能，母猪的适宜环境温度为 15~22℃，但仔猪要求环境温度为 25~34℃，并随日龄增长而下降。因此，在分娩哺育舍内必须配备局部采暖设备。分娩哺育舍采用全进全出的工艺流程，该舍分成若干个单元，每个单元内的母猪同时进入，并同时转出以利于卫生防疫。产房如图 1-3、图 1-4 所示。

保育猪舍：哺乳仔猪断奶后从分娩哺乳猪舍转入保育舍饲养至 10 周龄，这一阶段的猪称为保育猪、断乳仔猪或幼猪。保育猪舍要求外围护结构有较高的保温隔热性能，适宜的环境温度为 22~25℃。通常采用高床网上饲养，可采用原窝转群，也可并窝大群饲养，但每群不宜超过 25 头。保育猪舍也采用

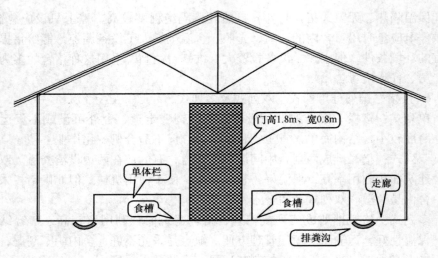

图 1-2　空怀、妊娠母猪舍

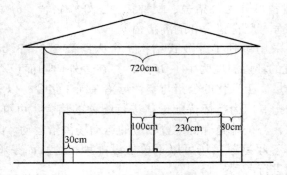

图 1-3　产房侧面图

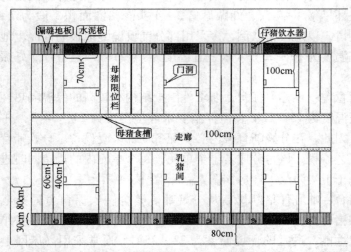

每间房300cm一个单位，供两个母猪使用，仔猪休息处地下加热，无贼风

图 1-4　产房平面尺寸图

全进全出的工艺流程以利于卫生防疫。保育舍如图1-5、图1-6所示。

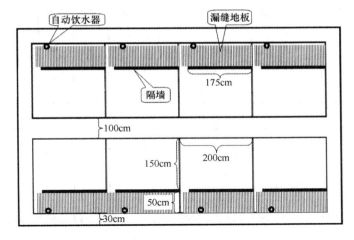

图1-5 保育舍平面图

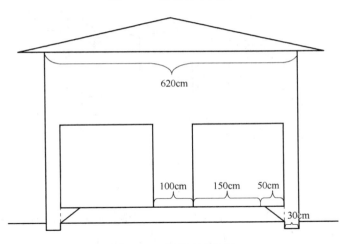

图1-6 保育舍示意图

生长猪舍：又称育成舍，断乳仔猪从保育舍饲养到10周龄后转入生长猪舍饲养7~8周。生长猪一般采用地面饲养，并利用混凝土铺设部分或全部漏缝地板，适宜温度为18~22℃。在种猪场，猪经过生长猪舍饲养后，被选好的猪即可作为种猪出售；在商品猪场，则转入育肥舍中继续饲养。

肥育猪舍：育肥阶段是商品猪饲养的最后阶段，在采用妊娠→分娩哺乳→保育→生长→肥育五阶段饲养时，经过生长阶段饲养的猪转入育肥舍饲养6~7周，体重达到90~100kg时，即可作为商品猪出栏上市；在采用妊娠→分娩哺乳→保育→肥育四阶段饲养时，在保育阶段饲养结束后猪群即转入肥育猪舍中饲养14~15周后出栏上市。采用四阶段饲养工艺时，肥育猪舍又称生长肥育猪舍。肉猪肥育舍可因地制宜地选择养猪生产工艺。肥育舍如图1-7、图1-8所示。

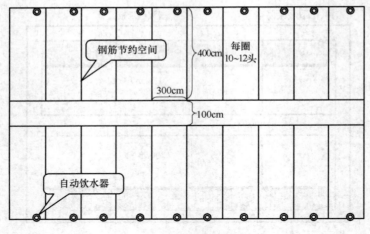

图1-7 肥育舍建筑俯视图

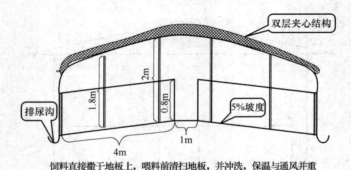

饲料直接撒于地板上，喂料前清扫地板，并冲洗，保温与通风并重

图1-8 肥育舍建筑图

隔离猪舍：指对新购入的种猪进行隔离观察，或对本场疑似患有传染病但还具有经济价值的猪只进行隔离治疗饲养的猪舍，主要功能是防止外购种猪将传染病带入本场，并防止本场猪群的相互接触而传染疾病。隔离猪舍每栏面积为4m² 左右即可，饲养容量为全场猪总量的5% ~10%。

3. 养猪设备

养猪设备是猪场生产的硬件，正确合理配置猪场设备，是现代化养猪生产的重要条件，不仅有利于猪群饲养管理条件的改善和生产性能的发挥，而且能在很大程度上有效地提高劳动生产效率。现代化猪场的设备主要包括各种限喂饲养栏、漏缝地板、供水系统、饲料加工、贮存、运送及饲养设备、供暖通风设备、粪便处理设备、卫生防疫器具、检测器具和运输工具等。

（1）猪栏 猪栏是养猪场的基本生产单元，根据所用材料的不同，分为实体猪栏、栅栏式猪栏和综合式猪栏三种类型；根据猪栏内所养猪种类的不同，分为公猪栏、配种猪栏、母猪栏、母猪分娩栏、保育猪栏、生长猪栏和肥育猪栏。猪栏的占地面积应根据饲养猪的数量和每头猪所需的面积而定；栅栏式猪栏的间距为：成年猪≤100mm，哺乳仔猪≤35mm，保育猪≤55mm，生长猪≤80mm，肥育猪≤90mm。

①公猪栏：按每栏饲养 1 头公猪设计，一般栏高 1.2～1.4m，占地面积6～7m²，栏长、宽可根据猪舍内栏架布置来确定。栅栏结构可以是金属结构的，也可以是混凝土结构的，但栏门应采用金属结构，便于通风和管理人员观察与操作。通常与舍外和舍内公猪栏相对应的位置要配置运动场。工厂化猪场一般不设配种栏，公猪栏同时兼做配种栏。

②母猪栏：现代化猪场繁殖母猪的饲养，有大栏分组群饲、小栏个体饲养和大、小栏相结合群养三种方式。其中小栏单体限位饲养占地面积少，便于观察母猪发情和及时配种，母猪不争食、不打架，避免互相干扰，减少机械性流产，但投资大，母猪运动量小，不利于延长繁殖母猪使用寿命。

大栏的栏长、宽可根据猪舍内栏架布置来确定，一般栏高 0.9～1m，个体栏长 2m、宽 0.65m、高为 1m。栅栏结构可以是金属的，也可以是水泥结构，但栏门应采用金属结构。

③分娩栏：分娩栏是一种单体栏，是母猪分娩哺乳的场所。分娩栏的中间为母猪限位架，是母猪分娩和仔猪哺乳的地方，一般采用圆钢管和铝合金制成，后部安装漏缝地板以清除粪便和污物；两侧是仔猪活动栏，用于隔离仔猪。

栏的尺寸与选用的母猪品种有关，长度一般为 2.2～2.3m、宽度为 1.7～2.0m；母猪限位栏的宽度一般为 0.6～0.65m、高 1.0m；母猪限位栅栏，离地高度为 30cm；仔猪活动围栏每侧的宽度一般为 0.6～0.7m、高 0.5m 左右，栏栅间距 5cm。

④仔猪保育栏：我国广泛采用高床网上保育栏，它能给小猪提供一个清洁、干燥、温暖、空气清新的生长环境。保育栏由金属编织的漏缝地板网、围栏、自动翻料饲槽、连接卡、饮水器、支腿等组成，漏粪地板通过支架设在粪沟上或实体水泥地面上，相邻两栏共用一个自动食槽，每栏设一个自动饮水器。这种保育栏能保持床面干燥清洁，减少仔猪的发病率，是一种较理想的保育猪栏。仔猪保育栏的栏高一般为 0.6m，栅栏间距 5～8cm，网床面积按每头保育仔猪 0.3～0.35m² 设计。

⑤生长栏和肥育栏：生长猪栏和肥育猪栏均采用大栏饲养，其结构类似，只是面积稍有不同。猪只通常在地面上饲养，栏内地面铺设局部漏缝地板或金属漏缝地板，其栏架有金属栏和实体栏两种结构。一般生长栏高 0.8～0.9m，肥育栏高 0.9～1.0m，其占地面积生长猪栏以每头 0.5～0.6m² 计，肥育栏以每头 0.8～1.0m² 计。

（2）漏缝地板　漏缝地板能使猪与粪、尿隔离，易保持卫生清洁、干燥的环境，现代猪场普遍采用粪尿沟上设漏缝地板的方式。常用漏缝地板的类型有钢筋混凝土板条、金属编织网、塑料板块等。

钢筋混凝土板条的规格可根据猪栏及粪沟设计要求而定，漏缝断面呈梯形，上宽下窄，便于漏粪，适宜母猪和生长肥育猪使用。其主要结构参数见表1-3。

表1-3　　　　　　　　不同材料漏缝地板的结构与尺寸　　　　　　单位：mm

猪群	铸铁		钢筋混凝土	
	板条宽	缝隙宽	板条宽	缝隙宽
幼猪	35~40	14~18	120	18~20
育肥猪、妊娠母猪	35~40	20~25	120	22~25

金属编织网由冷拔圆钢编织成的缝隙网片与角钢、扁钢焊合，再经防腐处理而成。这种漏缝地板具有漏粪效果好、易冲洗、栏内清洁、干燥、猪只行走不打滑、使用效果好等特点，适宜分娩母猪和保育仔猪使用。

塑料漏缝地板由工程塑料模压而成，具有易冲洗、保温好、防腐蚀、防滑、坚固耐用、漏粪效果好等特点，适宜分娩母猪和保育仔猪使用。

在生产中要正确选用和安装漏缝地板，制作和选用时应考虑三点：①板条的宽度必须符合猪的类型，既不使粪堆积，又不影响猪的采食和运动；②板条面既要有适度的光滑，便于清扫，又不擦伤猪蹄，还要适度粗糙，便于猪行走时不打滑；③板缝宽度要适当，以利粪便漏下，但也不能太宽，防止猪蹄卡入缝内。

（3）供水系统　现代化猪场的供水系统由供水管路、过滤器、减压阀和自动饮水器等组成。常用的自动饮水器有鸭嘴式、乳头式和杯式三种。鸭嘴式饮水器密封性好，水流出时压力降低，流速较低，符合猪只饮水要求，而乳头式和杯式自动饮水器的结构和性能不如鸭嘴式饮水器。因此，目前应用最普遍的是鸭嘴式自动饮水器。在群养猪栏中，每个自动饮水器可负担15头猪饮用；在单养猪栏中，每个栏内应安装一个自动饮水器。

鸭嘴式饮水器有大、小两种规格。小型的适用于乳猪和保育仔猪，大型的适用于中猪和大猪。产床和保育栏的饮水器安放在饲槽旁，其它栏的饮水器宜安放在漏缝地板旁。饮水器离地高度应随猪体重的变化而变化，具体高度见表1-4。

表1-4　　　　　　　　鸭嘴式自动饮水器安装参数

猪别	妊娠母猪	分娩母猪	仔猪	生长猪	肉猪
高度/cm	50~60	50~60	30~45	35~45	40~50
负担头数/（头/只）	10~15	1	10~12	10~15	10~15

（4）饲料贮存、输送及饲喂设备　集约化、工厂化猪场的饲料供给采用

机械化和自动化两种模式。现代化猪场饲料的供给和喂饲的最好办法是，经饲料厂加工好的饲料直接用专用车运输到猪场，送入饲料塔中，然后用螺旋输送机将饲料输入到猪舍的自动落料饲槽内进行喂饲。这种供料喂饲方法，不仅使饲料保持新鲜，不受污染，减少包装和散漏损失，而且可实现机械化、自动化，节省劳动力，提高劳动生产率。但这些设备造价高、投资大，对电的依赖性大，目前只有少数有条件的猪场在使用。我国大多数猪场采用袋装、汽车运送到猪场，卸入饲料库，再用饲料车运送到猪舍进行人工饲喂的方式。虽然这种方式劳动生产率低，饲料装卸、运送损失大，又易污染，但机动性好、设备简单、投资少、故障少、不需电力，任何地方都可采用。

①饲料运输车：根据卸料的工作部件不同，饲料车可分为机械式和气流输送式两种。机械式卸料运输车是在载重车上加装饲料罐而组成，罐底有一条纵向搅龙，罐尾有一立式搅龙，其上有一条与之相连的悬臂搅龙，饲料通过搅龙的输送即可卸入 7m 高的饲料塔中。气流输送式卸料运输车也是由在载重车上加装饲料罐而组成，罐底有一条或两条纵向搅龙，所不同的是搅龙出口处设有鼓风机，饲料通过鼓风机产生的气流输送进 15m 以内的贮料仓中。这种运输车适宜装运颗粒料。

②贮料仓（塔）：贮料仓多用 1.5～3mm 厚镀锌钢板压型组装而成，由 4 根钢管作支架。仓体由进料口、上锥体、柱体和下锥体构成，进料口多位于顶端，也有在锥体侧面开口的，贮料仓的直径约 2m，高度多在 7m 以下，容量有 2t、4t、6t、8t、10t 等多种。贮料仓要密封，避免漏进雨水、雪水，应设出气孔和料位指示器。

③饲料输送机：饲料由贮料仓直接分送到食槽、定量料箱或撒落到猪床面上的设备称为饲料输送机。饲料输送机的种类较多，使用较多的是螺旋弹簧输送机和塞管式输送机。

④加料车：加料车主要用于将饲料由饲料仓出口装送至食槽，有手推机动加料车和手推人工加料车两种。

⑤食槽：根据饲喂方式的不同可分为自动食槽和限量食槽两种形式，食槽要求坚固耐用，减少饲料浪费，保证饲料清洁，便于猪只采食。

a. 自动食槽：指采用自由采食喂饲方式的猪群所使用的食槽。在食槽的顶部装有饲料贮存箱，随着猪只的采食，饲料在重力的作用下不断落入食槽内，可以间隔较长时间加料，减少饲喂工作量。自动食槽包括长方形、圆形等形状。按采食面划分，长方形自动食槽可分为单面和双面两种。前者供一个猪栏使用，后者供两个猪栏使用。长方形自动食槽的技术参数：高度为 700～900mm，前缘高度为 120～180mm，最大宽度为 500～700mm。

b. 限量食槽：限量食槽指限量饲喂猪群所用的食槽，常用水泥、金属等材料制造。公猪用的限量食槽长度为 500～800mm。群养母猪限量食槽长度根据它所负担猪的数量和每头猪所需要的采食长度（300～500mm）而定。

c. 仔猪补料槽：仔猪补料槽指在仔猪哺乳期为其补充饲料所使用的食槽，有长方形、圆形等多种形式。

d. 干-湿食槽：干-湿食槽指用于自由采食猪群，为其提供湿料的自动食槽。在干-湿食槽中，食槽上部的贮存箱贮存的是干饲料，在下部安有乳头式自动饮水器和放料装置。猪吃食时，拱动下料开关，饲料从贮料箱流到食槽中；咬饮水器时，水流入食槽中，使干饲料成为湿饲料。猪也可以先吃料再饮水。使用干-湿食槽喂猪，能增加其采食量，节省饲料，并且有利于改善猪舍的卫生环境。

（5）环境控制设备　环境控制设备指为各类猪群创造适宜温度、湿度、通风换气等使用的设备，主要有供热保温、通风降温和清洁消毒设备等。

①供热保温设备：猪舍供暖分集中供暖和局部供暖两种方式。集中供暖主要利用热水、蒸汽、热空气及电能等形式。我国多采用热水供暖设备，该系统包括热水锅炉、供水管路、散热器、回水管及水泵等设备；局部供暖一般采用红外线灯、电热地板或红外线辐射板加热器。目前，大多数猪场都已实现高床分娩和育仔，因此，最常用的局部供暖设备是红外线灯或远红外板。

公猪舍、母猪舍和肥育猪舍一般不予供暖，而分娩舍和保育舍在冬季必须供暖。为了满足母猪和仔猪的不同温度要求，分娩舍常采用集中供暖，维持分娩哺乳舍温18℃，而在仔猪栏内设置局部供暖设施，保持局部温度达到30～32℃。

②通风降温设备：为了排除舍内的有害气体，降低舍内的温度和控制舍内的湿度，猪舍一定要进行适时的通风换气。对于猪舍面积小、跨度不大、门窗较多的猪场，为节约能源，可进行自然通风；对于猪舍面积大、跨度大、猪的密度高，特别是采用冲水清粪或水泡清粪的全漏缝或半漏缝地板养猪场，一定要采用机械强制通风。常用通风降温设备有以下几种。

a. 通风机配置：猪场使用的通风机多为大直径、低速、小功率通风机。这种风机通风量大、噪声小、耗电少、可靠耐用。常用方案有：侧进（机械）、上排（自然）通风；上进（自然）下排（机械）通风；机械进风（舍内进），地下排风和自然排风；纵向通风，一端进风（自然），一端排风（机械）。应用时要注意以下几点：避免风机通风短路，必要时用导流板引导流向；如果采用单侧排风，应将两侧相邻猪舍的排风口设在相对的一侧，以避免一个猪舍排出的浊气被另一个猪舍吸入；尽量使气流在猪舍内大部分空间通过，尤其是粪沟上不要造成死角。

b. 湿帘-风机降温系统：湿帘-风机降温系统指利用水蒸发降温原理为猪舍进行降温的系统，由湿帘、风机、循环水路和控制装置组成。湿帘是能使空气通过的蜂窝状板，安装在猪舍的进气口，与负压机械通风系统联合为猪舍降温。

c. 喷雾降温系统：喷雾降温系统指利用高压水雾化后漂浮在猪舍中吸收

空气的热量使舍温降低的喷雾系统，主要由水箱、压力泵、过滤器、喷头、管路及自动控制装置组成。

d. 喷淋降温或滴水降温系统：喷淋降温系统是将水喷淋在猪身上为其降温的系统，主要由时间继电器、恒温器、电磁水阀、降温喷头和水管等组成。降温头是一种将压力水雾化成小水滴的装置；而滴水降温系统是一种通过在猪身上滴水而为其降温的系统，其组成与喷淋降温系统基本相同，只是用滴水器代替了喷淋降温系统的降温喷头。

③清洁消毒设备：规模化养猪场必须有严格的卫生防疫制度，对进场的人、车辆和猪舍环境都要进行严格的清洁消毒，才能保证猪的安全生产。

a. 人员、车辆清洁消毒设施：人员必须经过温水冲洗、更换场内工作服，工作服应在场内清洗、消毒，更衣间主要设有更衣柜、热水器、淋浴间、洗衣机、紫外线灯等。此外，还应设置进场车辆清洗消毒池、车身冲洗喷淋机等设备。

b. 环境清洁消毒设备：

高压清洗机：指水进行加压形成高压水冲洗猪舍的清洗设备。常用的高压清洗机利用卧式三柱塞泵产生高压水。

火焰消毒器：利用煤油燃烧产生的高温火焰对猪舍及设备进行扫烧，杀灭各种病源微生物。

人力喷雾器：是养猪场中用于对猪舍及设备的药物消毒，常用的人力喷雾器有背负式喷雾器和背负式压缩喷雾器。

（6）废弃物处理设备　对养猪场产生的废弃物应进行及时有效的处理，否则会造成环境污染，影响人、猪的健康。因此，猪场筹划必须要考虑污粪等废弃物的处理。

①冲水设备：在采用水冲清粪方式清粪时，在猪舍的一端或两端设容积为 $2m^3$ 的水箱，用浮球控制存水量，定时放水冲洗粪尿沟。常用的有自动翻水斗和虹吸自动冲水器。

水冲清粪设备简单、效率高、故障少、工作可靠，有利于猪场的卫生和疾病控制。但基建投资大，水消耗量大，舍内湿度大，寒冷地区和水源缺乏地区不宜采用。

②清粪设备：养猪场中常用的清粪机有链式刮板清粪机、往复式刮板清粪机和螺旋搅龙清粪机等。

a. 链式刮板清粪机：它由链子、刮板、驱动装置、导向轮、张紧装置机构和钢丝绳等部分组成。

b. 往复式刮板清粪机：它由带刮粪板的滑架、传动装置、张紧机构和钢丝绳等部分组成。采用电动机带动刮粪机具的钢绳，牵动钢绳上的刮板做往复运动，进行单向刮粪。一般采用自动控制，一天刮粪 3 次，也可人工开机刮粪。

c. 螺旋搅龙清粪机：是一种采用螺旋搅龙输送粪便的清粪机，一般用于猪舍的横向清粪。往复式刮板清粪机将纵向粪沟内的粪便送到横向粪沟中，螺旋搅龙转动就将粪便送至舍外。

刮粪机具设备简单，操作维修方便，基本上可以满足清粪要求，但需加强对钢绳及钢板的防腐蚀措施，以延长刮粪机的使用寿命。

③粪尿水固液分离机：粪尿水固液分离机包括倾斜式粪水分离机、压榨式粪水分离机、螺旋回转滚式粪水分离机和平面振动筛式粪尿水分离机四种。

a. 倾斜式粪水分离机：倾斜式粪水分离机是将集粪池中的粪尿水通过污水泵抽出送至倾斜筛的上端，粪尿水沿筛面下流，液体通过筛孔流到筛板背面的集液槽而流入贮粪池，固形物则沿筛面下滑落到水泥地面上，并定期人工运走。这种分离机结构简单，但获取的固形物含水量较高。

b. 压榨式粪水分离机：固形物下落时，再通过压榨机压榨，所获得的固形物含水率较低。

c. 螺旋回转滚式粪水分离机：由集粪池抽出的粪尿水从滚筒一端加入，粪尿通过滚筒时，液体通过滚筒的筛网经集液槽最后流入集粪池，固形物则由于滚筒的回转、滚筒内螺旋的驱动从滚筒的另一端排出。

d. 平面振动筛式粪尿水分离机：由集粪池抽出的粪尿水平置于平面振动筛内，通过机械振动，液体通过筛孔流入集粪池，固形物则留在筛面上，倒入贮粪槽内。

④堆肥处理设备：堆肥处理设备指对固体粪便进行堆肥处理的设备。在进行堆肥处理前要对粪便进行预处理，在其中添加一定量切碎的秸秆，并调整其含水率，使其成为碳氮比适宜、水分合适的物料。堆肥处理后的物料含水率在30%～40%，为了便于贮存和运输，需要再进行干燥处理，使其含水率降至13%以下。在猪场中常用的堆肥处理设备有自然堆肥、堆肥发酵塔和螺旋式充氧发酵仓等。

⑤污水处理设备：污水处理设备的作用是在养猪场中利用好氧性微生物对有机物的氧化分解作用对污水进行处理时，为其提供充足氧气，创造有利于其繁殖的良好环境。在养猪场中常用的污水处理设备有曝气机和生物转盘。

a. 曝气机：是一种将空气中的氧有效地转移到污水中而使污水中的好氧性微生物对有机物进行氧化分解的污水处理设备。

b. 生物转盘：是一种利用生物膜法处理污水的设备。这种处理法使微生物在生物转盘填料载体上生长繁育，形成膜状生物性污泥 - 生物膜。生物膜与污水接触后，微生物摄取污水中的有机污染物作为营养，使污水得到净化。生物转盘的主要工作部件是固定在转轴上的多片盘片。盘片的一半浸在氧化槽的污水中，另一半暴露在空气中，转轴高出水面 100～250mm。工作时，电机带动生物转盘缓慢转动，污水从氧化槽中流过。

⑥沼气发酵设备：指利用厌氧微生物的发酵作用处理各类有机废物并制取

沼气的工程设备。主要由粪泵、发酵罐、加热器和储气罐等组成。发酵罐是一个密闭的容器，为砖或钢筋混凝土结构。罐的四周有粪液输入管、粪便输出管、沼气导出管、热交换器以及循环粪泵等。

⑦死猪处理设备：常用的死猪处理设备有腐尸坑和焚化炉。

a. 腐尸坑：又称生物热坑。腐尸坑用来处理在流行病学及兽医卫生学方面具有危险性的死猪尸体。一般坑深9~10m、内径3m，坑底及壁用防渗、防腐材料建造。坑口要高出地面，放入死猪后要将坑口密封，一段时间后，微生物分解死猪所产生的热量可使坑内温度达到65℃，经过4~5个月的高温分解，就可消灭病菌，达到尸体无害化处理。

b. 焚化炉：焚化炉是指用于处理因烈性传染病而死亡的猪的炉具。在焚化炉中添加燃油对死猪进行焚烧，通过焚烧可以将病死猪烧为灰烬，彻底消灭病毒、病菌。此法方便、迅速、卫生。

（7）其它常用设备

①饲料加工设备：饲料加工设备包括粉碎机、制粒机、搅拌机等。

②运输工具：运输工具包括仔猪运输车、运猪车和粪便运输车等。

③兽医设备及日常用具：兽医设备及日常用具包括检疫、检验和治疗设备，母猪妊娠诊断器、活体超声波测膘仪和耳号牌、抓猪器等。

4. 工厂化养猪工艺各阶段生产指标

现代化养猪生产把养猪生产过程中的配种、妊娠、分娩、哺乳、生长和肥育等生产环节，划分成一定时段，对猪群实行分段饲养，并采用全进全出、流水作业的生产方式，这一整套的生产程序即饲养工艺。

（1）养猪生产工艺类别

①三段饲养工艺流程：三段饲养工艺流程即配种及妊娠期→泌乳期→生长肥育期。它是比较简单的生产工艺流程，猪群调动次数少，猪舍类型少，节约维修费用，管理较为方便。但仔猪从断奶到出栏划分为一个时段，其营养供应和环境控制等较粗放，不利于充分发挥生长潜力。这种工艺适用于规模较小的养猪企业。

②四段饲养工艺流程：四段饲养工艺流程即配种妊娠期→泌乳期→保育期→生长肥育期。四段饲养将仔猪保育阶段独立出来，保育期5周，待体重达18~20kg，再转入生长肥育舍饲养13~15周，体重达90~110kg出栏销售。这样便于采取措施满足断奶后的仔猪对环境条件要求高的特点，有利于提高成活率，但转群每增加1次，会使应激增多，影响猪的生长。

③五段饲养工艺流程：五段饲养工艺流程即配种期→妊娠期→泌乳期→保育期→生长肥育期。它的主要特点是在四段饲养工艺的基础上，将空怀待配母猪和妊娠母猪分开，单独饲养。空怀种母猪配种后经3周左右的妊娠鉴定期，转入妊娠舍饲养至分娩前1周转入分娩哺乳舍。这种工艺的优点是断奶母猪复膘快、便于发情鉴定及配种，而且能防止空怀母猪和妊娠母猪之间的争斗引发

的流产，但转群多，会使应激增加，应预防机械性流产的发生。

④六段饲养工艺流程：六段饲养工艺流程即配种期→妊娠期→泌乳期→保育期→生长期→肥育期。它的主要特点是在五段饲养工艺的基础上，将猪的生长期和肥育期分开各饲养 7~8 周。由于仔猪从出生到出栏分成哺乳、保育、生长、肥育四个阶段饲养，可以最大限度地满足其生长发育的营养需要和环境要求，有利于充分发挥生长潜力，但转群增多，会使应激增加，延长生长肥育期。

几种工艺流程的全进全出方式，往往是以场为单位实行的。以场为单位实行全进全出，有利于防疫和管理，可以避免猪场过于集中给环境控制和废弃物处理带来的负担，但最大的缺点是猪场造价成本很高。

（2）养猪生产工艺组织　确定生产工艺是设计猪场时要考虑的主要内容之一，生产工艺合理与否，决定着生产效率的高低。首先要根据经济、气候、能源、交通等综合条件以及猪场的性质、规模、养猪技术水平来确定猪的生产模式，除此以外，确定工艺还需要考虑以下内容。

①确定生产节律：生产节律是指相邻两群泌乳母猪转群的时间间隔（天数）。在一定时间内对一群母猪进行人工受精或组织自然交配，使其受胎后组成一定规模的生产群，以保证分娩后形成确定规模的泌乳母猪群，并获得规定数量的仔猪。合理的生产节律是全进全出工艺的前提，是有计划利用猪舍和合理组织劳动管理、均衡生产商品肥育猪的基础。

生产节律一般采用 1d、2d、3d、4d、7d 或 10d 制，可根据猪场规模而定。实践表明，年产 5 万~10 万头商品肥育猪的企业多实行 1d 或 2d 制，即每天有一批母猪配种、产仔、断奶、仔猪保育和肥育猪出栏；年产 1 万~3 万头商品肥育猪的企业多实行 7d 制；规模较小的养猪场一般采用 10d 或 12d 制。一般猪场采有 7d 制生产节律较多。

②确定工艺参数：

a. 繁殖周期：繁殖周期决定母猪的年产仔窝数，关系到养猪生产水平的高低，其计算公式如下：

繁殖周期 = 母猪妊娠期（114d）+ 仔猪哺乳期 + 母猪断奶至受胎时间

其中，仔猪哺乳期多数猪场采用 35d，比较好的企业采用 21~28d；母猪断奶至受胎时间包括两部分：一是断奶至发情时间 7~10d，二是配种至受胎时间，决定于情期受胎率和分娩率的高低。假定分娩率为 100%，将返情的母猪多养的时间平均分配给每头猪，其时间是：21×（1 - 情期受胎率）d。故繁殖周期 = 114 + 35 + 10 + 21×（1 - 情期受胎率）即：

繁殖周期 = 159 + 21×（1 - 情期受胎率）

例如，当情期受胎率为 80% 时，繁殖周期为 162d；当情期受胎率为 90% 时，繁殖周期为 161d。情期受胎率每增加 5%，繁殖周期就减少 1d。

b. 母猪年产窝数：母猪年产窝数的多少，决定于母猪繁殖周期的长短。

$$母猪年产窝数 = (365/繁殖周期) \times 分娩率$$

母猪年产窝数与情期受胎率、仔猪哺乳期的关系如表1-5所示。

表1-5　　　　　母猪年产窝数与情期受胎率、仔猪哺乳期的关系

仔猪哺乳期	情期受胎率/%						
	70	75	80	85	90	95	100
21d 断奶	2.29	2.31	2.32	2.34	2.36	2.37	2.39
28d 断奶	2.19	2.21	2.22	2.24	2.25	2.27	2.28
35d 断奶	2.10	2.11	2.13	2.14	2.15	2.17	2.18

由表1-5可知，情期受胎率每增加5%，母猪年产窝数每年增加0.01～0.02窝；仔猪哺乳期每缩短7d，母猪年产窝数每年增加0.1窝。可见仔猪早期断奶、妊娠母猪的饲养等技术是提高母猪生产力水平的关键技术环节。其它参数可参考表1-6。

表1-6　　　　　　　某万头商品猪场工艺参数

项目	参数	项目	参数
妊娠期/d	114	每头母猪年产活仔数/头	
哺乳期/d	35	出生时数量	19.4
保育期/d	28～35	35 日龄	17.5
断奶至受胎时间/d	7～14	36～70 日龄	16.6
繁殖周期/d	156～163	71～170 日龄	16.3
母猪年产胎次	2.15	平均日增重/g	
母猪窝产仔数/头	10	出生～35 日龄	194
窝产活仔数/头	9	36～70 日龄	486
成活率/%		71～160 日龄	722
哺乳仔猪	90	公母猪年更新率/%	33
断奶仔猪	95	母猪情期受胎率/%	90
生长肥育猪	98	妊娠母猪分娩率/%	95
出生至目标体重/kg		公母比例	1:25
初生重	1.2～1.4	圈舍冲洗消毒时间/d	7
35 日龄	8～8.5	生产节律/d	7
70 日龄	25～30	母猪临产前进产房时间/d	7
160～170 日龄	90～100	母猪配种后原圈观察时间/d	21

c. 规模计算：根据猪场规模、生产工艺流程和生产条件，将生产过程划分为若干阶段，不同阶段组成不同类型的猪群，计算出每一类群猪的存栏数就形成了猪群的结构。下面以年产万头猪规模为例，介绍一种简便的猪群结构计

算方法。

● 年产总窝数：

年产总窝数 = 计划出栏头数/(窝产仔数 × 从出生至出栏的成活率)

= 10000/(10 × 0.9 × 0.95 × 0.98) = 1193 （窝/年）

● 每个节律转群头数（以周为节律计算）：

产仔窝数 = 1193 ÷ 52 = 23 窝，一年 52 周，即每周分娩泌乳母猪数 23 头。

妊娠母猪数 = 23 ÷ 0.95 = 24 头，分娩率 95%。

配种母猪 = 24 ÷ 0.90 = 27 头，情期受胎率 90%。

哺乳仔猪数 = 23 × 10 × 0.9 = 207 头，成活率 90%。

保育仔猪数 = 207 × 0.95 = 196 头，成活率 95%。

生长肥育猪数 = 196 × 0.98 = 192 头，成活率 98%。

● 各类猪群组数：生产以周为节律，故猪群组数等于饲养的周数。

● 猪群的结构：各猪群存栏数 = 每组猪群头数 × 猪群组数

猪群的结构见表 1 - 7，生产母猪头数为 561，公猪、后备猪群的计算方法为：

公猪数：561 ÷ 25 = 22 头，公母比例 1:25；

后备公猪数：22 ÷ 3 = 8 头。若半年一更新，实际养 4 头即可；

后备母猪数：561 ÷ 3 ÷ 52 ÷ 0.5 = 7 头/周，留种率 50%。

表 1 -7   万头猪场猪群结构

猪群种类	饲养期/周	组数/组	每组头数	存栏数/头	备注
空怀配种母猪群	5	5	27	135	配种后观察 21d
妊娠母猪群	12	12	24	288	
泌乳母猪群	6	6	23	138	
哺乳仔猪群	5	5	230	1150	按出生头数计算
保育仔猪群	5	5	207	1035	按转入的头数计算
生长肥育猪群	13	13	196	2548	按转入的头数计算
后备母猪群	8	8	7	56	8 个月配种
公猪群	52	—	—	22	不转群
后备公猪群	12	—	—	8	9 个月使用
总存栏数	—	—	—	5280	最大存栏头数

d. 猪栏配备：猪舍的类型一般是根据猪场规模按猪群种类划分的，而栏位数量需要准确计算，计算栏位需要量方法如下：

各饲养群猪栏 = 猪群组数 + 清毒空舍时间 （d）/生产节律 （7d）；

每组栏位数 = 每组猪群头数/每栏饲养量 + 机动栏位数；

各饲养群猪栏总数 = 每组栏位数 × 猪栏组数；

如果采用空怀待配母猪和妊娠母猪小群饲养、泌乳母猪网上饲养，消毒空舍时间为7d，则万头猪场的栏位数如表1-8所示。

表1-8　　　　　万头猪场各饲养群猪栏配置数量（参考）

猪群种类	猪群组数	每组头数	每栏饲养量/(头/栏)	猪栏组数	每组栏位数	总栏位数/个
空怀配种母猪群	5	27	4~5	6	7	42
妊娠母猪群	12	24	2~5	13	6	78
泌乳母猪群	6	23	1	7	24	168
保育仔猪群	5	207	8~12	6	19	114
生长肥育猪群	13	196	8~12	14	18	252
公猪群	—	—	1	—	—	27
后备母猪群	8	7	4~6	9	3	27

【情境小结】

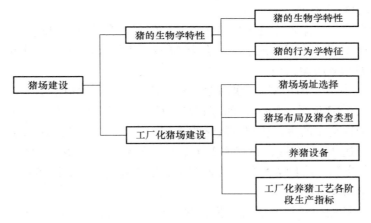

【情境测试】

1. 猪的生物学特性主要有哪些？
2. 试述怎样利用猪的生物学特性提高猪的生产水平？
3. 猪的感觉器官特点有哪些，这些特点对猪的行为习性的形成有怎样的作用？
4. 造成猪异常行为的原因是什么？
5. 如何确定合理的猪群结构？
6. 规模化猪场设有哪些功能区？各有什么作用？

情境二 │ 猪的繁育技术

单元一 猪的品种资源

【学习目标】 通过本单元的学习，掌握中国地方猪种、外国引入猪种及中国培育品种的外貌特征及生产性能，并了解各品种的分类方法及各类猪的代表品种。

【技能目标】 能对生产中猪的品种有清楚的认识，并了解各品种猪的外貌特点。

【课前思考】 猪品种有很多，中国地方猪种有哪些？常见的外国引入猪种有哪些？中国培育品种主要有哪些？

1. 猪的经济类型

由于自然生态条件、社会经济条件和人们对肉食的不同要求，对猪的培育方法也有所不同，从而形成了多种经济类型。猪的经济类型一般可分为脂肪型、瘦肉型和兼用型三种。

（1）瘦肉型（肉用型） 瘦肉型猪外形特征表现为背稍呈弓形，身腰窄而长，体长大于胸围 15～20cm，四肢较高，腿臀丰满，肌肉发达。瘦肉型猪能有效地利用饲料中的蛋白质将其转化为瘦肉，生长快，饲料利用率高。一般 6 月龄体重可达 90～100kg，料肉比 3.0 左右，胴体瘦肉率 55%～60% 以上。国外引进的长白猪、大约克夏猪、杜洛克猪、汉普夏猪以及我国培育的三江白猪都属于瘦肉型品种。

（2）脂肪型 脂肪型猪猪体脂肪含量较高，背膘厚在 6cm 以上，外形特征表现为体躯深、宽，全身肥胖，细致疏松，四肢较短，头颈较粗重，体长与胸围大致相等或相差不超过 2～3cm。脂肪型猪利用饲料转化成体脂肪的能力强，而转化饲料蛋白质为瘦肉的能力较差，胴体脂肪多，瘦肉率一般在 45% 以下。陆川猪、宁乡猪、内江猪等都属于脂肪型，国外巴克夏猪也属于此类型。

（3）兼用型 兼用型猪其体型、外貌特点介于上述两者之间。胴体中瘦肉和脂肪的比例基本一致，胴体瘦肉率 45%～55%。猪的体格较大，体躯长短适中，结构匀称，体质结实，体长比胸围大 5cm 以上。我国大多数猪种都属于这一类型，苏联大白猪也属于这一类型。

2. 猪的品种

猪的品种是在一定自然和社会条件下，经人工选择形成的一个具有共同来源、相似并能稳定遗传的外形和生产性能，并拥有一定数量的种群。

（1）中国地方猪种 我国国土面积大，南北跨度大，气候条件复杂，在这些复杂多样的条件下，经中国劳动人民的精心选育，逐渐形成了丰富的地方猪种资源。据 1986 年《中国猪品种志》和联合国粮农组织（FAO）统计，中国现有地方猪种 48 个，是世界上猪种资源最丰富的国家。这些地方猪种大都表现出对周围环境的高度适应性、耐粗饲放养管理、繁殖力高和肉质好等优良种质特性，对中国乃至世界养猪业的发展做出了重要贡献。

2000 年 8 月 23 日，农业部公告了 78 个国家级畜禽品种资源保护品种，其中猪种资源保护品种有 21 个。它们分别是：民猪、八眉猪、黄淮海黑猪（马身猪、淮猪）、里岔黑猪、两广小花猪（陆川猪）、槐猪、蓝塘猪、滇南小耳猪、香猪（含白香猪）、五指山猪、大花白猪（广东大花白猪）、华中两头乌猪（通城猪）、清平猪、金华猪、太湖猪（二花脸猪、梅山猪）、内江猪、荣昌猪、乌金猪（大河猪）及藏猪。

①中国地方猪种类型及其特点：根据已有的地方猪种调查报告和考察资料，按照猪种的体质外形、生产性能和饲养管理方法的不同，结合生活习性和环境条件等，可将我国猪种划分为华北型、华中型、西南型、江海型、华南型和高原型等，主要地方猪种见表 1-9。

a. 华北型：分布地区主要在淮河、秦岭以北，包括东北、华北、内蒙古、新疆、宁夏以及陕西、湖北、安徽、江苏四省的北部地区和青海的西宁市、四川省广元县附近的小部分地区。

华北型猪的体躯高大，骨骼发达，背狭长而直，四肢粗长，腹部不太下垂，肌肉较发达，精肉多，脂肪少，臀倾斜，腿较单薄。头较平直，嘴筒长，耳大下垂，额间皱纹纵行，皮厚多皱褶，毛粗密，鬃毛发达，毛色几乎全为黑色。耐粗饲，表现在以青粗饲料为主搭配少量精饲料的饲养方式下，不仅生长发育良好，而且能保持较高的繁殖力。与我国其它地方品种相比，华北型母猪的性成熟较晚，繁殖性能很强，每胎产仔 12 头以上，母性强，泌乳性能好，乳头也多，一般有 14～16 个，仔猪育成率较高。增重稍慢，肥育能力中等，屠宰率（胴体重占空体重的比例）较低，一般为 60%～70%。

由于长期采取放牧和吊架子的饲养方法，华北型猪前期增重缓慢，后期增重快，脂肪在后期积累，故一般猪的背膘不厚，但板油较多。

这一类型的猪种包括民猪、八眉猪、黄淮海黑猪、汉江黑猪和沂蒙黑猪。

b. 华南型：分布在云南省西南和南部边缘，广西壮族自治区和广东省偏南的大部分地区，以及福建省东南角和台湾省。

华南型猪体躯偏小，背腰宽阔滚圆，背部凹陷明显，曲肋弯，胸较深。腹部疏松，下垂拖地。后腿丰满，臀部丰圆。四肢开阔粗短，骨骼细致。头相对较短宽，嘴短，耳小直立或向两侧平伸。皮薄毛稀，毛色多为黑白花。

华南型猪早熟易肥，皮薄肉嫩。繁殖力相对较低，一般每胎产仔 6～10 头。性成熟较早，母性良好，护仔性强。

这一类型猪包括两广小花猪、海南猪、滇南小耳猪、蓝塘猪、香猪、槐猪和五指山猪。

c. 华中型：华中型猪主要分布在长江南岸到北回归线之间的大巴山和武陵山以东的地区，包括江西、湖南和浙江南部以及福建、广东和广西的北部，在安徽和贵州也有局部分布。

华中型猪的外形和生产性能与华南型猪基本相似，但体型较华南型猪大，耳也稍大而下垂，乳头一般为6~7对，额间皱纹多横行。被毛稀疏，毛色多为黑白花和两头乌，也有少量为全黑色。四肢较短，头较小，背较宽，骨骼也较细致，背腰的凹陷程度较华南猪型轻。华中型猪性成熟早，母猪每胎产仔数为10~13头。肥育猪生长发育较快，屠宰率达67%~75%，肉质细嫩。

这一类型猪包括宁乡猪、金华猪、华中两头乌猪、湘西黑猪，大围子猪、大花白猪、龙游乌猪、闽北花猪、嵊县花猪、乐平猪、杭猪、赣中南花猪、玉江猪、武夷黑猪、清平猪、南阳黑猪、皖浙花猪、莆田猪和福州黑猪。

d. 江海型：江海型猪分布于华北型和华中型两大类型分布区之间的狭长过渡地带，包括长江中下游沿岸、东南沿海地区和台湾省东部的沿海平原。

江海型猪种体型、生产性能等方面的变化较复杂，属于过渡型。体格大小不一，毛色自北向南由全黑逐渐向黑白花过渡，个别猪种为全白色。头大小适中，额较宽，皱纹深且多呈菱形。耳大，长而下垂，头部侧线有不同程度的凹陷。背腰较宽，平直或微凹。腹较大，骨骼粗壮，皮厚而松，且多皱褶。体脂肪沉积能力强，肉质较为优良。江海型猪以繁殖力高而闻名于世。母猪性成熟早，发情明显，受胎率高。成年母猪窝产仔数在13头以上，乳头在8对以上。

这一类型猪包括太湖猪、姜曲海猪、东串猪、虹桥猪、圩猪、阳新猪和中国台湾猪等。

e. 西南型：西南型猪主要分布在云贵高原和四川盆地，包括湖北省的西南部、湖南省沅江以北的西北部、四川省的东部、重庆市、贵州省的西北部和云南省的大部分地区。

这一类猪的特点是头大，腿较粗短，额部多有旋毛或横行皱纹，毛色复杂，以全黑为多，并有相当数量的黑白花和少量的红毛猪和白毛猪。背腰宽而凹，腹大略下垂。产仔数不多，一般每胎8~10头，乳头6~7对。

属于这一类型的猪包括荣昌猪、内江猪、成华猪、雅南猪、湖川山地猪、乌金猪和关岭猪等。

f. 高原型：高原型猪主要分布于青藏高原，此类型属于小型晚熟种，长期放牧奔走，因而体型紧凑，四肢发达，短而有力，蹄小结实，嘴尖长而直，耳小而直立，背窄而微弓，腹紧，臀倾斜。毛密长并有绒毛。产仔数多为5~6头，乳头一般5对。

属于这一类型的猪包括藏猪、合作猪。

表 1 - 9　　　　　　　　　　　主要地方猪种简介

名称	产地、分布	被毛特征	成年体重/kg	经产仔数/头	屠宰率/%	胴体瘦肉率/%	猪种特点及应用
东北民猪	东北及内蒙古	全黑，鬃毛密	♂190~200 ♀140~150	13~14	71~72	46.3	突出的抗寒能力，繁殖力高，抗病，脂肪含量高；与长白、大白杂交效果好
太湖猪	长江下游，太湖流域的沿江沿海地区	黑色或青灰，梅山猪四肢末端为白色	♂130~200 ♀100~180	15~16	70~74	40~45	产仔力最高、品种内部结构丰富、肉质好；与长白、大白杂交效果好
金华猪	浙江省金华地区的东阳、义乌和金华等地	体躯中间白、两端黑的"两头乌"特征	♂100~110 ♀90~100	13~14	71~72	43.36	繁殖率高、肉质优良，适宜腌渍火腿；与长白、大白、杜洛克和汉普夏等杂交效果较好
荣昌猪	重庆市荣昌县和四川省隆昌县等地	两眼四周及头部有黑斑，其它部位呈白色	♂160 ♀145	10~11	69	42~46	适应性强、胴体瘦肉率较高，鬃毛优良；与长白、大白杂交效果好
两广小花猪	广东省和广西壮族自治区	黑白花色，具有头短、颈短、耳短、身短、脚短和尾短的"六短"特点	♂131 ♀112	11~12	67~68	37.2	皮薄、肉质嫩美；与长白、大白杂交效果好
香猪	黔、桂交界的榕江、荔波及融水等县	黑色或白色，或"六白"、不完全"六白"，或"两头乌"	♀40	5~6	65	47	体型小、胴体瘦肉率高，肉嫩味鲜，适宜做烤乳猪；也适做实验动物

②中国地方猪种的总体特征：

a. 繁殖力高：中国地方猪种性成熟早，排卵数多。初情期平均为 98 日龄，排卵数初产猪平均为 7.21 个，经产猪为 21.58 个；国外猪种性成熟一般在 180 日龄以上，排卵数也没有中国猪种多。

中国地方猪种产仔数多，如东北民猪平均窝产仔数达 13.5 头，太湖猪平均窝产仔 15.8 头；而国外繁殖力高的品种长白猪、大约克夏猪产仔数也只有 10～11 头。产仔数为低遗传力性状，本品种选育基本无效。因此，我国地方猪种的高繁殖力性状就显得更加重要。

中国地方猪种与国外猪种比较，还具有乳头数多、发情明显、受胎率高、产后疾患少、护仔能力强、仔猪育成率高等优良繁殖特性。

b. 肉质好：中国地方猪种虽然脂肪多，瘦肉少，但是肉质显著优于国外猪种。其肌肉颜色鲜红，肌纤维较细，密度较大，肌肉大理石花纹分布适中，肌内脂肪含量高，嫩而多汁，烹调时可产生特殊的香味。

c. 适应性强：中国地方猪种比任何国外猪种都能更好地适应当地的饲养管理和环境条件，在长期的自然选择和人工选择过程中，地方猪种具有良好的抗寒能力、耐热能力、抗病能力以及对低营养的耐受能力和对粗纤维饲料的适应能力。

我国地方猪种与国外猪种相比，虽然具有一些独特的优点，但缺点也是明显的，如肥育猪生长较慢，单位增重消耗饲料较多，瘦肉率低，皮厚等。所以需要扬长避短，合理利用。

（2）国外引入品种　我国自 19 世纪末期开始，从国外引入的外来猪种（现称引入品种）有十多个。其中对我国猪种影响较大的有巴克夏猪、约克夏猪、杜洛克猪、苏联大白猪、汉普夏猪、皮特兰猪、长白猪等。这些猪种在我国各地经过不断繁育和驯化，已经成为我国种猪资源的一部分。

①约克夏猪（Yorkshire）：约克夏猪原产于英国约克郡及其邻近地区。该品种是以当地的猪种为母本，引入我国广东猪种和莱塞斯特猪杂交育成，1852年正式确定为新品种。约克夏猪分为大、中、小三型。目前，在世界分布最广的是大约克夏猪，又名大白猪。

大约克夏猪的体型较大，毛色全白；头颈较长，颜面宽而呈中等凹陷，部分品系嘴筒稍向上翘，耳薄且大，直立；体躯较长、胸深广，肋开张；背平直稍呈弓形，腹线稍向下弯但不疏松下垂；后躯宽长，但大腿欠充实。

在标准饲养条件下，大约克夏猪生长发育迅速，日增重可达 850g 以上。成年公猪体重约263kg，成年母猪体重约224kg。胴体瘦肉率达61％。繁殖性能很强，经产母猪窝仔数为 11～12 头。

由于大约克夏猪的繁殖性能很强，且具有较好的生长肥育性能和胴体瘦肉率，故其他国家引入该猪种的数量也很多，并在世界各地经过长期选育，形成了不同的品系类型。我国近年引入的原大约克夏猪有英系、美系、法系、德系、日系等不同的品系。

②长白猪（Landrace）：长白猪又名兰德瑞斯猪，原产于丹麦。与大约克夏猪一样，在世界上的分布也很广，并在不同的国家中培育成为不同的品系类型，是目前世界分布最广的瘦肉型品种。

长白猪的体型大，毛色白，后躯偶有钱币大小的黑斑；头狭长，颜面直，耳大向前下垂；头肩轻盈，体躯长，呈流线型，体躯丰满，后腿肌肉发达；背腰特长，背线直，腹线稍下弯但不疏松下垂；某些品系的骨骼过于细致而使四肢不够健壮。

生长发育迅速，日增重可达 800g 以上，饲料利用率高；成年公猪体重约246kg，成年母猪体重约218kg，胴体瘦肉率达 60%～63%；母猪繁殖性能较好，窝产仔数为 11～12 头，乳头数有 6～7 对。

由于长白猪具有生长快、饲料利用率高、瘦肉率高、母猪产仔多、泌乳性能好等优点，在二元或三元杂交商品猪生产体系中常用做父本，对提高我国养猪生产水平和新品种培育起到了重要的作用。

③杜洛克猪（Duroc）：杜洛克猪产于美国东北部，其亲本是纽约州的杜洛克和新泽西州的泽西红，原名为杜洛克－泽西，简称杜洛克，是世界著名的瘦肉型品种。

杜洛克猪的毛为红棕色，头较小而清秀，脸部微凹，耳中等大向前下垂；背腰较长，背部呈轻度弓形弯曲，腹线紧收，后腿丰满，体质结实，四肢粗壮。

成年公猪体重约250kg，成年母猪体重约300kg，经产母猪窝产仔数为 9～10 头。胴体瘦肉率 62%～63%，肥育猪 20～90kg 阶段，日增重可达 850g以上。

杜洛克猪具有生长快、抗逆性强等优点，但它又具有产仔少、泌乳力稍差的缺点，所以在二元杂交中一般作为父本，在三元杂交中作为终端父本。

④汉普夏猪（Hampshire）：汉普夏猪原产于美国肯塔基州的布奥尼地区，是由薄皮猪和白肩猪杂交选育而成的，为世界著名的瘦肉型品种之一。我国在1934 年首次引入少量的汉普夏猪，并与江北猪（淮猪）进行杂交试验。

汉普夏猪的毛色特点是全身被毛黑色，有一条约 10cm 宽的白带环绕前肩和两前肢，故又称"白带猪"。嘴较长而直，耳中等大小而直立；体躯较长，背微弓，腹线紧缩，肌肉发达，体格健壮，后腿丰满。

成年公猪体重为 315～410kg，成年母猪体重为 250～340kg，产仔数平均为 9～10 头。胴体瘦肉率约 64%，肥育猪 20～90kg 阶段，日增重可达725～845g。

汉普夏猪具有瘦肉率高、眼肌面积大、胴体品质好等优点，但比其它的瘦肉型猪的生长速度慢，饲料利用率稍低，生产中主要作为杂交的父本（特别是终端父本）。

⑤皮特兰猪（Pietrain）：皮特兰猪产于比利时的布拉邦特省，是由法国的贝叶杂交猪与英国的巴克夏猪进行回交，然后再与英国大白猪杂交育成的。主要特点是瘦肉率高，后躯和双肩肌肉丰满。

皮特兰猪的毛色灰白，夹有黑白斑点，有的杂有红毛。耳直立，体躯宽短，背宽，前后肩丰满，后躯发达，呈双肌臀，有"健美运动员"的美称。

四肢较粗壮，但因其肌肉发达，常使四肢承负过大而受伤。

皮特兰猪产仔数平均为 10 ~ 11 头，6 月龄体重可达 90 ~ 100kg，日增重 750g 左右，瘦肉率可高达 70%，膘薄至 1cm 以下。

用皮特兰做父本与其它品种猪杂交，胴体瘦肉率能得到明显的提高，但皮特兰的应激反应是所有猪种中最大的一个，肉质较差，白肌肉（PSE 肉）发生率几乎接近 100%。近年选育的应激抵抗系皮特兰，在适应性和肉质上都有所改进。

总的来说，引入猪种具有的突出优点是生长速度快、屠宰率和胴体瘦肉率高，但繁殖性能较差，肉质欠佳、肌纤维较粗、肌内脂肪含量较少，抗逆性较差，对饲养管理条件的要求较高。

（3）中国培育猪种　培育猪种是指将我国具有特点的优良地方猪种通过与外来猪种杂交选育，经过长时间的培育而形成的新品种。目前，已通过国家鉴定验收的培育品种（系）有 50 余个，丰富了中国的猪种资源，推动了中国养猪业的发展。

①哈尔滨白猪：哈尔滨白猪是由不同类型约克夏与东北民猪杂交选育而形成。产于黑龙江省南部和中部地区，以哈尔滨及其周围各县为中心产区，广泛分布于滨州、滨绥、滨北和牡佳等铁路沿线。

哈白猪体型较大，全身被毛白色，头中等大小，两耳直立，面部微凹。背腰平直，腹稍大但不下垂，腿臀丰满，四肢健壮，体质结实，乳头 7 对以上。

哈白猪成年公猪体重 222kg、母猪体重 176kg，平均产仔数为 11 ~ 12 头；体重在 14. 95 ~ 120.6kg 时，平均日增重 587g；育肥后屠宰率达 74%，胴体瘦肉率 45% 以上，胴体品质好，肥瘦比例适当，肉质细嫩适口。

哈白猪经过杂交育种，具有肥育速度较快、仔猪初生体重大、断乳体重高等优良特性，以其做母本，与引入品种做二元、三元杂交可取得较好的效果。

②三江白猪：三江白猪是用长白猪和民猪两个品种采用正反交、回交、横交的方式而育成的品种，主要分布在黑龙江省东部三江平原地区，是生产商品猪及开展杂交利用的优良亲本。

三江白猪头轻嘴直，两耳下垂或稍前倾，全身背毛白色，背腰平直，中躯较长，腹围较小，后躯丰满，四肢健壮。蹄质坚实，乳头 7 对，排列整齐。

三江白猪成年公猪体重 250 ~ 300kg、母猪体重 200 ~ 250kg，产仔数平均为 12 头；肥育猪体重在 20 ~ 90kg 时，平均日增重 600g，胴体瘦肉率 57% ~ 59%。

三江白猪属瘦肉型品种，具有生长快、产仔较多、瘦肉率高、肉质良好和耐寒冷气候等特性，与杜洛克、汉普夏、长白猪杂交都有较好的配合力，与杜洛克猪杂交效果显著。

③苏太猪：苏太猪是以小梅山、中梅山、二花脸和枫泾猪为母本，以杜洛克为父本，通过杂交育成的中国瘦肉型猪新品种。

苏太猪全身被毛黑色，耳中等大小、前垂，脸面有浅纹，嘴中等长而直，四肢结实，背腰平直，腹小，后躯丰满，结构匀称，具有明显的瘦肉型猪特征，有效乳头7对以上。

苏太猪公猪10月龄体重126.56kg、母猪9月龄体重116.31kg，经产母猪平均产仔数14.5头；育肥猪体重在25～90kg时，日增重623.12g；胴瘦肉率约56.10%，肌内脂肪高达3%，肉色鲜红，肉质鲜美，细嫩多汁。

苏太猪具有生长速度快、瘦肉率高、耐粗饲、肉质鲜美等优良特点，可作为生产三元瘦肉型猪的母本。

④北京黑猪：北京黑猪是在北京本地黑猪引入巴克夏、中约克夏、苏联大白猪、高加索猪进行杂交后选育而成的新品种，主要分布在北京市朝阳、海淀、昌平、顺义、通州等京郊各区，并推广于河北、河南、山西等省。

北京黑猪体质结实，结构匀称，被毛全黑；头部轻秀，两耳向前上方直立或平伸，面微凹，额较宽，嘴筒直，粗细适中，中等长；颈肩结合良好，背腰平直或微弓；四肢强健，腿臀丰满，腹部平直；乳头多在7对以上。

北京黑猪成年公猪体重260kg、母猪体重220kg，平均每窝产仔数10.50头，平均日增重578g，屠宰率为74.38%，瘦肉率54.59%，背膘较薄，肉质好。

北京黑猪属优良瘦肉型的配套母系猪种，与国外瘦肉型良种长白猪、大约克夏猪杂交，均有较好的配合力。

培育品种既保留了我国地方品种母性强、发情明显、繁殖力高、肉质好、适应力强、能利用大量青粗饲料等优点，又兼备了引入品种的特点，大大丰富了我国猪种资源基因库，并且普遍应用于商品瘦肉猪生产。

单元二　种猪的选择

【学习目标】　通过本单元的学习，掌握猪的选种方法、重要经济性状的选择及杂交利用，了解种猪的繁育体系建设。

【技能目标】　能对生产中猪的选育有清楚认识，并了解不同种猪的选育要点。

【课前思考】　生产实践中可采用哪些方法提高猪的生产力？猪有哪些重要的经济性状？什么是杂交？杂交的目的是什么？

猪的育种工作是一项庞大而复杂的系统工程，包括现有纯种、纯系的选育提高，新品种、品系的育成以及开展猪的杂种优势利用等内容，其根本目的在于使猪群的重要经济性状得到遗传改良和使生产者获得最佳经济效益。历史上，猪育种者与其它家畜的育种者一样，都主要集中于外观的选择，尤其是毛色、毛的图案、耳型等方面。但是，这种强调外观的传统育种方式，已经被着重于对提高商品猪生产有重要经济价值的性状的遗传改良方案所替代，即主要选择那些影响猪的生产成本或市场价值的重要经济性状。

1. 猪的重要经济性状的选择

确定育种目标的第一步，是要了解影响猪生产力的重要性状。猪的重要经济性状的遗传参数主要包括遗传力、重复力和与遗传相关、具有经济重要性的数量性状，其本身往往也是由很多方面组成的，这些方面自身又是单独的选育标准。因此，不仅要了解各性状的遗传力，而且对各性状之间的遗传相关、表型相关等也应有深刻的理解。

（1）繁殖性状的遗传与选择　猪的繁殖性状主要包括产仔数、泌乳力、仔猪初生重和初生窝重、仔猪断奶重和断奶窝重等。

①产仔数：猪的产仔数包括总产仔数和产活仔数两个性状，是一个受排卵数、受胎率和胚胎成活率等多种因素影响的复合性状。产仔数的遗传力平均为0.10，产仔数与初生窝重、断奶窝重、断奶仔猪数、泌乳力等性状均成正相关，相关系数分别为：0.93、0.61、0.70、0.61～0.93。

②初生重和初生窝重：初生重是指仔猪在出生12h内所称得的个体重；初生窝重是指仔猪在出生12h内所称得的全窝重。初生重和仔猪哺育率、仔猪哺育期增重以及仔猪断奶体重成正相关，与产仔数成负相关。初生重的遗传力为0.10，初生窝重的遗传力为0.24～0.42，初生窝重与断奶窝重的相关系数为0.96，为强正相关。

③泌乳力：母猪泌乳力的高低直接影响哺乳仔猪的生长发育情况，属重要的繁殖性状之一。母猪泌乳力一般用20日龄的仔猪窝重减去初生窝重来表示，泌乳力的遗传力为0.15，它与产仔数、断奶窝重成正相关，相关系数为0.61～0.93、0.76。

④断奶重和断奶窝重：断奶重是指断奶时仔猪的个体重；断奶窝重指断奶时全窝仔猪的重量，包括寄养仔猪在内。断奶个体重的遗传力低于断奶窝重，断奶窝重的遗传力为0.20，在实践中一般把断奶窝重作为选择性状，它与产仔数、初生窝重、断奶仔猪数、断奶成活率和6月龄全窝重等主要繁殖性状均呈正相关，相关系数为0.64、0.69、0.88、0.52、0.82～0.92。

由于繁殖性状遗传力低，一般认为难以通过个体选择得到遗传改良，选种时以家系选择为好。产仔数与各阶段的活仔数和窝重呈遗传正相关，因此，加强产仔数的选择对提高种猪的繁殖性能至关重要。

近年来，主要利用多世代选择、家系指数选择、高繁殖力选择、后裔测定、母猪生产力指数、间接选择等方法进行，动物模型BLUP法和分子标记技术的应用，大大加快了猪繁殖性状的遗传改进速度。

（2）生长性状　又称肥育性状，是十分重要的经济性状和遗传改良的主要目标。生长性状主要有生长速度、饲料转化率和采食量。

①生长速度：通常以平均日增重来表示，平均日增重是指在一定生长肥育期（断奶到180日龄）内，猪只平均每天体重的增长量，一般用g/d表示；或者也可用达到一定活重（通常为90kg）时的日龄作为衡量生长速度的指标。

生长速度的遗传力为0.30，平均日增重与饲料转化率之间有较高的负遗传相关，相关系数为 -0.70。

②饲料转化率：指生长肥育期或性能测检期每单位活重增长所消耗的饲料量，即消耗饲料（kg）与增长活重（kg）之比值。它的遗传力为0.30，与生长速度呈负相关。

③采食量：猪的采食量是度量食欲的性状，近年来在育种方案中日益受到重视。采食量的遗传力为0.30，它与日增重、背膘厚呈正相关，相关系数分别为0.70、0.30；与胴体瘦肉量呈负相关，相关系数为 -0.20。

生长性状属于中等遗传力，通过选择可以获得较大的选择反应。选择时对单一性状要采取多世代个体表型选择，对多性状实行指数选择时，生长性状多与胴体性状相结合构成选择指数。猪的生长性状、胴体性状的遗传力估计见表1-10。

表1-10 生长和胴体性状的遗传力估计值

性状	均值	遗传力范围
日增重	0.34	0.1~0.76
达100kg日龄	0.30	0.27~0.89
日采食量	0.38	0.24~0.62
饲料转化率	3.23	0.15~0.43
活体背膘厚	0.52	0.4~0.6
屠宰率	0.31	0.20~0.40
平均背膘厚	0.50	0.30~0.74
眼肌面积	0.48	0.16~0.79
胴体瘦肉率	0.46	0.4~0.85

（3）胴体性状　猪的胴体性状主要有背膘厚度、胴体长度、眼肌面积、腿臀比例、胴体瘦肉率等。

①背膘厚：宰后胴体背中线肩部最厚处、胸腰椎结合处和腰荐椎结合处三点膘厚的平均值为平均背膘厚。背膘厚的遗传力为0.60，它与肌肉生长存在强的表型和遗传相关。

②胴体长度：在胴体倒挂时从耻骨联合前缘至第一肋骨与胸骨联合点前缘间的长度，称为胴体斜长；从耻骨联合前缘至第一颈椎前缘的长度，称为胴体直长。胴体长度适于度量生长发育性状，但不适于估计瘦肉率。

③眼肌面积：指胴体胸腰椎结合处背最长肌横截面的面积。眼肌面积的遗传力较高，它与瘦肉块重量、瘦肉块生长速度、达90kg日龄、平均背膘厚和日增重的相关系数分别为：0.79、0.12、0.74、-0.88、0.51。

④腿臀比例：腿臀比例指沿腰椎与荐椎结合处的垂直线切下的腿臀重占胴

体重的比例，一般用左半胴体计算。腿臀部分的切割方法，国外多在腰荐结合处垂直背线切下，我国是在最后一对腰椎间垂直于背线切开。腿臀比例的遗传力为 0.58，是提高瘦肉率选择的重要指标，但腿臀部肌肉的过度发育与肌肉品质呈负相关。

⑤胴体瘦肉率：将左半胴体进行组织剥离，分为骨骼、皮肤、肌肉和脂肪四种组织，瘦肉量占四种组织总量的百分比即胴体瘦肉率，是反映胴体产肉量高低的关键性状。胴体瘦肉率遗传力较高，个体表型选择有效，但活体无法直接度量。而猪的活体背膘厚与胴体瘦肉率存在较强的遗传相关，通过活体背膘厚的直接选择，可使种猪群的胴体瘦肉率得到明显的提高，获得显著的遗传改良。

胴体性状的遗传力为 0.40~0.60，表型选择能取得较好的效果。超声波和电子仪器测量背膘仪、眼肌扫描仪、X 射线照相等现代高新技术设备的应用，为实现活体度量提供了可能性，也为胴体测量性状的改良开辟了个体表现型选择的捷径。

（4）肉质性状　猪的肉质包括 pH、肉色、系水力、嫩度、大理石纹、肌内脂肪含量等多项指标。对肉质的评定可分为客观评定和主观评定两类，前者主要包括肉的理化特性和生物学指标等，后者主要包括对肉的风味进行品尝或评分等。肌肉 pH、肉色评分、滴水损失和系水力的遗传力估值居中，嫩度和多汁性等性状的遗传力估值居中偏低，肌内脂肪含量和肌酸激酶活力属高遗传力性状。这说明在猪群中开展肉质性状的选择可望取得较大的遗传进展。

肌内脂肪含量是影响猪肉风味的重要肉质性状，其遗传力较高，选择肌内脂肪含量可望获得较大的遗传进展。但实际应用中很难测定活猪的肌内脂肪含量，这就限制了个体本身的肌内脂肪含量的选择，可以利用已屠宰的亲属资料来选择提高肌内脂肪含量的水平。肌内脂肪含量与胴体瘦肉率间遗传相关为 −0.45。因此，要保持适量的肌内脂肪含量，胴体瘦肉率就不会太高。

生长性状与肉质性状间表现出有利的遗传相关，日增重与肌内脂肪含量、pH 和肉色间的遗传相关分别为 0.20、0.10 和 0.45，表明对生长速度的选择会改善肉的风味和猪肉品质。

胴体瘦肉率与肉质性状间存在一定的遗传拮抗性，提示在选择提高胴体瘦肉率的同时，还应加强对肉质的改良。

基于我国的实际情况，猪的遗传改良在今后相当长的时间内，将是在保持和适度提高瘦肉率的前提下，继续提高瘦肉组织的生长速度和饲料转化率，重点加强繁殖性状和肉质的选择。同时应该看到，随着市场和消费需求的变化，育种目标也会发生变化。

2. 猪的选种方法

（1）猪的选种方法　传统的猪选种方法有个体表型选择、同胞选择、系谱选择、后裔测定和综合指数的选择等，现阶段国内外普遍采用的方法是最佳线性无偏估计法（BLUP 法）。目前，标记辅助选择法在国内也比较流行。

①个体表型选择：根据猪本身性状的表型值进行选择。由于个体表型选择是对表型值的选择，所以其选择效果的大小和被选择性状的遗传力极为密切，只有遗传力高的性状，个体表型选择才可取得良好的效果，而遗传能力低的性状进行个体表型选择收效甚微。

②系谱选择：根据个体的双亲以及其它有亲缘关系的祖先的表型值进行选择。总的来讲，个体亲本或祖先的表型值与后代的表型值之间的相关性并不太大，尤其是亲缘关系较远的祖先，其资料可参考性就更小。因此，系谱选择的效率不会太高。在实际选种中，一般不单独使用系谱选择，而是与其它方法结合使用。

③同胞选择：根据同胞或半同胞的表型值进行选种。同胞选择可以缩短鉴定时间，从而缩短世代间隔，提高选种效率。所以，同胞选择在猪的选种上的应用日益受到重视。同胞选择适用于遗传力低的性状和一些限性性状以及必须屠宰才能获得测定值的性状。

④后裔测定：根据后代表型值进行选种的方法称为后裔测定，是准确性较高的选种方法。但是该方法具有以下缺点：后裔测定改良的速度较慢，延长了世代间隔，影响了选种效率；建设后裔测定站需要大量的投资，且测定的猪数有限；优良种猪的后代肥育测定后，虽然可提供测定结果作为选种的依据，但利用良种后代数因此而减少。

后裔测定仅在以下情况下采用：a. 被选性状的遗传力低或是一些限性性状；b. 被测公猪所涉及的母猪的数量非常大，为采用人工受精的公猪。

⑤综合指数选择法：综合指数选择法是把几个性状表型值综合成一个使个体间可以相互比较的选择指数，然后根据选择指数进行选种的方法。此选种方法可以解决以上选种方法的每次只能针对一个性状进行选种的不足，是猪育种中最常用的方法。

⑥BLUP 法：BLUP 法又称最佳线性无偏估计法（Best Linear Unbiased Prediction），是一种统计方法，将表型值表示成遗传效应、系统环境效应（如畜群、年度、季节、性别等）、随机环境效应（如窝效应、永久环境效应）和剩余效应（包括部分遗传效应和环境效应）的线性混合模型，获得的个体育种值具有最佳线性无偏性。应用 BLUP 法进行种畜遗传评定，可以有效充分地利用所有亲属的信息，提供个体育种值的最精确的无偏估计值，提高选种的准确性，进而加快群体的遗传进展。此法优于所有传统育种值估计方法，是当今世界范围内主要的种畜遗传评定方法。

应用 BLUP 的效果除了取决于方法本身的因素外，还受综合育种措施，诸如性能测定、种群结构、选配计划等多项因素的影响。

⑦标记辅助选择（MAS）：通过限制性片段长度多态性（RFLP），可对生物有机体的基因组进行标记，利用标记基因型能非常准确地估计数量性状的育

种值，以该育种值为基础的选择，称为标记辅助选择（Marker Assisted Selection，MAS）。通过基因组分析可以对家畜直接进行基因型选择或标记辅助选择，且不受性别、时间和环境等因素的影响。

在猪育种选择中，对遗传力较低（如繁殖性状）、度量费用昂贵（如抗病性）、表型值在发育早期难以测定（如瘦肉率）或限性表现（如产奶量）的性状，如采用标记辅助选择（MAS），可提高选择的准确性和遗传进展，提高育种效率。虽然，MAS 可提高选择的有效性和年遗传改进量，但 MAS 的效能又受到很多因素的影响，除性状的遗传力、选择强度、被选群体大小之外，决定因素是遗传标记与 QTL 的连锁程度。因此，要提高 MAS 的效能，必须获得与 QTL 紧密连锁的遗传标记。可以预见，随着更多与 QTL 紧密连锁遗传标记的发现，MAS 在实际育种中将会得到更有效的应用。

（2）不同种猪的选择方法

①种公猪的选择：种公猪的选择一般遵循以生长速度为主、繁殖成绩为辅的原则，结合活体测膘材料，进行选留。种公猪的繁殖成绩可用它全部的同胞姐妹和这头公猪的全部女儿繁殖成绩的均值作为代表。

a. 体型外貌：要求头和颈较细，占身体的比例小，胸宽深，背宽平，体躯要长，腹部平直，肩部和臀部发达，肌肉丰满，骨骼粗壮，四肢有力，体质强健，符合本品种的特征。

b. 繁殖性能：要求生殖器官发育正常，精液质量优良，性欲良好，配种能力强。

c. 生长育肥与胴体性能：要求生长快，一般瘦肉型公猪体重达 100kg 的日龄在 175d 以下；耗料省，生长育肥期每千克增重的耗料量在 3.0kg 以下；背膘薄，100kg 体重测量时，倒数第三到第四肋骨离背中线 6cm 处的超声波背膘厚在 2.0cm 以下。生长速度、饲料利用率和背膘厚三个主要性状至少应达到本品种的标准。也可用体重达 100kg 的日龄和背膘厚两个性状构成一个综合育种值指数，根据指数值的高低进行选择。

②种母猪的选择：主要根据其繁殖成绩，结合同胞表现，参考亲代和后裔的表现等决定取舍。头两产的生产性能与以后各产次的表现有很强的相关关系。因此，根据 1~2 产成绩即可确定取舍。

a. 体型外貌：外貌与毛色符合本品种要求。要求具有该品种所应有的乳头数，乳头排列整齐，有一定间距，分布均匀，无瞎、瘪乳头。外生殖器正常，四肢强健，体躯有一定深度。

b. 繁殖性能：后备种猪在 6~8 月龄时配种，要求发情明显，易受孕。当母猪有繁殖成绩后要重点选留那些产仔数高、泌乳力强、母性好、仔猪育成多的种母猪。

c. 生长育肥性能：可参照公猪的方法，但指标要求可适当降低，可以不测定饲料转化率，只测定生长速度和背膘厚。

③后备种猪的选择：猪的性状是在其个体发展过程中逐渐形成的，因此，选种时应在个体发育的不同时期，有所侧重并采用相应的技术措施。后备种猪的选择过程一般经过四个阶段：

a. 断奶阶段选择：挑选的标准为：仔猪必须来自母猪产仔数较高的窝中，符合本品种的外形标准，生长发育好，体重较大，皮毛光亮，背部宽长，四肢结实有力，有效乳头数在 14 只以上（瘦肉型猪种 12 只以上），没有遗传缺陷，没有瞎乳头，公猪睾丸良好。

从大窝中选留后备小母猪应依据产仔数情况，断奶时应尽量多留。一般来说初选数量为最终预定留种数量公猪的 10~20 倍以上，母猪的 5~10 倍以上，以便后面能有较高的选留机会，使选择强度加大，有利于取得较理想的选择进展。

b. 测定结束阶段选择：性能测定一般在 5~6 月龄结束，这时个体的重要生产性状（除繁殖性能外）都已基本表现出来。因此，这一阶段是选种的关键时期，应作为主选阶段。选择时要做到以下几点：

凡体质衰弱、存在明显疾患、有内翻乳头、体型有严重损征、外阴部特别小、同窝出现遗传缺陷者，可先行淘汰。要对公、母猪的乳头缺陷和肢蹄结实度进行普查。

其余个体均应按照生长速度和活体背膘厚等生产性状构成的综合育种阶段进行选留或淘汰。必须严格按综合育种值指数的高低进行个体选择，该阶段的选留数量可比最终留种数量多 15%~20%。

c. 母猪繁殖配种和繁殖阶段选择：该时期的主要依据是个体本身的繁殖性能。对下列情况的母猪应考虑淘汰：至 7 月龄后无发情征兆者；在一个发情期内连续配种 3 次未受胎者；断奶后 2~3 月龄无发情征兆者；母性差者；产仔数过少者。

d. 终选阶段：当母猪有了第二胎繁殖记录时可做出最终选择。选择的主要依据是种猪的繁殖性能，这时可根据本身、同胞和祖先的综合信息判断是否留种。同时，根据已有后裔生长性能和胴体性能的成绩，评估公猪的种用遗传性能，决定是否继续留用。

3. 种猪的繁育体系建设

种猪的繁育体系是指以育种场为核心、繁殖场为中介和以商品场为基础的金字塔式繁育体系。我国作为世界上生猪存栏量和猪肉产量最大的国家，在自己的种猪良种繁育体系建设方面做了大量工作。繁育体系的建设虽然取得了显著成绩，但和西方发达国家如美国、英国、法国、丹麦等国家相比，仍然存在一定的差距。因此，建设完善、健康和可持续发展的种猪繁育体系，是实现养猪业持续发展的基本保证。

（1）原种场（核心群） 原种场处于种猪繁育体系的金字塔塔尖，主要任务是以遗传改良为核心，进行纯种（系）选育提高和新品系培育。原种场优秀后代可以更新核心群种猪或者为扩繁群提供后备公母猪等。

①种猪核心群选育：直接参加选育和测定的优秀个体组成的群体称为核心群。核心群是为整个种猪繁育场提供后备种猪的，核心群的质量关系到整个猪场整体的生产性能和种猪场的长期发展战略。

a. 核心群组建：核心群的数量占整个基础母猪群体的30%左右最为适宜。核心群种猪选择的基本标准是：种公猪选留要求品种特征明显，肢蹄结构优秀，背臀肌肉丰满，生殖系统发育正常，性欲好，根据测定评估数据和现场观察来决定。最后进入核心群的种公猪必须是经过生产性能测定的种猪，选择该血缘最优秀的种公猪进入公猪站，加速猪群的整体遗传进展；种母猪选留要求品种特征明显，肢蹄结构优秀，生殖系统发育正常，乳头数量足够，并排列整齐，发育良好，根据测定评估数据和现场观察来决定。核心群母猪要求整理分析整个育种场母猪的产仔性状，在进行统计分析后，只有那些产仔数在猪群整体平均数一倍标准差以上的种猪才有机会进入核心群。无论种公猪或者种母猪，都要在同一血缘内比较后，选择最优秀者留种，种公猪尤其要经过测定比较后才能决定选留。

b. 核心群的更替：核心群的管理应该是一个动态的、平衡的系统。每经过一段时间，利用遗传评估软件对整个猪群进行一次系统的评估，按照选择的指数对种猪进行一次评估，再根据实际生产中的具体表现，决定种猪的选留，使整个核心群的生产性能总保持较高的状态，这样可为后备种猪的选择打下坚实的基础。

②种猪性能测定站：承担着核心群后备种公猪以及配套终端商品猪的测定任务，为加速种猪的遗传奠定了基础。

③种公猪站：种公猪站是种猪繁育体系的优秀公猪基因库和精子库，通过人工受精技术，公猪的优秀基因可以迅速地向种群、扩繁群和商品群中快速传播，加速种群的遗传进展，降低频繁引种造成的疾病传播。

从核心群内选择健康、性能优越的青年公猪进入种猪性能测定站进行性能测定，通过应用GPS软件–BLUP法进行遗传评估，充分利用该个体本身及其父母、同胞等所有信息，提高了估计育种值的准确性，然后计算选择指数，最后根据体形外貌评分和选择指数，把性能优越的1% ~5%的公猪补充到种公猪站，通过人工受精的方式使得优良基因在群体内快速传播，提高整个群体优秀基因频率和基因型频率，加速群体的遗传进展。

（2）扩繁场（繁殖群）　扩繁场位于整个繁育体系金字塔结构的中间层，具有承上启下的作用，是连接原种场和商品场的纽带。扩繁场的主要任务是对来自核心场的纯种猪进行扩繁并生产杂种公母猪。扩繁场生产的杂种公母猪的目标方向各不相同：公猪生产性能的主要目标是生长速度快、瘦肉率高以及饲料转化率高等；母猪生产性能的主要目标是繁殖性能好、适应能力和抗病力强等。繁殖群更新的后备猪必须来自核心群，不允许接受商品场的猪只。

（3）商品场（生产群） 商品场位于整个繁育体系金字塔结构的底层，主要功能是以商品生产为基础，进行终端父母本的杂交，生产优质商品仔猪。商品场的主要工作是提高猪群的生产效率，向测定站提供优秀的商品猪进行测定，以检验育种计划、育种目标等的实现情况；按照统一的育种计划，使用核心群和扩繁场提供的终端父本，或者种公猪站优秀公猪的精液。

（4）终端商品猪饲养场 终端商品猪饲养场仅仅饲养商品猪，它是整个繁育体系的最终结果和产品，最终要接受市场和消费者的考核，也是整个种猪繁育体系最终价值的体现。

这种繁育体系将纯种核心群选育、良种扩繁、杂种优势利用和商品猪高效生产有机地结合起来，为实现终端产品－商品猪的市场价值奠定了基础，是比较适合中国国情的种猪繁育体系。

4. 猪的杂交利用

杂交指不同品种、品系或类群间的交配系统。杂交的目的是加速品种的改良以及利用杂种优势，在短时间内生产高性能的商品育肥猪。杂交能充分利用和夸大各品种的加性效应，它已成为现代化养猪生产的重要手段，对提高猪的生产性能以及养猪的经济效益有十分重要的作用。

（1）杂交方式

①二元杂交：又称"简单经济杂交"，是利用两个不同品种的公、母猪进行杂交，所产生的杂种一代猪，都不作为种用继续繁殖，而是全部用作商品。二元杂交是最简单的一种杂交方式。但不能充分利用母本群繁殖性能方面的杂种优势，因为在该方式下，用以繁殖的母畜都是纯种，杂种母畜不再繁殖。而就繁殖性能而言，纯种母畜遗传力一般较低，杂种优势比较明显。因此，不予利用将是一项重大损失。

②三元杂交：三元杂交是先用两个品种或品系杂交，所生杂种母畜再与第三个品种或品系杂交，所生二代杂种作为商品代。三元杂交的最大优点是充分利用了杂一代母猪的杂种优势，特别是繁殖性能的优势，同时，还充分发挥了第二父本猪种在平均日增重大、饲料利用率高和产瘦肉量多等方面的作用。目前，国内的大多数规模化养猪场普遍采用杜、长、大的三元杂交方式，获得的杂交猪具有良好的生产性能。

三元杂交在组织工作上，要比二元杂交更为复杂，因为它需要有三个不同品种或品系的纯种群，每个品种或品系都要纯繁和选育。

③四元杂交（双杂交）：四元杂交是用四个品种或品系参与，先进行两种二元杂交，产生两种杂种，然后两种杂种间再进行杂交，产生四元杂种商品代。

四元杂交的优点：①四元杂交比二元、三元杂交遗传基础更广，可能有更多的显性优良基因互补和更多的互作类型，从而可望有较大的杂种优势；②既可以利用杂种母畜的优势，也可以利用杂种公畜的优势。杂种公畜的优势主要表现在配种能力强、可以少养多配及延长使用年限；③由于大量利用杂种繁殖，纯种就可以少养，从而减少饲养成本。

四元杂交的缺点：由于四元杂交涉及四个品种或品系，所以其组织工作就更复杂一些。

二元杂交、三元杂交与四元杂交示意图如图 1-9 所示。

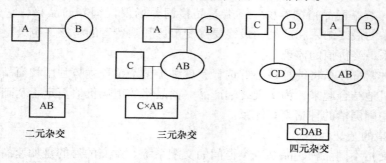

图 1-9　二元杂交、三元杂交与四元杂交示意图

④轮回杂交：轮回杂交是用两个以上品种按固定的顺序依次杂交，纯种依次与上代产生的杂种母畜杂交。杂交用的母本群除第一次杂交使用纯种之外，以后各代均用杂交所产生的杂种母畜，各代所产生的杂种除了部分母畜用于继续杂交之外，其它母畜连同所有公畜一律用做商品。

采用轮回杂交方式能够保持杂种母猪的杂种优势，提供生产性能更高的杂种猪用来育肥，可以不从外地引进纯种母猪，以减少疫病传染的风险，而且由于猪场只养杂种母猪和少数不同品种良种公猪来轮回相配，在经济管理上比二元杂交、三元杂交具有更多的优越性。

这种杂交方式，不论养猪场还是养猪户都可采用，不用保留纯种母猪繁殖群，只要有计划地引用几个肥育性能好和胴体品质好，特别是瘦肉率高的良种公猪作父本。实行固定轮回杂交，其杂交效果和经济效益都十分显著。轮回杂交示意图如图 1-10 所示。

（2）提高杂交品种优势的途径

①杂交亲本：

a. 亲本应当是高产、优良、血统纯的品种，提高杂种优势的根本途径是提高杂交亲本的纯度。无论父本还是母本，在一定范围内，亲本越纯经济杂交效果越好，能使杂种表现出较高的杂种优势，可以通过亲缘交配提高杂交亲本的纯度。

b. 杂交亲本遗传差异越大，血缘关系越远，其杂交后代的杂种优势越强。在选择和确定杂交组合时，应当选择那些遗传性和经济类型差异比较大、产地距离较远的品种做杂交亲本。如用引进的外国猪种与本地（育成）猪种杂交或肉用型猪与兼用型猪杂交，一般都能得到较好的结果。

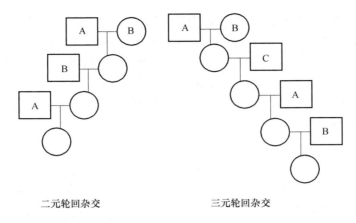

二元轮回杂交　　　　　　三元轮回杂交

图 1 - 10　轮回杂交示意图

　　c. 杂种优势是由基因的非加性效应（显性、上位）所致，因此，遗传力低的性状如产仔数、泌乳力、初生重和断奶窝重等，容易呈现杂种优势，是我们利用杂种优势的重点。遗传力高的性状，不表现明显的杂种优势（如胴体性状、外形结构）。猪的生长性状和肉质性状可获得中等程度的杂种优势。

　　②杂交亲本品种的选择：选择杂交亲本品种除了考虑经济类型、血缘关系和地理位置外，还应考虑市场对商品猪的要求及经济成本。亲本品种包括母本和父本，对母本和父本的要求有所不同。

　　a. 母本品种的选择：母本应选择当地分布广泛，适应性强的地方品种母猪，如太湖猪、哈白猪、内江猪、北京黑猪。我国的地方猪种最能适应当地的自然条件，母猪产仔多、母性好、泌乳力强、仔猪成活率高，而地方猪种资源丰富，种猪来源容易解决，能够降低生产成本。

　　一些商品瘦肉猪出口基地，能够提供高水平的饲养条件，可以利用瘦肉型外来猪种作为母本品种。在瘦肉型外来品种中，大白猪的适应性强，在耐粗饲、对气候适应性和繁殖性能方面都优于其它品种。世界各国大多利用大白猪做经济杂交的母本品种。

　　b. 父本品种的选择：父本应当选择生长快、瘦肉率和饲料利用率高的品种，一般都选择那些经过长期定向培育的优良瘦肉型品种。近几年，我国从国外引进的长白猪、大约克夏猪、杜洛克猪、汉普夏猪等高产瘦肉型种公猪等，其共同特点是生长快、耗料低、体形大、瘦肉率高，是目前最常用的父本。

　　父本品种也应对当地气候环境条件有较好的适应性，如果公猪对当地环境条件不适应，即使在良好的饲养条件下，也很难得到满意的杂交效果。

　　当父本品种与母本品种在经济类型、体形外貌、地区和起源方面有较大的遗传差异时，杂交后杂种优势才能明显。

　　③杂交品种猪的饲养管理：在进行猪的经济杂交时，不能只考虑品种组合、品种的遗传性生产水平和杂交优势率，而不重视饲养管理条件，尤其是饲

料的营养水平。饲料的营养水平是获得遗传性生产水平和杂交品种优势的物质基础，只有当供给饲料的营养水平达到亲本遗传性生产水平所需的营养水平时，亲本的遗传潜力和杂种优势才能充分表现出来。所谓最佳杂交组合不是一成不变的，是随饲养管理条件，尤其是饲料营养水平而变化的。所以要根据当地的饲养管理条件，选择适宜的品种进行经济杂交。

【情境小结】

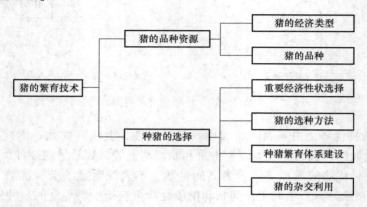

【情境测试】

1. 简述当地猪的品种及其主要生产性能、外貌特征。

2. 与国外著名的瘦肉型猪种相比，我国的地方猪种有哪些优点和缺点，你认为应该如何合理利用？

3. 我国地方种猪资源应如何保护利用？

4. 在杂种优势利用中，对母本群体的基本要求有哪些？对父本群体的一般要求是什么？

5. 提高杂种优势有哪些途径？

6. 常用的杂交方式都有哪些？这些杂交方式各有什么特点？

7. 如何建设种猪的繁育体系？

情境三 │ 猪的饲养管理

单元一　种猪生产

【学习目标】　通过本单元的学习，掌握种公猪、哺乳母猪、空怀母猪、妊娠母猪和分娩母猪的饲养管理方法。

【技能目标】　能说出各个不同生理阶段母猪和公猪的营养需要特点，在生产中能独立地进行猪配种，并掌握判断母猪是否妊娠等技能的操作。

【课前思考】　如何合理利用种公猪？如何提高母猪的泌乳量，如何促进空怀母猪的发情排卵？如何饲养妊娠母猪？母猪在分娩前后要注意哪些问题？

1. 种公猪的饲养管理

饲养种公猪的目标是提高种公猪精液的数量和品质，性欲良好，体质强健，睾丸发育良好，能产生数量多、质量好的仔猪。

在养猪生产中，公猪对猪群的影响非常大。在常年产仔的情况下，采用本交的方法，一头公猪可负担 20～30 头母猪的配种任务，一年内可繁殖仔猪 500～600 头；若采用人工受精技术，一头公猪可负担至少 200 头母猪的配种任务，一年内可繁殖仔猪 5000 头。

（1）种公猪的饲喂技术

①营养需要：种公猪要有良好的繁殖性能，与其它家畜公畜相比较，种公猪射精量大，总精子数多，配种时间长（如表 1-11 所示）。公猪交配的时间平均为 10min。公猪精液中干物质占 5%，其中蛋白质为 3.7%。

表 1-11　　　　　各种家畜精液的比较

家畜种类	射精量/mL	精子数/（亿个/mL）	总精子数/亿个
猪	250（150～500）	1（0.25～5）	250
马	70（30～300）	1.2（0.3～8）	84
驴	50（10～80）	4（2～6）	200
牛	4（2～10）	10（3～20）	40
羊	1（0.7～2）	30（20～50）	30

为了保持种公猪良好的种用体况，饲粮营养水平应全面。营养水平不能过高或过低，否则会导致种公猪过肥或过瘦，影响配种。公猪日粮中能量水平，每千克消化能不低于 12.5MJ，日粮中粗蛋白为 14%。不仅要重视蛋白质的数量，还要重视蛋白质的质量，参与公猪精子形成的氨基酸有色氨酸、胱氨酸、

组氨酸、赖氨酸、蛋氨酸等，其中最重要的是赖氨酸。若日粮中蛋白质缺少，或氨基酸不平衡，会影响精液的品质。蛋白质数量也不能过高，否则会降低精子活力，增加畸形精子数。

日粮中钙、磷不足，会降低精液品质，出现死精、发育不全或活力差的精子。应注意公猪日粮中钙和食盐的补充，钙磷比一般应保持在 1.5∶1。

维生素 A、维生素 C、维生素 E 也是公猪不可缺少的营养物质。若日粮中缺少维生素 A，会导致公猪的睾丸肿胀、萎缩，精子数减少；缺乏维生素 D，也会影响精液品质，影响机体对钙磷的利用。

②饲养方式：根据猪全年配种任务的集中和分散，可将饲养方式分为两种：

a. 一贯加强的饲养方式：在工厂化养猪生产中，母猪实行全年均衡分娩，公猪需常年保持种用体况。

b. 配种季节加强：在小型养殖场或散户养猪时，母猪实行季节性分娩，在配种季节开始前 1 个月，增加公猪日粮中的营养含量水平，从而提高公猪精液品质，但是配种季节过后，逐渐降低饲粮营养含量水平，只提供公猪维持种用体况的营养需要。

③饲喂技术：公猪的日粮营养全面，易于消化，饲料的体积不宜过大，否则会导致公猪草肚垂腹，降低配种能力。在饲喂种公猪时，公猪过肥或过瘦都会影响其配种能力。若猪场中公猪的数量过少，其饲粮可用哺乳母猪的饲料来代替。公猪通常采用限量饲喂的方法，根据公猪的体重、年龄等情况，给以不同饲料。一般日喂次数为两次，日粮可喂干粉料、生湿拌料或颗粒料，供给充足的饮水。在较好的情况下，非配种期时，公猪的日采食量可达 2～2.5kg，在配种期日采食量为 3～2.5kg，最好要在公猪的日粮中添加些动物性饲料，以提高精液品质，例如鱼和虾，也可加喂带壳的生鸡蛋，或是把母猪产仔的胎衣煮熟，切碎拌在公猪的日粮中，可明显提高公猪的品质。

(2) 种公猪的管理

①单养或群养：公猪可进行单圈饲养或小群饲养。生产中多数采用单圈饲养，安静、没有其它猪只的爬跨、争抢食物等打架情况，能正常采食。小群饲养一般是一起生活的 2～3 头公猪一圈。合群饲养的主要优点是便于管理，提高圈舍利用率。但是合群饲养公猪在配种后不宜立即赶回圈中，应休息 1～2h，待气味消失后再归圈。

②适量运动：适度运动可促进机体新陈代谢、增强食欲、增强体质、提高精液品质。可在圈舍外设置运动场，让猪自由运动，也可进行驱赶运动，每日在早饲后、晚饲前，若夏天应在早晚，冬天应在中午运动，每日两次，每次运动 500～1500m，运动量不足会降低公猪的使用年限。

③刷拭和修蹄：经常用刷子刷拭猪体，可促进猪体的血液循环，保证猪体皮肤干净，防止寄生虫病的发生，增进食欲。经常注意公猪的肢体，若蹄壳过

长，在配种时会刺伤母猪，应及时进行削蹄；若蹄裂，要及时进行治疗。

④防止公猪自淫：有些公猪性成熟早，性欲旺盛，由于管理不当等，造成不正常射精，严重的会导致阴茎损伤，体质衰弱，失去配种能力。造成公猪自淫的主要原因是管理不当，使公猪受到不正常的刺激而导致的。当把母猪赶到公猪圈附近配种时，其它公猪闻到发情母猪的气味，会出现骚动不安、爬跨，当性欲冲动后，会自动射精。发情母猪在圈舍外面，可导致公猪有性欲却不能交配，若阴茎碰到圈门或料槽，也会导致射精。

防止公猪自淫采取的措施是：非配种时间，避免公猪闻到母猪的气味、见到母猪的面、听到母猪的声音，在发情季节将母猪管理好，禁止母猪跑到公猪圈舍外。严禁在公猪圈旁进行配种，也不能将母猪赶到公猪圈舍中，让其自由爬跨。公猪尽量采用单圈饲养，尽量不要和母猪同舍饲养，公猪圈最好建在母猪圈的下风方向。圈舍内最好不要放置食槽等物品，在公猪配种后，待公猪身上带有发情母猪的气味消失后才能赶回原圈舍。建立合理的饲养管理制度，使公猪定时定量采食、运动。对于后备公猪要延长运动时间，增加运动量。

⑤定期称重：猪应定期称重，一般可每月进行一次。根据体重的变化检查饲粮中营养水平是否正常，若发现公猪的膘情较差应及时调整日粮。对正在生长的后备猪，体重应逐渐增加，但膘情应适度，成年公猪体重变化不大，但要保持良好的体况。

⑥经常检查精液的品质：一般在采用人工受精时，每次采精后都要进行精液品质的鉴定，而在本交的情况下，应尽量在10d左右检查一次。若精液品质比较差，即精子的数量过少、颜色异常、密度过低等，应及时调整日粮营养水平和采用适当的饲养管理方法，提高种公猪配种能力。

⑦日常管理：妥善安排公猪的饲喂、饮水、运动、采精管理等环节，让猪养成良好的规律，有利于管理。冬季猪舍要注意防寒保暖，以减少饲料的消耗和疾病发生。夏天应采取降温措施，如机械通风、喷雾、洒水等。高温对种公猪的影响非常大，轻者食欲下降，性欲减低，导致公猪精液品质下降，甚至中暑死亡。若种公猪在33℃的高温条件下连续待72h，其精子活力和精子数量会逐渐减少，畸形精子数增加，导致与配母猪的情期受胎率严重下降。

（3）种公猪的利用

①公猪的调教：公猪的初配年龄与品种、体重和饲养管理条件等因素有关。对于初配的公猪（7～8月龄）要进行调教，对种公猪进行采精调教，尤其是人工受精技术非常重要。若采用人工受精技术，当公猪在7～8月龄就需开始进行调教。训练种公猪一定要有耐心、细心，并形成条件反射行为。公猪早期不良的刺激会导致采精失败。

a. 观察法：当成年的公猪爬跨台猪，采精时，将小公猪赶到采精室旁，观看、激发小公猪的性欲，经过3～4次的观察后，训练小公猪爬跨台猪。经过1～2次的训练，小公猪能顺利采精。

b. 气味诱导法：在台猪上涂抹发情母猪的尿液或分泌物，将小公猪赶到采精室，根据气味小公猪产生性欲、爬跨。一般训练 2~3d 就能成功。但是若公猪无性欲表现，不爬跨时，这时应立刻赶一头发情旺盛的母猪到台猪旁边，引起公猪的性欲。当公猪性欲旺盛时，将发情母猪赶走，让公猪重新爬跨台猪，一般都能训练成功。

c. 发情母猪刺激法：将一头发情旺盛的母猪赶到台猪旁，将母猪和台猪用麻袋盖好，并在台猪上涂抹发情母猪的尿液。将公猪赶来与母猪接触，当公猪高度旺盛时，将母猪迅速赶走，再让公猪爬跨台猪射精。若公猪不爬跨台猪或不射精，应让公猪爬跨母猪。

②合理利用：如果公猪的利用强度过大，会降低配种效率，缩短利用年限。公猪睾丸产生精子是连续性的，若公猪长期不配种，副睾丸内贮藏的精子会剩下很多，精子会老死，导致受胎率下降。因此，必须合理利用种公猪。两岁以下的公猪每周配种 2 次。两岁以上的公猪可一天配种 1 次，必要时可日配 2 次，经过 2~3d 一定休息 1~2d。若日配种两次，可早晚各配种 1 次。

③公猪的淘汰：在现代化的养猪生产过程中，对种猪的要求更高，从而可以提高养猪生产经济效益，对老龄公猪、体质衰退、失去配种能力、精液品质差的公猪应及时淘汰，为满足生产的要求，应不断补充后备公猪。

2. 种母猪的饲养管理

（1）空怀母猪的饲养管理　空怀母猪是指断奶后到再次配种阶段的母猪。饲养空怀母猪的目标是使母猪尽快恢复种用体况，尽早进行配种。

①短期优饲：对断奶后膘情较好的母猪，在母猪断奶前 3d 开始逐渐减少饲料量，且少喂精料，多喂青绿饲料，断奶后 3d 内减少饲料量，尽快达到干乳期，之后开始增加饲料量，促进母猪尽快发情排卵，及时配种。对断奶后膘情较差的母猪，断奶时比较瘦，泌乳量已经下降，在断奶时可直接进行短期优饲，增加饲料量，尽快恢复种用体况，以便进行配种。

空怀母猪日粮中的能量水平为每千克饲料含 11.715MJ 消化能。日粮中的粗蛋白可维持在 12%~13%，日粮中维生素、矿物质的数量都会影响母猪的繁殖性能。因此，要注意饲料的多样化，要饲喂全价饲料。

②适当的饲养方式：空怀母猪的饲养方式有两种，分别是单栏饲养和小群饲养。采用母猪单体限位栏进行饲养，活动范围小，为了促进母猪尽快发情，可在母猪栏后侧（尾侧）饲养种公猪。小群饲养即将 4~6 头同期断奶的母猪饲养在一个圈内，增加了母猪的运动范围。已经发情的母猪可促进其它母猪的发情。

③促进空怀母猪发情排卵的方法：

a. 试情公猪诱导法：此法简便易行，比较有效，让试情公猪去追爬不发情的空怀母猪，通过公猪的气味和接触刺激，可促使母猪发情排卵。

b. 同圈饲养法：即采用小群饲养方式，将已经发情的空怀母猪与未发情的空怀母猪同圈饲养，利用爬跨和外激素等刺激，促进空怀母猪发情排卵。

c. 按摩乳房：通过按摩乳房可促进母猪的发情排卵，包括表层按摩和深层按摩。表层按摩即抚摸猪乳房和两侧，深层按摩即以每个乳头为圆心，用五个手指在乳房周围做圆周运动。每日 10min 的表层按摩，可促进母猪的发情；待母猪出现发情表现后可进行深层按摩。可促进母猪的排卵。

d. 加强运动：通过增加运动量来促进未发情母猪尽快发情。运动可促进机体新陈代谢，改善膘情，促进发情，通常可进行驱赶运动，放牧运动。

e. 激素法：根据不同体重可注射人绒毛膜促性腺激素或孕马血清。

f. 并窝：把产仔数少和泌乳量差的母猪提早断奶下床，前提是所生的仔猪最好吃上初乳，这样可提高母猪的年产仔窝数。

④母猪发情征状：我国地方品种猪的发情征状比较明显，而引入我国的外来猪和大型的杂交猪发情征状不明显。母猪的发情征状主要表现为三种，神经征状：母猪发情时对周围环境比较敏感，经常表现为张望、早起晚睡、闹圈和食欲不振。外阴部表现：母猪发情时，外阴部充血肿胀，有黏液流出，阴道黏膜的颜色发生变化，由浅红色变成深红色又变成浅红色。接受公猪爬跨：母猪发情到一定时间才开始接受公猪的爬跨。用手用力压母猪的背腰部，母猪呆立不动。

⑤发情周期：母猪到了初情期后，生殖器官及整个机体发生一系列周期性的变化，这种变化被称为发情周期。根据母猪的精神状态、对公猪的性欲反应、卵巢及生殖器官变化等来判断，将母猪的发情周期分为发情前期、发情期、发情后期和间情期。母猪发情周期一般为21d 左右。

a. 发情前期：母猪烦躁不安，外阴部逐渐肿胀，阴道黏膜由淡黄色变为红色，阴道湿润并有少量黏液。外阴部肿胀明显，黏膜变红，母猪越来越烦躁，阴道黏液增多。母猪对公猪的声音和气味比较感兴趣，但是无性欲表现。一般时间为3d 左右。

b. 发情期：母猪外阴红肿，阴道内流出黏液，接收公猪的爬跨。靠近公猪，压背时母猪静立不动、两耳直立、若有所思是最适宜的配种时机，常称为静立反射或呆立反射。

c. 发情后期：拒绝公猪爬跨，不让公猪接近，发情征状完全消失，卵巢破裂排卵后形成红体，最后形成黄体。

d. 间情期：从这次发情征状消失至下次发情征状出现的时间。卵巢排卵后形成黄体，并分泌孕酮，母猪无性欲，外阴部恢复正常。

e. 发情持续期：指从母猪出现发情征状到发情结束持续的时间。

母猪发情持续期为 2 ~5d，平均为 2.5d，受季节、品种、年龄的影响也有所不同，往往春季发情持续期比较短，而秋冬季较长；国外品种较短，而我国地方品种较长；老年母猪较短，幼龄母猪较长。

f. 产后发情：母猪在哺乳期的发情规律性较差，发情征状不明显，而且持续期短，母猪在哺乳期即使发情也不配种，一般是在仔猪断奶后，平均 7d 左右再次发情。

⑥母猪配种时间的确定：母猪适宜的配种时间是决定母猪是否妊娠的重要因素。母猪配种时间确定的因素主要有 4 个。

a. 母猪发情排卵规律：成年母猪一般在发情期开始后 24～48h 排卵，排卵持续时间大概为 10～15h，或时间更长一些。母猪的排卵高潮出现在发情后的第 26～35h。

b. 卵子保持受精能力时间：母猪在一个发情周期中排出的卵子数量比较多，达到几十个。卵子在输卵管中仅能保持 8～10h 的受精能力。

c. 精子前进的速度：精子进入母猪生殖道后，大概经历 2～3h，便可通过子宫角而达到输卵管。

d. 保持持续受精的时间：精子在母猪生殖器官内保持持续受精的时间也是有限的，一般为 10～12h。

因此，根据母猪发情后的排卵规律、卵细胞保持受精能力的时间、精子在母猪体内运行的速度以及保持受精能力时间，确定最适宜的配种时间应为母猪排卵前的 2～3h，也就是母猪发情开始后的 19～30h。品种、年龄均影响母猪的配种时间。地方品种母猪一般在发情开始后第 2 天到第 3 天配种；引入品种多在发情开始后的第 2 天配种；大型杂交品种在发情开始后第 2 天下午到第 3 天上午配种；老龄母猪在发情的当天及时配种；壮龄母猪在发情后的第 2 天；小母猪可在发情后的第 3 天配种较适宜。老百姓通常说"老配早，少配晚，不老不少配中间"。

⑦配种方式：

a. 单次配种：在母猪发情期内，只用公猪配种一次。优点是可以减轻公猪的负担，提高种公猪的利用率，减少公猪的饲养数量。缺点是由于母猪的最适宜配种时间较难掌握，在母猪的一个发情期内只配种一次，会降低母猪的受胎率和减少产仔数。因此，生产中应适当采用。

b. 重复配种：在母猪的一个发情期内，先后用同一头公猪配种两次。第一次配种后，间隔 8～12h 再配种一次。这是因为母猪生殖道内经常有活力较强的精子存在，当卵泡不断成熟排出卵子时，增加了精子与卵子结合的机会，提高了母猪的产仔数。根据母猪的发情排卵规律，母猪在一个发情期内的排卵时间，可持续 10～15h 以上，但是精子和卵子的有效受精时间是有限的。而适宜的配种时间做到准确判断很难，若只配种一次，则会出现先排出来的卵子或后排出来的卵子不能受精。因此，为增加卵子受精的机会，生产中可采用重复配种。

c. 双重配种：在母猪一个发情期内，用两头同一品种的公猪，或用两头不同品种的公猪与母猪配种，第一头公猪交配后，可间隔 5～12min，再用另一头配种。优点是用两头公猪和一头母猪在一定时间内配种两次，易引起母猪补充反射性兴奋，加速卵子成熟，增加排卵数，缩短排卵期，增加母猪的产仔数。将两头公猪的精液，一齐注入母猪的子宫，增加卵子挑选活力强的精子受精，提高仔猪生活力。缺点是降低了公猪的利用率。在种猪场严禁使用此种方法，避免造成血缘的混淆。

⑧配种方法：配种方法分为自然交配、人工辅助交配和人工受精。

a. 自然交配：自然交配是将公母猪关在同圈，让公母猪自由交配，不用人员的帮助，因为结果不是很理想，现在很少采用。

b. 人工辅助交配：应选择安静、平坦的地方进行配种。在配种人员的帮助下，有计划地进行公母猪配种。在配种时，当公猪爬跨母猪后，配种人员将母猪的尾巴拉向一侧，从而使公猪阴茎顺利插入母猪的阴道内。判断公猪是否射精的方法是观察公猪肛门附近的肌肉收缩波动情况。交配公母猪的个体体重应相差不多，若个体相差较大，会给配种造成很大的困难。若公猪个体比与配母猪小，配种时最好选择斜坡的地方，并让公猪站在坡上，也可制作斜木板，让公猪站在上面。若公猪个体较母猪大时，应尽量让公猪站在坡下。夏天配种应尽量选择早晚。

c. 人工受精：人工受精可充分利用优良种公猪，在本交的情况下，公母猪的比例是1:20～30，在人工受精的情况下，公母猪的比例是1:100～200，不仅节省了公猪的饲喂量，而且降低了饲养成本。人工受精的优点：①促进猪群的改良。公猪的广泛应用可将优良公猪的优质特点广泛推广，进行选优去劣，减少公猪的饲养量，促进种猪的品种性能改良，提高商品肉猪的生产性能。②减少疾病的传播，在人工辅助交配中，公母猪的接触可导致某些疾病的传播，但是在人工受精过程中，只要严格按照人工受精操作规程进行，避免精液的污染，就可减少疾病的发生和传播，而且能提高母猪的受胎率和产仔数。③克服公母猪体格大小的差别。引入我国的外来猪品种体型较大，而我国的地方猪品种体格较小。因此，在进行配种改良中往往存在问题，例如成年长白猪的公猪与初配的民猪母猪配种，母猪往往不接受爬跨，若采用人工受精技术，可完全解决这个问题。④解决了异地配种难的问题。为了进行猪的选种选配，往往采用异地配种。在本交的情况下，比较困难，若采用人工受精技术，携带方便，解决了异地配种难的问题。⑤减少公猪的饲养量，降低了饲养成本。人工受精和传统的配种方法相比较，公猪的饲养量相对减少，因此不仅节省了饲料，同时还减少了猪栏、人工的投入成本，提高了养猪生产的经济效益。

猪的采精方法有两种：假阴道采精和徒手采精法。

● 假阴道采精法：假阴道由外筒、内胎、胶皮漏斗等组成。采集前应将假阴道安装好，调节好适宜的温度与压力，一般假阴道的温度为38～40℃。再将内胎涂抹上润滑剂。引导公猪爬跨假台猪，人为的将公猪的阴茎导入假阴道内，用双联球来调节假阴道的压力，进而刺激公猪射精。这种方法在养猪生产中应用较少。

● 徒手采精法：现在生产中广泛应用的就是这种方法，简单方便。徒手采精法主要模仿母猪子宫颈对公猪螺旋阴茎龟头的束力而引起射精。当公猪爬跨假台猪后，要用0.1%高锰酸钾溶液将公猪包皮洗净消毒，并用清水冲洗干净，并擦干。采精员戴上手套，一手拿集精杯，根据个人习惯，蹲在公猪的左侧或右侧。若蹲在公猪的左侧，右手握成空拳，当公猪阴茎伸出后，将阴茎导入空拳中，用手指由轻到紧有节奏的握住阴茎龟头不让其转动，用手指摩擦，促进公猪射精。一般最开始的精液不要采集，因为此时精子很少甚至没有。当发现精液是乳白色时应立即收集。公猪射精的时间一般是 6～10min。公猪在射精时通常的表现为爬在假台猪上不动，肛门不断收缩，伴有阵阵的哼哼声音。在采精时，采集员应注意力集中，避免公猪突然下滑被踩伤。

精液品质检查：

● 精液数量：公猪精液的数量因品种、年龄、个体差异、饲养情况以及采精频率的不同而不同，一般情况为 150～500mL。

● 精液的颜色：正常猪的精液颜色为乳白或灰白色。若出现淡黄色或淡红色应废弃。

● 精液的气味：正常的猪的精液气味是腥味，若有臭味等应马上淘汰。

● 精液的 pH：猪正常精液的 pH 为 7.3～7.9。

● 精子形态：在 400～600 倍的显微镜下观察，正常精子像蝌蚪。若双头、双尾和无尾的精子数超过 20%，精液应该废弃。

● 精子密度：指精液中所含精子的密集程度。在显微镜下观察，精子的密度分为密、中、稀和无四级。精子间的空隙小于一个精子的称为密级，1～2 个精子的为中级，2～3 个精子的为稀级，无精子的应淘汰。

● 精子活力：精子活力是检验精液品质是否良好的重要指标之一。精子的活动方式有三种，分别是前进式活动、旋转式活动和摆动式活动。通常在 150～300 倍显微镜下观察呈直线运动精子的比例，采用 10 级制评分法。直线前进运动的精子占 100%，评分为 1 分，90% 评为 0.9 分，80% 评为 0.8 分等，以此类推。在人工受精中，精子的活力要求不能低于 0.7 分。若活力低于 0.5 分应废弃掉。

精液的稀释：

为了更好地改善精子在体外的生活条件，延长精子的寿命，更好地长期保存和运输，以及增加与配母猪的数量，生产中必须进行精液的稀释。

常用的稀释液有葡萄糖、鲜牛奶、奶粉等。稀释液的配方很多，常用的配方有下列两种：

● 葡萄糖柠檬酸钠稀释液：葡萄糖 5g、柠檬酸钠 0.5g、蒸馏水 100mL、青霉素和链霉素各 5 万 IU。

● 奶粉稀释液：奶粉 9g、柠檬酸钠 0.35g、碳酸氢钠 0.12g、乙二胺四乙酸二钠 0.35g、青霉素 3 万 IU、链霉素 10 万 IU、蒸馏水 100mL。

稀释精液时，一定要将精液和稀释液放在同一温度中调温。最终稀释时要将稀释液倒入原精液中，且摇匀。精液稀释倍数应根据原精液的品质、与配母猪的头数以及是否需要运输和贮存等情况而定。

● 最大稀释倍数：密度为密级，活力 0.8 分以上可稀释两倍；密度中级、活力 0.6 ~ 0.7 分的，可稀释 0.5 ~ 1 倍；活力不到 0.6 分的任何密度等级的精液不宜保存和稀释，只能随取随用。

精液的保存：

为了取用方便，最好把稀释液分装在 80 ~ 100mL 的袋内或瓶中。稀释精液保存的最佳温度是室温 17℃。一般情况下，可保存 48 ~ 72h。可利用便携式保温箱随时运输。

输精：

输精是人工受精的最后一个环节，直接影响着人工受精的成败。首先要判断好母猪正确的输精时间。准确判断母猪的输精时间，可用试情公猪，若母猪接受公猪爬跨即可进行第一次输精。生产中若根据经验来判断，可观察母猪的情况，一般用手按压母猪的背腰部时，当母猪反应为站立不动时，两耳竖立，若有所思时，是适宜的输精时间。

● 输精量的确定：可根据精子的活力和母猪体重来确定输精的数量。现在的猪品种多数是大型品种，因此一般生产中每次的输精量是 100mL。在输精前要进行猪的精液活力的检查，若发现活力低于 0.7 分，就淘汰。

● 输精过程：输精人员准备好输精管，最好用 0.1% 的高锰酸钾溶液消毒母猪外阴部。输精人员一手张开母猪阴门，另一手持输精管插入阴道。先向上推进 10cm 左右，再向水平方向推进 30cm 左右，手感到不能继续推进时，便可缓慢注入精液。若发现出现精液逆流现象，可轻轻活动一下输精管，在输精过程中可按压母猪腰部，再继续注入精液，直至把输精管内全部精液流完，再慢慢抽出输精管。在输精结束时突然拉一下母猪的后腿或拍打母猪的臀部，可防止输精后精液逆流。若出现精液逆流现象严重，应立即重新输精。输精后的母猪最好缓慢行走，单圈休息。为了提高母猪的发情期受胎率，在母猪的一个发情期内最好输精两次，间隔时间是 8 ~ 12h。

⑨母猪不发情的原因及解决方法。导致母猪不发情的原因有很多，主要是遗传因素、品种、饲养管理情况和日粮中营养水平等。

a. 遗传因素：有的母猪长期不发情，主要原因是生殖道疾病，如子宫发育较差。因此，在生产中要严格重视猪的选种。不仅要通过系谱选择确定种母猪的祖先是否患有遗传缺陷，还要进行体型外貌的鉴定，若发现有问题应及时淘汰。

b. 品种：我国地方猪品种发情征状明显，且能正常发情，但引入我国的外来猪品种初情期到来的时间较晚，晚发情和不发情的比例也较高。

c. 环境因素：当环境温度高于 30℃ 时，会影响母猪的卵巢和发情活动，造成空怀母猪不发情。环境因素对初产母猪的影响要高于对经产母猪的影响。若长时间光照也会抑制母猪的发情。因此，在夏天生产一定要防暑降温，合理安排母猪的饲养密度。

d. 疾病原因：若母猪发生子宫炎、阴道炎、非黄体化的卵泡囊肿等，都会导致母猪发情障碍。

e. 营养原因：营养不良也会导致母猪不发情，若母猪长期缺乏能量、蛋白质、维生素和矿物质等，会出现不发情的情况。但是母猪的膘情过胖，导致卵巢脂肪化，也会出现发情的现象。为避免母猪营养不良或营养过剩的现象出现，要合理饲养母猪，严格按照饲养标准饲喂空怀母猪，防止膘情过瘦或过肥，保持正常的营养体况。

（2）妊娠母猪的饲养管理　妊娠母猪的饲养管理目标是保证胎儿在母体内的正常生长发育，防止化胎、流产等情况发生，并且仔猪的初生重比较大，母猪有良好的种用体况。

①母猪的早期妊娠诊断：

a. 外部观察法：母猪配种后 21d 左右若没有发情表现，基本上认为母猪已经妊娠了，但是有的母猪发情周期有些延迟，或是胚胎在发育早期死亡也不会发情，但此时并未妊娠。已妊娠的母猪通常会表现为食欲旺盛，行动稳重，性情温顺，被毛有光泽，体重增加。

b. 仪器诊断法：适度规模猪场常采用超声波测定仪即利用超声波感应效果测定猪的胎儿心跳数，进行母猪早期妊娠诊断。母猪配种后 20～29d 诊断的准确率约为 80%，40d 以后的准确率为 100%。

c. 激素诱导法：因为未孕母猪在雌激素的作用下可诱导发情，而妊娠后对一定剂量的雌激素不敏感。因此，可在母猪配种后 17d 注射 1mg 的己烯雌酚，若在 2～3d 内母猪不再发情，就认为该母猪已经妊娠。

在生产中还有阴道检查法，尿中雌激素测定法等多种方法。

②妊娠母猪预产期的推算：母猪配种时要详细准确地记录配种日期和与配公猪的号码。往往根据配种日期来推算母猪的分娩日期，做好分娩前的各项准备工作。母猪的妊娠期一般为 110～120d，平均为 114d。生产中常用的方法有几种：一是三三三法，即母猪的妊娠期为三个月三周零三天；二是四六分，即配种月加 4，配种日期减 6；三是查表法，无论采用哪种方法都应准确计算出母猪的预产期。

③造成猪胚胎死亡的因素：胚胎死亡的三个高峰期分别是合子在第 9～13 天内的附植初期，容易受到各种因素的影响而死亡。胚胎容易死亡的第二个高峰期是妊娠后约第 3 周，是器官容易形成的时期。第三个高峰期是母猪妊娠至第 60～70 天。

a. 遗传因素：染色体畸变。猪染色体的畸变也可导致胚胎死亡。若是有些公猪和母猪的繁殖性能不理想，需要进行细胞遗传学分析，如若发现染色体畸形的个体马上淘汰。近亲繁殖也会导致一些致死隐性基因获得纯合表现的机会，增加胚胎死亡率。排卵数、子宫内环境及遗传因素等控制着猪的排卵数和胚胎成活率。主要表现在子宫长度与胚胎成活率之间有着高度的正相关。而子宫营养供给状况也影响着胚胎存活率。有学者通过对大白猪和梅山猪的排卵数研究发现，虽然两个品种猪的排卵数相差无几，但是当母猪妊娠 11d 时，两个品种母猪的胚胎存活率不同，梅山猪是 100%，而大白猪是 48%。其原因是梅山猪良好的子宫内环境，主要是子宫冲洗液中含有充分的蛋白质和葡萄糖，促进了胚泡发育附植。

b. 营养因素：微量营养成分。妊娠母猪日粮中不能缺少维生素 A、维生素 D、维生素 E、维生素 C、维生素 B_2 等营养成分，也不能缺少钙、磷、铁、锌、铜、锰、硒等微量营养成分。矿物质元素的缺少会增加死胎数。日粮中的维生素 A 可提高窝产仔猪数；维生素 E 可提高胚胎成活率和初生仔猪抗应激能力，在母猪妊娠前 4~6 周龄和分娩前 4~6 周龄供给效果较好。

c. 能量水平：若在母猪妊娠早期，母猪日粮中的能量水平过高，会降低胚胎成活率。主要原因是能量过高，可导致母猪过肥，脂肪大量沉积在子宫体周围、皮下和腹膜中。影响并导致子宫壁血液循环障碍，致使胎儿死亡。有的学者认为，若在母猪妊娠前期日粮中营养水平过高，血浆中的孕酮水平会下降。而孕酮影响着子宫的内环境，若血浆孕酮水平下降较多，子宫内环境会发生变化，将对胚胎的生长发育造成影响。

d. 环境因素：高温对妊娠早期母猪的影响比较大。当外界环境温度超过 32℃ 时，会导致胚胎的死亡率明显增加。因为妊娠母猪已不能通过血液调节，维持自身的热平衡，使其产生热应激。热应激发生的主要原因是，在高温的环境下，母猪体内促肾上腺皮质素和肾上腺皮质素的分泌增加较快，进而控制了脑垂体前叶促性腺激素的分泌和释放，造成母猪卵巢功能出现问题。高温还能导致母猪的子宫内环境发生改变，将阻碍早期妊娠母猪的胚泡附植，降低胚胎成活率，减少产仔数，增加死胎、畸形胎的形成。高温对公猪的影响也较大，温度过高会降低睾丸组织中的精母细胞活力，减少精子数量，增加死精和畸形精子数，使精子活力明显下降。若在此时配种，会显著降低母猪的受胎率和胚胎成活率。

e. 分娩时仔猪缺氧窒息：当母猪临产时出现胎盘收缩，血液流通不畅，将导致仔猪死亡。

f. 某些疾病因素：如猪瘟、细小病毒、布氏杆菌病等。

g. 其它因素：母猪年龄、公猪精液质量、交配及时与否等因素，都会影响卵子受精和胚胎存亡。尽管目前尚不能把那些自然发生的具有致死遗传性状的胚胎救活，但通过科学地饲养管理，可以把胚胎损失减少到最低限度。在夏季妊娠前 3 周保持母猪凉爽，保证良好卫生条件，特别是对配种前的公、母猪的生殖道进行消毒，减少子宫的感染；实行复配法，提高受胎率；凡经常出现少产或屡配不孕的母猪、系族或配偶应予以淘汰。这些措施,均能提高胚胎的存活率。

④妊娠期母猪的变化:母猪在妊娠期内,胎儿与母体是相互联系和制约的。若在胎儿生长发育迅速时期,日粮中营养水平较差,会导致消耗母体自身的营养物质,不仅使母猪体况较差,甚至会导致流产。如果母猪过肥,会导致死胎或弱胚数的增加。生产中应重视妊娠母猪的生理特点、胎儿的生长发育特点,从而保证胎儿的生长发育,提高仔猪的初生重和存活率。在妊娠期,母猪体内某些激素分泌增加,对饲料营养物质的同化作用增强,代谢效率提高。在喂给等量的饲料时,妊娠母猪比空怀母猪增重较多,妊娠前期比后期增重多。妊娠母猪与空怀母猪的体重变化如表1-12所示。

表1-12　　　　　　　　妊娠母猪与空怀母猪的体重变化　　　　　　　单位:kg

项目	采食量	配种体重	临产体重	产后体重	净增	相差
妊娠	225	230	274	250	20	16
空怀	224	231	235	235	4	—
妊娠	418	230	308	284	54	15
空怀	419	231	370	270	39	—
妊娠	233	197	233*	211**	14	9
空怀	233	196	201	201	5	—

注:*妊娠第110天屠宰前体重。

＊＊最终体重减去胎衣、胎水与胎儿重量。

表1-13　　　　　　　　妊娠期各阶段内容物的变化　　　　　　　单位:g

	妊娠期			
	0~30d	31~60d	61~90d	91~114d
日增重	647	622	456	408
骨骼与肌肉	290	278	253	239
皮下脂肪	160	122	-23	-69
子宫	33	30	38	39
板油	10	-4	-6	-22
子宫内容物	62	148	156	217

后备母猪妊娠期的增重有三个部分构成:子宫及其内容物(胎衣、胎儿和羊水)的增长;母猪正常生长的增重,母猪自身贮存的营养物质。妊娠期各阶段内容物的变化见表1-13。

⑤胎儿的生长发育规律:卵细胞从卵巢排出后,在近卵巢端的输卵管膨大处受精。受精卵在进行细胞分裂的同时继续沿输卵管向子宫角方向移动。大概在排卵后的3~4d到达子宫角。各个受精卵刚到达子宫角时没有固定的位置,

呈浮游状态。之后逐渐均匀地分布在两个子宫角内，在受精后的 18~24d，逐渐形成胎盘，与母体建立更紧密的关系。在形成胎盘前由于胚胎没有保护物，因此对来自外界不良条件的刺激非常敏感，容易造成胚胎死亡。在这期间虽然每个胚胎的体重轻、个体小，但实际上胚胎处于强烈的分化期，需要对母猪进行细致的管理。妊娠 30d 胚胎重量仅为 2g，随着妊娠日龄的增长，胚胎重量不断增加。妊娠 90d 时，每个胎儿的重量为 550g，占初生重的 39%，若仔猪初生重按 1400g 计算，在妊娠 90d 以后的短短 24d 时间里，每个胎儿的增重为 850g，占初生重的 60.7%，是前 90d 每个胎儿总重量的 1.5 倍。不同胎龄胚胎的体长、体重与初生重的比例见表 1-14。

表 1-14　　　　　　不同胎龄胚胎的体长、体重与初生重的比例

胎龄/d	体长/cm	胚胎重/g	占初生体重/%
30	1.5~2	2	0.15
60	8	110	8.00
90	15	550	39.00
114（初生）	25	1300~1500	100.00

⑥妊娠母猪的营养需要特点：合成代谢效率高。妊娠母猪对营养物质具有较强的同化能力，具有保证胎儿优先的能力，若营养缺乏，母猪会动用体内自身的营养物质来满足胎儿发育需要。妊娠母猪采食量和哺乳期采食量与增重之间呈反比关系。即妊娠期增重多，哺乳期减重也较大，若母猪在妊娠期过胖，会引起在分娩后食欲下降。整个妊娠期内，经产母猪增重保持 30~35kg 较适宜，初产母猪增重最好保持在 35~45kg。

母猪在妊娠初期采食的能力水平不宜过高，否则会导致胚胎死亡率增高。因此，生产中强调"低妊娠高泌乳"的饲养体制。母猪将饲料中的蛋白质等合成体脂肪，需要消耗能量，而在哺乳期间将体蛋白、体脂肪转化为猪乳成分又消耗了能量，两次的能量损耗比较大，若妊娠期间营养物质过多，体脂肪贮存丰富，会导致母猪在哺乳期间食欲不振，泌乳量降低，影响下次发情配种的时间。

日粮中蛋白质水平对维持妊娠母猪生命以及增重有重要作用，对胎儿的生长发育也有一定程度的影响。日粮中蛋白质含量应不低于 12%。日粮中的钙、磷等矿物质元素和维生素 A、维生素 D、维生素 E 等都不能缺少，否则会引起胎儿骨骼的生长不良和母猪产后瘫痪。

⑦妊娠母猪的护理：为了合理饲养妊娠母猪，节约饲料用量，可根据胎儿的生长发育规律，将母猪的整个妊娠期分成两个阶段，即妊娠 90d 之前为妊娠前期，之后为妊娠后期。若更加详细可将母猪妊娠期分为三个时期，初期配种至确定妊娠，大概是 35d 左右，妊娠中期是 35~90d，妊娠后期为 90~114d。

a. 妊娠初期：胎儿发育缓慢，母体变化较小，所需营养不多，但受精卵还没有形成胎盘，没有保护物，容易受外界环境的刺激。要求日粮全面，若是缺乏微量元素或是饲料发霉变质，会导致胚胎死亡。

b. 妊娠中期：胎儿发育仍较慢，所需营养物质不多，母猪代谢能力强，食欲旺盛。因此，可多喂些青粗饲料，防止母猪过胖。

c. 妊娠后期：胎儿发育较快，此时营养水平应高些，以满足胎儿生长发育的需要。通常在母猪分娩前 3d，为了提高仔猪的初生重和仔猪成活率，往往在饲粮中增加动物性脂肪或植物油脂（占日粮的 5% ~6%）。

⑧妊娠母猪的管理：妊娠母猪应重视日粮的体积和质量。根据胎儿的生长发育规律，适当调整日粮中的精粗饲料的比例，从而达到保持预定的日粮营养水平，使妊娠母猪既没有饥饿感，也不会压迫胎儿。禁止用发霉、变质、有毒性的饲料喂给妊娠母猪，防止其因饲料中毒而流产。日常管理中应严格执行免疫程序，做好日常卫生清扫消毒，防止猪的拥挤、追赶、滑倒和惊吓等因素导致母猪流产。妊娠母猪前期可小群饲养，后期可单圈饲养。

⑨妊娠母猪的饲养方式：

a. 抓两头带中间：这种饲养方式适合断奶后膘情较差的经产母猪。母猪经过分娩和哺乳期后，体力消耗较大，为了让它更好地承担下一阶段的繁殖任务，一定要在妊娠初期加强营养，迅速恢复繁殖体况，这个时期和配种前 10d 共计 30d，应供给营养全面的优质饲料，且日粮中的蛋白质含量应高些，待恢复种用体况后按照饲养标准饲喂。直到妊娠 80d 后，再提高日粮的营养水平，加强营养的供给。妊娠后期的营养水平要高于前期。

b. 步步登高：这种方式适合初产母猪。后备母猪配种时还处在生长发育阶段，营养需要量大，整个妊娠期间的营养水平是根据胎儿的生长发育特点逐步提高的，到分娩前 30d 达到最高峰。

c. 前粗后精：适合断奶后膘情较好的经产母猪。根据胎儿的生长发育规律，母猪在妊娠前期胎儿很小，母猪膘情较好，在日粮中可添加青粗饲料，满足营养需要。到妊娠后期，胎儿生长发育速度快，需要的营养物质较多，此时应提高日粮中的营养水平。

（3）分娩母猪的饲养管理

母猪分娩是养猪生产中非常重要的生产环节。此阶段的生产任务是保证母猪的正常安全分娩，提高母猪活产仔数。

①合理安排日粮：为了进一步保证分娩母猪的营养需要，需要供给足够的多种维生素和矿物质添加剂。母猪分娩前 1 周，可依据母猪的膘情和乳房发育状况适当地增减饲料。

对于那些膘情较好、乳房发育特别突出的母猪，应逐渐减少日粮的供给量，可减少至原饲喂量的 70% ~80%，尽量不要喂一些青绿多汁饲料，防止母猪产后泌乳量过多、仔猪用不了而导致母猪发生乳房炎，或者因为乳汁过浓导致仔猪下痢。若分娩前母猪的体况较差、乳房发育情况不理想，应多喂些富含蛋白质的饲粮，从而防止母猪产后无乳或乳量太少。坚决不能用霉变饲粮饲喂母猪，若是采用生湿拌料的猪场，每天需要清扫料槽，防止饲料发生霉变导致母猪中毒，甚至导致仔猪拉稀或死亡。

在产仔当日不喂料，分娩后可适量喂给饲料。但是在分娩后 2～3d 内，母猪比较累，食欲差，应喂给些宜消化的饲料，3d 后饲喂量可逐渐增加，5～7d 后达到正常的饲喂量。

②适度运动：母猪在分娩前 3～5d 要适当减少运动，可在圈内自由活动，但不能被追赶、惊吓等。母猪分娩后 3d 内，应让母猪在圈内休息，因为这时的母猪体质较弱，而仔猪吮乳次数较多。在母猪生产 3d 以后，若有运动场等，天气良好时可让母猪到舍外活动。

③产前准备要充分：

a. 消毒：母猪进分娩舍前一周，要对产房和产床进行彻底清扫，先用高压水冲洗产床、地面和墙壁，必须达到表面看不到污物，晾干后可再用高锰酸钾和甲醛溶液熏蒸，或用 2%～3% 火碱水进行消毒，经 12～24h 干燥后方可进猪。为防止妊娠母猪污染分娩舍，在母猪进分娩舍前要进行消毒。可专门设置母猪的消毒间，尤其是冬天最好用温水清洗母猪的全身，可用高锰酸钾或来苏尔进行猪体消毒，重要部位是母猪外阴部和乳房。

b. 保暖工作：仔猪的保温能力特别差，因此在冬季，必须提供适宜的保温措施。可根据生产中的实际情况，采用适宜的方法。可用红外线灯或电加热板，效果都较好。大型猪场可用温水循环法。其优点是产床干燥卫生，仔猪的腹部充分得到保暖，预防仔猪下痢，但缺点是投资较大。

c. 接产用品：接产前要准备好母猪分娩记录表、剪刀、耳号钳、毛巾、水盆、秤、5% 碘酊、高锰酸钾、肥皂、手术刀、针线及应急照明用具等。对地面饲养的猪还需准备干燥、柔软、清洁的垫草。

④母猪分娩前激素变化：

a. 孕酮：引起母猪分娩的重要因素是血浆孕酮和雌激素浓度的变化。在母猪妊娠期间，能够维持子宫处于相对安静状态的主要因素是孕酮的存在。生产中常有"孕酮撤退"之说，是指在分娩前孕酮含量下降，从而引起子宫收缩而激发分娩。经过血浆激素测定发现，在母猪分娩前 36～48h，猪的孕酮浓度变化是从 9～12nm/mL 下降至临产时的 5～8nm/mL。

b. 雌激素：妊娠期间，雌激素刺激子宫肌生长及肌球蛋白的合成，为分娩时子宫肌的收缩创造条件。分娩时，在雌激素的刺激下，子宫肌发生节律性收缩，增强子宫肌对催产素的敏感性，克服了孕酮的抑制作用。产前一周雌激素为 1.2nm/mL 左右，血液总雌激素浓度逐渐升高，分娩开始的最高值可达到 2.6～2.8nm/mL。分娩结束时雌激素的浓度下降较快。

c. 催产素：母猪分娩时，雌激素分泌量高，血液中孕酮含量低，从而导致催产素释放；子宫颈、阴道在胎儿和胎囊的刺激下，以及子宫颈扩张，可反射性地引起催产素的分泌，使子宫的节律性收缩即阵缩加强，进而产出胎儿。在母猪妊娠的不同时期，子宫对催产素的敏感性差异是很大。

d. 松弛素：分娩前卵巢组织的松弛素含量可达 10000IU/g。

e. 前列腺素：子宫内膜产生大量前列腺素的原因是由于临产前雌激素水平的升高。前列腺素的作用是溶解黄体，减少孕酮对子宫肌的抑制作用，刺激垂体释放催产素，从而导致子宫收缩排出胎儿；实验表明，母猪分娩时羊水中的前列腺素较分娩前明显增多。

⑤临产征兆：母猪在分娩前乳房、阴户和行为上都表现出一系列的变化称为分娩征兆。在生产中，往往根据母猪的分娩征兆做好各项准备工作。

a. 乳房变化：母猪分娩前 15d 左右，乳房就开始由后向前逐渐膨大下垂，至临产前，富有光泽。当母猪前面的乳头能挤出少量浓稠乳汁时，可能在 24h 左右分娩，中间乳头能挤出浓乳汁后，大概 12h 左右分娩，后边乳头能挤出浓乳汁后，3～6h 分娩，若用手轻轻挤压母猪的任何一个乳头，都能挤出又多又浓的黄白色乳汁时，就即将分娩了。

b. 外阴变化：母猪分娩前 1 周左右，外阴呈现明显的变化，即红肿松弛，分娩前 3d，尾根凹陷，骨盆开张，骨盆部韧带松弛，出现臀部肌肉塌陷现象。

c. 行为变化：母猪临产前常表现衔草作窝行为，这时距离产仔的时间是 8～16h。在现代化养猪生产中，母猪在高床分娩栏产仔，一般表现出咬铁管的行为，距离产仔的时间大概是 6～12h。每分钟呼吸 90 次左右，侧身躺卧，四肢伸直，用力努责，常呈犬坐姿势，频频排尿，从阴道内流出羊水等现象，母猪即将分娩，应做好接产准备。

⑥分娩过程：分娩可分成四个阶段：准备阶段、胎儿产出阶段、胎衣排出阶段和子宫复原。

准备阶段：分娩前几天，血浆中孕酮含量下降，雌激素浓度升高，雌激素活化而促使卵巢及胎盘分泌松弛激素，垂体后叶释放大量催产素，导致耻骨韧带松弛，产道变宽，子宫颈扩张。

a. 胎儿产出阶段：母猪在分娩时多为侧身躺卧。通常是每次排出一个胎儿，也有连续排出两个的。产仔的间隔时间主要依据胎儿数目及其产出相邻两个胎儿的间隔时间而定。一般产出第一个胎儿较慢，大概为 10～50min。我国地方猪种产仔的间隔时间比较短，平均为 1～10min；引进的国外猪品种产仔的间隔时间平均 10～30min。若是胎儿数较少或个体较大时，产仔间隔时间往往较长。整个分娩过程一般为 1～4h，若是母猪分娩过程中胎儿产出的间隔时间超过 1h，应当采用人工助产的方法。

b. 胎衣排出阶段：胎衣是胎儿附属膜的总称，包括部分的断离脐带。产出全部胎儿后，经过短暂休息，子宫肌开始重新收缩，大概 1h 后，会从两子宫角内分别排出一堆胎衣。常见的是较明显的两堆胎衣。可将胎衣放在水盆中查看，若是胎衣上的脐带断端的数目和胎儿的数量相同，可确定胎儿已经排完。可将胎衣洗净后煮熟拌料喂给母猪，不仅可补充蛋白质，还可催乳。

c. 子宫复原：子宫复原是指胎盘和胎儿排出之后，子宫恢复到正常未妊娠时的大小。产后几周时间内，子宫的收缩比较频繁，在最初的第一天时，大概每 3min 收缩一次，以后 3～4d 时间内，子宫收缩逐渐减少到每 10～12min 收缩一次，子宫体复原约需 10d。子宫颈的回缩较慢，到第三周末才完全复原。但子宫的组成部分并不能都能恢复到妊娠前的大小，对那些发情配种而未妊娠的子宫角，能完全回缩到原状，而妊娠后的子宫角和子宫颈即使经过了复原过程，也比原来的大。

⑦接产程序：

a. 擦黏液：将刚出生的仔猪身上、口、鼻黏液擦干，若发现胎儿包在胎衣内，应立即撕破胎衣，及时取出胎儿。

b. 断脐带：仔猪离开母体时，会拖着 20～40cm 长的脐带。因此，生产中都会在仔猪出生后及时给仔猪断脐带。距离仔猪腹部 4～5m 处用手钝性掐断，之后用碘酊消毒。最好的方法就是自然脱落，若用线结扎，会造成脐带中的一些血液和渗出物无法及时排出，不仅延长干燥时间，还会感染发炎。

c. 称初生重：为了更好地记录仔猪的生长情况，做好记录，应在仔猪出生后 12h 内做好称重。

d. 剪犬齿：刚出生的仔猪在其上下颌的左右各有两枚类似犬齿的牙齿，共计 8 枚。往往容易在吃奶时咬伤母猪的乳头，或争斗时咬伤其它仔猪，应进行断牙。剪牙时要用专门的剪牙钳，不能损伤颚骨或齿龈，牙齿不能剪得过短。防止仔猪间的交叉感染，使病原菌进入到仔猪体内，剪牙钳要及时用碘酊消毒。断齿应及时从口腔中清除。对于那些体弱的仔猪，为了有利于仔猪间的竞争，提高仔猪的生存能力，应尽量保留牙齿。

e. 断尾：为防止咬尾现象的发生，在仔猪出生后，要及时进行断尾。在距离仔猪身体 2～3cm 处用断尾钳剪断。尾断端用碘酊消毒。为防止仔猪间的交叉感染，要对断尾钳及时进行消毒。

f. 及早吃初乳：初乳的营养作用非常重要。因此，当仔猪出生后应尽快在 1h 内吃初乳，最迟不宜超过 2h。若仔猪进行猪瘟的超前免疫，应晚些吃初乳。

g. 打耳号：为了便于猪的管理，防止猪血统的混淆，往往要给仔猪打耳号。常用的方法是大排法、窝排法和个十百千法（如图 1-11 所示）。大排法的口诀是：左大右小，上 1 下 3，公单母双。在猪左耳上缘打一缺口代表的数字是 10，在猪左耳的下缘打一缺口代表的数字是 30，在猪的耳中间打一耳洞代表的数字是 800，在猪左耳的耳尖处打一缺口代表的数字是 200，右耳同理。窝排法的口诀是：左窝右号，上大下小，公单母双。猪左耳的耳缺代表的是窝数，右耳的耳缺代表的是窝中的个数，在猪左耳上缘近耳尖处打一缺口代表 10，在猪左耳上缘耳中间打一缺口代表30，在猪左耳上缘耳根处打一缺口代表50，同理。个十百千法的口诀是在仔猪右耳下缘近耳尖处打一缺口代表的数字是1，右耳下缘近耳跟处打一缺口，代表的数字是3，在仔猪右耳上缘近耳尖处打一缺口代表的数字是10，右耳上缘近耳跟处打一缺口，代表的数字是30。

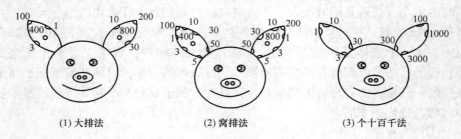

(1) 大排法   (2) 窝排法   (3) 个十百千法

图 1 - 11   打耳号方法

⑧难产处理：在母猪分娩过程中，长时间产不出胎儿，但是呼吸困难，心跳加快，说明发生难产了，应该采取适当的助产方法。初产母猪容易发生产道狭窄，骨盆发育不全，死胎多，分娩时间过长，这些都会导致母猪发生难产。对一些分娩力不足、体弱老龄的母猪，可肌肉注射10~20单位催产素。若注射药物后半小时仍不能产出仔猪，应采用手术掏出。具体操作方法是：首先要剪短、磨光指甲，手和手臂需先用肥皂水洗净，或用1%高锰酸钾水溶液消毒，再用70%的酒精消毒，涂上凡士林；母猪阴部必须清洗消毒；手指合拢呈圆锥形，趁着母猪努责时，将手臂慢慢伸入产道，抓住胎儿下额部或腿，趁着母猪努责时，将仔猪慢慢拉出。若是更加严重，就要进行剖腹产手术。

⑨假死仔猪的急救：

a. 假死仔猪的概念：仔猪出生后，呼吸困难，奄奄一息，但心脏仍在跳动。

b. 假死仔猪的急救措施：拍打法：一手倒提仔猪两条后腿，另一手拍打其背部。人工呼吸法：一手托拿仔猪臀部，另一托其背部，同时前后运动，使仔猪自然屈伸。刺激法：用棉签蘸上酒精或白酒，涂抹在仔猪的口鼻上，刺激仔猪的呼吸。

（4）哺乳母猪的饲养管理　饲养哺乳母猪的目标是保证哺乳母猪的泌乳量，促进仔猪的成活率，母猪在断奶时有较好的种用体况。

①母猪的泌乳规律：母猪乳房乳池不发达，不能贮存大量的乳汁，因此，不是说仔猪在任何时间都能吃到乳汁。但是在分娩时，由于脑垂体分泌催产素的作用和乳腺中围绕腺泡的肌纤维收缩作用，可随时挤出乳汁来。这之后，母猪泌乳呈现反射性，当仔猪用鼻拱母猪乳房、衔住乳头吸吮乳汁时，这种刺激通过中枢神经系统传到腺泡，开始泌乳。

在自然情况下，母猪昼夜哺乳次数是20~30次。由于夜间比较安静，夜间哺乳次数多于白天。母猪在哺乳时，通常会发出"哼哼"的声音，叫唤仔猪哺乳，仔猪会拱揉母猪的乳房，经过 3 ~ 5min 后，母猪才放奶。但是真正放奶时间只有 10 ~ 40s。

母猪乳头位置不同，泌乳量也不同，一般来说第二对乳头的泌乳量最高，前三对乳头的泌乳量比较高。母猪的泌乳高峰出现在分娩后 20 ~ 30d。

②猪乳的成分：猪乳可分为初乳和常乳。猪乳与其它家畜相比，干物质多，蛋白质高。初乳是指母猪分娩后 3d 内分娩的乳汁。初乳对仔猪有重要的生理作用，仔猪应及时吃初乳。母猪初乳和常乳成分对比见表 1 - 15。

表 1 - 15　　　　　　　母猪初乳和常乳的成分　　　　　单位:%

成分	初乳	常乳
水分	77.79	79.69
干物质	22.21	20.32
蛋白质	13.34	5.26
脂肪	6.23	9.97
乳糖	1.97	4.18
灰分	0.68	0.94
钙	0.053	0.25
磷	0.08	0.166

③影响母猪泌乳量的因素：影响母猪泌乳量的因素有很多，包括品种、胎次、所带仔猪头数、管理等方面。

a. 品种：品种不同泌乳量也不同，通常瘦肉型品种泌乳量较高。不同品种不同阶段泌乳量对比见表 1 - 16。

表 1 - 16　　　　　　　不同品种不同阶段泌乳量　　　　　单位: kg

品种	产后天数						平均	全期
	10	20	30	40	50	60		
金华猪	5.17	6.50	6.70	5.56	4.80	3.50	5.47	328.20
民猪	5.18	6.65	7.74	6.31	4.54	2.72	5.65	339.00
哈白猪	5.79	7.76	7.65	6.19	4.10	2.98	5.74	344.40
枫泾猪	9.29	10.31	10.43	9.52	8.94	6.87	9.23	553.80
大白猪	11.20	11.40	14.30	8.10	5.30	4.10	9.27	557.40
长白猪	9.60	13.33	14.55	12.34	6.55	4.56	10.31	618.60
平均	7.81	9.33	10.23	8.00	6.21	4.12	7.60	456.90

b. 胎次：母猪的泌乳量从第 2 胎开始逐渐上升，以后维持在一定水平，第 7 ~ 8 胎开始逐渐下降，通常经产母猪的泌乳量高于初产母猪。

c. 所带仔猪的头数：母猪泌乳量的不同与母猪哺乳仔猪的头数有关，所哺乳仔猪头数越多，母猪泌乳量越高。产仔数对母猪泌乳量的影响如表 1 - 17 所示。

表 1 –17　　　　　　　　　产仔数对母猪泌乳量的影响　　　　　　　单位：kg

产仔数	母猪日泌乳量	仔猪日吸乳量
6	5 ~ 6	1.0
8	6 ~ 7	0.9
10	7 ~ 8	0.8
12	8 ~ 9	0.7

饲养管理：饲料的数量和质量也会影响母猪的泌乳量，若母猪在妊娠期间给予较高的营养水平，会降低哺乳母猪的泌乳量；管理工作也会影响母猪的泌乳量，如猪舍的嘈杂声、对猪粗暴等；若仔猪咬疼母猪乳头，也会降低母猪的泌乳量。在安静的环境中有利于母猪泌乳。

④哺乳母猪的饲养管理方法：哺乳母猪的日粮中粗蛋白质含量至少应在15%以上。在日粮不限量的情况下，粗蛋白水平下降到14%也不会减少泌乳量和影响仔猪的发育，若是粗蛋白质水平下降到12.5%，则会影响母猪的泌乳量和仔猪的发育。哺乳母猪泌乳时随乳汁排出大量干物质，其中能量较多，若不及时补充，会降低哺乳母猪的泌乳量，严重的会使母体自身受到损害。在空怀母猪的基础日粮上，每增加一头仔猪，需增加1.19MJ消化能，相当于每千克含有12.9831 MJ消化能的饲粮0.4kg。

日粮中的矿物质和维生素含量也应充足，否则会影响母猪、仔猪的健康。尤其是钙、磷含量也不应缺乏，否则会导致母猪瘫痪，降低母猪的使用年限。

a. 饲喂方法：母猪分娩当日不给料，分娩后第1天开始增加给料，至分娩后第5 ~ 7天，饲料的供给量达到哺乳母猪的正常料量。若母猪在产后饲喂量过高，会导致消化不良，严重的会导致仔猪下痢。仔猪的数量不同，母猪的饲喂量也不同，一般可达到4.5 ~ 7kg，多数采用自由采食的方法。若是采用限量饲喂的方法，应少喂、勤喂，夜间也要饲喂，一般饲喂次数是4 ~ 5次。母猪在断奶前3天逐渐减少母猪的饲喂量，防止乳房炎的发生。要注意水的补充，保证水质的卫生、清洁，符合要求，最好使用自动饮水器。

b. 适当运动：适当的运动和光照，能促进机体新陈代谢，促进母猪和仔猪健康，一般母猪产后一周即可运动，产后15d左右，可将母猪与仔猪一起赶出去运动。

c. 保护乳头和乳房：应该让母猪的所有乳头都被充分利用，尤其是初产母猪，若产仔数少，可采用寄养的方式，防止母猪的乳头被剐伤。

d. 日常管理：冬季要注意防寒保暖，保持圈舍的清洁、空气新鲜、干燥，湿度不能过大，否则会引起仔猪患病。

e. 饲料结构：饲料品种不要经常更换，禁止用发霉变质的饲料喂给泌乳母猪，否则会导致仔猪下痢。在日粮中不应突然增加粗饲料，会引起母猪的便秘。

⑤防止母猪产后无奶：导致母猪产后无奶的原因很多，如母猪在妊娠后期饲粮营养水平较差，能量、蛋白质含量较低，会导致母猪的乳腺发育不良；母猪年老体弱，食欲不好，消化机能差，营养不足；母猪在妊娠期蛋白质、微量元素供给不足，母猪过胖，内分泌失调；母猪抗病力弱，圈舍卫生环境差，导致产道和子宫感染，降低了母猪的采食量。因此，应多喂些催乳料、青饲料并多运动。母猪产后感染可用2%温盐水灌溉子宫，注射青、链霉素进行治疗等。

单元二　仔猪生产

【学习目标】　通过本单元的学习，掌握哺乳仔猪的生理特点，哺乳仔猪和断奶仔猪的营养需要特点，以及SPF猪的获取方法。

【技能目标】　能独立进行初生后一周仔猪的护理工作，能进行断奶仔猪的分群管理、调教等。

【课前思考】　哺乳仔猪的生理特点是什么？如何为仔猪创造适宜的环境条件？如何饲养断奶仔猪？生产中若出现了僵猪，如何进行解僵？如何进行SPF猪的生产？如何推广SPF技术？

1. 哺乳仔猪的饲养管理

仔猪的生产分为两个阶段，分别是哺乳仔猪和断奶仔猪阶段。仔猪阶段是养猪生产中最重要的环节，在猪的一生中，仔猪阶段的死亡率占整个生长阶段死亡率的70%左右。

哺乳仔猪指从出生到断奶前的仔猪。哺乳仔猪饲养的目标是断奶窝重大，断奶时仔猪成活率高，断奶时有较好的采食能力。

（1）哺乳仔猪的生理特点　哺乳仔猪的生理特点是消化器官不发达，消化机能不完善。初生仔猪的消化器官虽然在胚胎期已经形成，但是相对重量和容积较小，仔猪刚出生后胃重为4~8g，容积为25~40mL，到20日龄时，胃重达到35g左右，容积扩大了3~4倍，60日龄时，胃重为150g。小肠在哺乳期内生长速度较快，断奶时长度比刚出生增大了5倍，容积扩大50~60倍，消化器官这种强烈的生长一直持续到6~8月龄以后才开始降低，直到13~15月龄才接近成年猪的水平。猪的体重与消化器官的增长速度见表1-18。

表1-18　　　　　　　　　猪的体重与消化器官的增长速度

	周龄						
	0	4	8	16	20	20	24
体重/kg	1.34	5.90	13.20	36.10	52.10	71.40	100.00
胃							
重量/g	5.90	38.94	137.28	368.22	448.06	570.00	599.76
占体重/%	0.44	0.66	1.04	1.02	0.86	0.80	0.70

续表

	周龄						
	0	4	8	16	20	20	24
小肠							
重量/g	21.44	218.30	316.80	1010.80	1302.50	1400.00	1570.80
占体重/%	1.60	3.70	2.40	2.80	2.50	1.96	1.57
大肠							
重量/g	7.50	40.12	188.76	617.31	880.49	889.64	1020.00
占体重/%	0.56	0.68	1.43	1.71	1.69	1.26	1.02

胃机能的活动受神经系统控制，初生仔猪的胃和神经系统之间的联系还没有完全建立，缺乏条件反射性的胃液分泌，仔猪的胃液只有饲料直接刺激胃壁后，才能分泌，数量较少。而成年猪即使胃内没有任何饲料，由于条件反射作用，也能分泌胃液。

仔猪出生后胃内仅有胃凝乳酶，胃蛋白酶很少，而且胃底腺不发达，缺乏游离盐酸，胃蛋白酶没有被激活，不能很好地消化蛋白质，但是肠腺和胰腺发育较好，食物主要在小肠内消化。因此，仔猪出生后不能利用植物性饲料，只能哺乳。胃内盐酸少，因此杀菌能力弱。仔猪出生后3周龄左右胃内才产生少量游离盐酸，出生后8～12周龄盐酸分泌水平接近成年猪水平。

哺乳仔猪消化机能不完善还表现在食物通过消化道的时间快。食物进入胃内的排空时间一般是15日龄为1.5h，30日龄为3～5h，60日龄为16～19h。因为哺乳仔猪的胃容积小，将食物排入十二指肠的速度较快，为了保证哺乳仔猪获得足够的营养物质，应增加饲喂次数。

新陈代谢旺盛，生长发育快。哺乳仔猪的新陈代谢旺盛，尤其是蛋白质和矿物质代谢比成年猪要高，一般生后20d的仔猪，每千克体重每天要沉积蛋白质9～14g，成年猪每千克体重沉积0.3～0.4g，是成年猪的30～35倍。体重为10kg的仔猪，每千克体重每天约需要钙0.48g、磷0.36g、铁4.8g、铜0.36g，体重200kg的泌乳母猪每千克体重约需钙0.22g、磷0.14g、铁2mg、铜0.13mg。

仔猪的初生重还不到成年猪体重的1%，但出生后生长发育非常迅速，10日龄时体重达出生重的2倍以上，30日龄体重是初生重的5倍左右，60日龄体重是初生重的12倍左右。仔猪对营养物质的数量和质量要求都较高，可以让仔猪发挥最大的生长潜力。因此，保证仔猪营养的供给量是非常重要的。哺乳仔猪生长发育状况见表1-19。

表 1 - 19　　　　　　　　　　　哺乳仔猪生长发育

	日龄						
	出生	10	20	30	40	50	60
体重/kg	1. 50	3. 24	5. 72	7. 25	10. 56	14. 54	18. 65
体重范围/kg	0.9 ~ 2.2	2.0 ~ 4.8	3.1 ~ 7.8	4.2 ~ 10.8	5.4 ~ 15.3	8.9 ~ 22.4	11.0 ~ 27.2
增长倍数	1. 00	2. 16	3. 81	4. 83	7. 04	9. 71	12. 43

　　刚出生的仔猪调节体温机能差。刚出生的仔猪大脑皮层发育不健全，通过神经调节体温的能力差。特别是刚出生的仔猪，皮薄毛稀，皮下脂肪较少，在寒冷的条件下，不容易维持正常体温，容易被冻僵、冻死。刚出生仔猪的体温比正常仔猪体温低 0.5 ~ 1℃，出生后 6h 的仔猪，若放在 5℃ 的条件下 90min，直肠温度会下降 4℃，将仔猪处在 13 ~ 24℃ 环境时，第 1h 体温会下降 1.7 ~ 7.2℃，在出生后 20min 内，下降得更快。若仔猪裸露在 1℃ 环境中 2h，会被冻昏甚至冻死。随着年龄的增长，仔猪的体温条件能力逐渐增强，在 3 周龄左右，调节体温能力趋于完善。因此，要为哺乳仔猪生长提供适宜的温度条件，一般在仔猪出生后 1 ~ 3d 内所需要的环境温度为 30 ~ 32℃。

　　刚出生的仔猪缺乏先天免疫力，容易得病。由于猪的胚盘构造复杂，母体血管和胎儿脐带血管之间被 6 ~ 7 层组织隔开，使母猪血清中的免疫球蛋白不能通过血液进入胎儿体内。因此，刚出生的仔猪没有先天免疫力，自身也不能产生抗体，只有吃初乳才能获得免疫力。

　　仔猪出生后 10 日龄开始，自身能产生少量免疫抗体，在 30 日龄时，自身所产的抗体数量比较少。随着年龄的增长。母乳中的免疫球蛋白含量降低，但是在 40 日龄以后主要靠自身合成抗体。因此，在哺乳期间仔猪对疾病的抵抗力弱，容易受到病原微生物的侵袭，严重的还会导致猪的死亡。

　　（2）哺乳仔猪的饲养管理

　　①哺乳仔猪死亡原因：造成哺乳仔猪死亡的原因有很多，比如冻死、下痢、肺炎等，对某猪场多年死亡仔猪的统计分析如表 1 - 20 所示。

表 1 - 20　　　　　　　　哺乳仔猪死亡原因分析的关系

死亡原因	死亡仔猪数量/头	占死亡总数的百分数/%
压死、冻死	135	12. 8
白痢	330	31. 3
肺炎死亡	150	14. 3
发育不良死亡	86	8. 16
贫血死亡	90	8. 54
畸形死亡	80	7. 59
心脏病死亡	75	7. 14

续表

死亡原因	死亡仔猪数量/头	占死亡总数的百分数/%
寄生虫死亡	55	5.23
白肌病和脑炎死亡	52	4.95
合计	1053	100.0

由表 1-20 可知，在某猪场 1053 头仔猪中，因白痢死亡死亡率最高的占 31.3%，其次是因肺炎死亡的占 14.3%。仔猪死亡原因与哺乳仔猪的生理特点相关。例如，哺乳仔猪的消化器官不发达，胃内没有游离盐酸，无先天免疫力，因此容易下痢。在传统的平地饲养方式中，仔猪死亡率较高，容易发生下痢、肺炎等疾病，若采用高床网上饲养，有保温箱，可降低仔猪的死亡率。

②初生仔猪的护理：吃足初乳，固定乳头。刚出生的仔猪没有先天免疫力，容易得病，必须依靠初乳才能获得免疫力。初乳有较高的营养价值，初乳中具有镁盐，它有轻泻的作用，可促进胎粪的排出，初乳中含有免疫球蛋白、维生素等，可增强仔猪的抗病力；初乳中含有酸性物质，有利于消化器官的活动。生产中强调仔猪出生后 2h 内应及时吃到初乳。

仔猪出生后有寻找乳头吮吸的本能，初生重大的仔猪身体比较强壮，容易找到乳头，而初生重小的仔猪身体比较虚弱，行动不灵活，不能及时地找到乳头，即使找到乳头也会被强壮的仔猪挤掉，导致强壮的仔猪吮吸到前面的乳头，弱小的仔猪吮吸后面的乳头。母猪乳房结构也与其他家畜不同，虽然母猪的乳房数量比较多，但是各乳房之间互不相通，泌乳量不同。前面的乳头泌乳量较大，后面的乳头泌乳量较小。为了提高仔猪的成活率，使仔猪在断奶时体重相差不多，应及时固定乳头。仔猪有固定乳头吃乳的习惯，可将弱小仔猪固定于前面的乳头，而初生重较大的仔猪可固定后面的乳头。通常在仔猪出生后 2~3d，采用人工辅助固定的方法。各对乳头泌乳量与仔猪生长的关系见表 1-21。

表 1-21　　　　　　各对乳头泌乳量与仔猪生长的关系

	乳头位次						
	1	2	3	4	5	6	7
泌乳量分布/%	23	24	20	11	9	9	4
20 日龄仔猪体重/kg	5.8	5.9	5.1	5.1	5.1	4.0	3.2
20 日龄内增长倍数	4.1	4.0	3.4	3.4	3.4	3.1	2.5

在母猪分娩结束后，将仔猪放在母猪身边，让仔猪自己寻找乳头，当大多数仔猪都找到了乳头时，将个别争抢乳头的仔猪与体重小的仔猪进行调整，使能争抢乳头的仔猪放在后面。仔猪固定乳头时，可将仔猪身上涂上颜色或记住仔猪的耳号等作为标记。对弱小仔猪吸吮的乳头，为克服仔猪拱揉刺激的力量

小而导致乳腺发育缓慢，泌乳量小，可进行人工按摩乳房，促进乳腺的发育，有利于泌乳。经过 2～3d 细心地看护调整，仔猪可养成固定乳头的习惯。

防寒保温，防压防病。哺乳仔猪体温调节能力差，怕冷，对寒冷的环境极其敏感，要防止仔猪被冻伤、冻死、影响猪的生长发育，生产中可采用多种方法提高仔猪的环境温度。仔猪适宜的温度为：出生后 1～3 日龄为 30～32℃，4～7 日龄为 28～30℃，8～15 日龄为 25～27℃，16～27 日龄为 22～24℃，28～35 日龄为 20～22℃。

在工厂化的养猪生产中，产房多数采用高床分娩栏饲养。可用保温箱提高仔猪的温度，保温箱分为不同种类，如玻璃钢制作、防腐、耐用、使用寿命长；水泥制作，保温效果好；竹胶板制作，重量轻；也可用电加热板例如双电路玻璃钢电加热板、塑钢电加热板。在保温箱中挂有 250W 红外线灯照射，可提高箱内温度。根据悬挂灯的高度来调节保温箱的温度，仔猪出生后 1 周内红外线灯泡可距保温箱地面 45cm，随着仔猪年龄的增长，适当调节红外线灯泡的高度，若是发现仔猪在保温箱内挤在一起，浑身哆嗦，说明温度过低；若仔猪都分散开，趴卧在保温箱门口或箱边上，说明温度太高。红外线灯（250W）距箱底的距离与灯温度之间的关系见表 1–22。

表 1–22　　　　　　　　　　红外线灯（250W）的温度　　　　　　　　单位:℃

高度/cm	灯下水平距离/cm					
	0	10	20	30	40	50
50	34	30	25	20	18	17
40	38	34	21	17	17	17

刚出生的仔猪反应慢，行动不灵活，母猪分娩后疲乏，活动迟缓，因此仔猪容易被母猪压死或踩死。防压措施有：一是保持安静的环境，突然的声音会造成仔猪的恐慌，四处乱跑，增加了被踩死的机会；产房严禁闲杂人等进入，防止仔猪哄抢乳头导致母猪烦躁不安，增加母猪压死仔猪的机会。二是用限位栏进行饲养，母猪限位架的两侧是用钢管制成的栏杆，栏杆长 2.0～2.5m，宽为 60～65cm，高为 90～100cm。母猪在躺卧时，不能彻底"放偏"躺下，只能慢慢侧身躺卧，使仔猪有机会躲避，减少了被踩死的机会。三是加强饲养管理，饲养员对母猪和仔猪进行耐心细致地饲养管理，保持母猪良好的泌乳性能，训练刚出生的仔猪在固定时间进行哺乳，为仔猪设置保温箱，产后 2d 内可将仔猪关在保温箱内，定时放奶，减少仔猪与母猪的接触，从而减少仔猪被压死的概率。

当母猪产仔数多过其有效乳头数相对较少，或母猪所产的仔猪数少于 5 头，或母猪产后无乳或死亡等时，往往采用寄养的方法。要使寄养成功，应注意下面几点：母猪预产期需接近，两头哺乳母猪分娩日期接近，以免仔猪体重相差过大，影响生长发育。最好是将后产仔猪中较大的仔猪寄养到先产的窝中，相反将先产仔猪中较小的寄养到后产窝中，让所有仔猪都能整齐均匀地生长。为了提高哺乳仔猪的成活率，要让寄养的仔猪及时吃上初乳，即使是收养母猪的初乳也可以。猪的嗅觉比较灵敏，母猪辨别仔猪主要是通过嗅觉，为防止母猪拒绝给寄养的仔猪哺乳，可将寄养的仔猪身上涂抹上寄养母猪的乳汁或尿液，让母猪闻不到异味；或将寄养的仔猪与收养母猪所生的仔猪放在一起饲养，混淆气味；或用其它无害的消毒剂喷洒圈舍，所有的猪气味都相同，母猪难以分辨。要挑选泌乳量高、性情温顺、母性好的母猪作为寄养仔猪的收养母猪，以促进仔猪的成活。

③微量元素的补充：

a. 铁的补充：仔猪出生后 3 日龄时要补铁。铁是形成血红素和肌红蛋白所必需的微量元素，还是细胞色素酶类和多种氧化酶的成分。刚出生的仔猪体内铁的贮存量很少，每 1kg 体重约为 35mg，而仔猪每天生长需要 7mg 铁，每 1L 乳汁中约含铁 1mg，不能满足仔猪对铁的需要。生产中仔猪生长迅速，对铁的需要量增加，若不及时补铁，仔猪体内贮备的铁将很快消耗掉，7d 左右仔猪会出现缺铁性贫血，表现为食欲减退，可视黏膜苍白，抗病力差，生长缓慢，严重的会突然死亡。生产中常用的补铁方法很多，如肌肉注射铁钴合剂、培亚铁针剂、右旋糖苷铁、牲血素等，一般在仔猪 3 日龄注射 100 ~ 200mg，注射部位为颈部或臀部深层肌肉。

b. 铜的补充：铜是重要的微量元素，也是造血和酶的主要原料，若铜元素缺乏，会减少仔猪对铁的吸收和血红素的形成，也会发生贫血，因此应适当补充铜。在仔猪出生 3d 时，可补充铁铜合剂。将 2.5g 硫酸亚铁和 1g 硫酸铜，共同放入 1000mL 水中，当仔猪哺乳时，将溶液涂在母猪乳头上，每天 1 ~ 2 次，每头每日 10mL，也可拌入饲料中饲喂。

c. 硒的补充：硒是谷胱甘肽过氧化物酶的主要组成成分，作用是保护细胞内膜不受脂类代谢副产物的破坏，是仔猪生长发育不可缺少的微量元素。硒具有抗氧化作用，与维生素 E 的吸收利用有关。仔猪缺硒时会导致发病突然，且发病的多是体格健壮、营养状况良好和生长发育快的仔猪。发病时的典型特点是食欲不振、精神萎靡、关节肿大、瘫痪，严重的会出现突然死亡。在某些缺硒地区，为防止仔猪发生白肌病、下痢和肝坏死，可在仔猪出生后 3d 内肌肉注射 0.1% 的亚硒酸钠 0.5mL，10 日龄进行第二次注射。对已经采食饲料的仔猪，可在每千克配合饲料中加入 65 ~ 125mg 铁和 0.1mg 硒，以防止铁和硒缺乏症。

d. 补水：因为乳中 80% 左右是水分，生产中通常会忽视哺乳仔猪的补水。水供给量的多少，直接影响到猪的消化、吸收等。再加上仔猪生长迅速，代谢旺盛，母乳的脂肪含量较高，仔猪常感到口渴。因此，在仔猪出生后 1 ~ 2d 应及时补水。多数猪场都有供仔猪使用的自动饮水器，能保证仔猪随时喝到清洁卫生的饮水，若是用水槽补水，应每天及时进行清理消毒，按时更换，防止仔猪喝到脏水导致仔猪下痢。

④哺乳仔猪的营养需要。哺乳仔猪的营养需要受环境、年龄、品种等很多因素的影响，所以变动范围比较大。

哺乳仔猪的能量来源主要来自于母乳和补料。随着仔猪年龄的增长，补料能量满足程度应逐渐增加。为满足仔猪的能量需要，补料的能量浓度应为 $13.81 \sim 15.06$ MJ/kg。

蛋白质与氨基酸的数量和质量都影响着哺乳仔猪的生长，由于哺乳仔猪消化机能不完善，故应选择易消化的蛋白质饲料。同时在能量、蛋白质供给充足的情况下，应考虑到氨基酸的含量和比例。粗蛋白含量不能低于18%，赖氨酸含量占日粮总量的0.9%。

仔猪生长发育迅速，因此矿物质元素如钙、磷、钠和氯等不能缺少。$5 \sim 20$ kg 阶段的哺乳仔猪，日粮中钙和总磷的含量分别为0.90%和0.70%。要供给充足的维生素以满足哺乳仔猪生长发育的需要。维生素 E 的添加量为每千克饲粮 $8.5 \sim 16$ IU，维生素 A 为 $1718 \sim 2380$ IU/kg 饲粮。

哺乳仔猪的消化器官不发达，消化机能不完善，胃肠容积小，排空速度快，因此要少喂勤添。一般每日饲喂 $4 \sim 6$ 次，夜间一次。

⑤预防仔猪腹泻发生的措施：

a. 养好母猪：加强母猪在妊娠期和哺乳期的饲养管理，保障胎儿的正常生长发育，提高仔猪的初生重，保证母猪分娩后有良好的泌乳性能，不喂给母猪发霉变质和有毒的饲料，从而保证乳汁的质量。

b. 日常管理：分娩舍最好采用全进全出制。当母猪和仔猪都转群后，要将分娩舍的地面、分娩栏、食槽等彻底清扫干净，并进行严格的消毒，尤其是被污染的产房。在母猪临产前用0.1%高锰酸钾溶液清洗母猪乳房和外阴部，分娩舍每日最少清扫 $4 \sim 5$ 次。

c. 药物预防：利用疫苗进行预防。在母猪妊娠后期注射 K88 或 K99 等，使母猪产生抗体，这种抗体可通过初乳供给仔猪，防止仔猪下痢。

2. 断奶仔猪的培育技术

断奶仔猪是指仔猪断奶后至70日龄这一阶段。断奶对仔猪的影响比较大，主要表现在：①饲料形态的改变，由原来的液体饲料变成了固体饲料；②仔猪离开母体，独自生活，精神上受到一定的打击。因此，在生产中要重视断奶仔猪的培育。

（1）仔猪的早期断奶

①早期断奶的优点：在我国传统养猪生产中仔猪哺乳期较长，一般生后 $56 \sim 60$ 日龄断奶，使每头母猪的年生产力水平较低，还会造成哺乳母猪消瘦，导致断奶后再次发情时间延长，影响母猪的繁殖性能。随着生产的不断发展，仔猪断奶日龄的提早越来越受到生产者的肯定。因此，在工厂化的养猪生产

中，仔猪的断奶日龄已提早至 28 ~ 35 日龄。

a. 可提高母猪的繁殖力：在工厂化养殖生产中，母猪的繁殖周期包括三个阶段，分别是妊娠期、哺乳期和空怀期，而母猪的妊娠期是 114d，母猪的空怀期是 7 ~ 10d。因此，母猪的哺乳期时间变化直接影响母猪的年生产力水平。适当的早期断奶，不仅能缩短母猪的繁殖周期，还可增加母猪的年产仔窝数。断奶时间与母猪产仔窝数的关系见表 1 – 23。

母猪年产窝数 = 365/（妊娠期 + 哺乳期 + 空怀期）

表 1 – 23　　　　　　　　　断奶时间与母猪产仔窝数

仔猪断奶日龄/d	产仔间隔时间/d	母猪年产窝胎次/次	仔猪 20kg 时	
			每窝头数/头	年总头数/头
21 ~ 25	165. 5	2. 21	8. 25	18. 20
26 ~ 30	170. 2	2. 14	8. 36	17. 92
31 ~ 35	175. 1	2. 08	8. 45	17. 61
36 ~ 40	180. 1	2. 03	8. 53	17. 29
41 ~ 45	185. 1	1. 97	8. 60	16. 97
46 ~ 50	189. 9	1. 92	8. 66	16. 65
51 ~ 55	194. 8	1. 87	8. 72	16. 34
56 以上	197. 8	1. 85	8. 75	16. 15

如表 1 – 24 所示仔猪断奶时间与母猪繁殖力有关。当仔猪 3 周龄断奶时，每头母猪年产仔猪数为 25. 4 头；当母猪 8 周龄断奶时，母猪的年产仔数仅为 21. 6 头。因此，早期断奶可增加母猪的年产窝数，提高仔猪的产仔数，减少母猪压死、踩死仔猪的机会，从而提高仔猪的成活率。

表 1 – 24　　　　　　　　　仔猪断奶时间与母猪繁殖力

断奶周龄	断奶至第一次发情/d	妊娠率/%	年产仔窝数/窝	每窝产活仔猪数/头	成活数/头	年产仔数/头
1	9	80	2. 7	9. 4	8. 93	24. 1
2	8	90	2. 62	10. 0	9. 50	24. 9
3	6	95	2. 55	10. 5	9. 98	25. 4
4	6	96	2. 44	10. 8	10. 26	25. 0
5	5	97	2. 35	11. 0	10. 45	24. 6
6	5	97	2. 22	11. 0	10. 45	22. 5
7	5	97	2. 17	11. 0	10. 45	22. 5
8	4	97	2. 15	11. 0	10. 45	21. 6

b. 提高了饲料利用率：仔猪在哺乳期间，通过哺乳母猪采食饲料转换成

乳汁、仔猪吃母乳的转化过程，饲料利用效率仅为20%。但是，仔猪自己采食饲料，消化吸收的转化过程中，饲料利用率可达到50%，因此，提高了饲料的利用率，如表1-25所示。

表1-25　　　　　　　　仔猪不同断奶日龄的经济效益

断奶日龄/d	哺乳期母猪的饲料消耗量/kg	56日龄每头仔猪饲料消耗量/kg	每头仔猪负担母猪的饲料消耗量/kg	56日龄内仔猪净增重/kg	56日龄内仔猪每增重1kg需饲料/kg（包括母猪饲料）
28	125	16.80	11.36	13.34	2.11
35	164	14.90	14.91	12.85	2.32
50	239	11.70	21.73	12.98	2.58

从表1-25中可得知，仔猪35日龄断奶和28日龄断奶与50日龄断奶相比，哺乳期母猪饲料消耗量分别减少了114kg和75kg。当三组仔猪都长到56日龄时，早期断奶的仔猪每千克增重可分别减少饲料消耗量为0.47kg和0.26kg。

c. 有利于仔猪的生长发育：早期断奶的仔猪，虽然在仔猪刚断奶时，由于断奶应激的影响，增重情况较缓慢，但是一段时间后，有一个补偿生长的过程，如表1-26所示。

表1-26　　　　　　　　不同断奶日龄仔猪的增重情况

断奶日龄/d	20日龄		28日龄		35日龄	
	个体重/kg	日增重/g	个体重/kg	日增重/g	个体重/kg	日增重/g
28	4.70	175	6.28	195	6.69	78
35	4.36	166	5.66	174	7.00	192
45	4.32	160	5.90	207	6.50	91
60	4.55	175	6.55	250	7.53	180

断奶日龄/d	45日龄		60日龄		90日龄	
	个体重/kg	日增重/g	个体重/kg	日增重/g	个体重/kg	日增重/g
28	9.46	227	15.97	434	62.84	559
35	9.07	207	15.45	425	32.22	582
45	10.26	376	16.40	409	31.40	512
60	10.75	322	17.90	476	32.90	503

从表1-26中可知，28、35、45日龄断奶的仔猪与60日龄断奶的仔猪相比，虽然在60日龄以内增重稍慢，但是60日龄后增重高于60日龄断奶的仔猪。

d. 可提高分娩猪舍和设备的利用率。早期断奶可减少哺乳母猪占用产仔栏的时间，从而提高产仔栏的年产仔窝数和断奶仔猪头数，提高了经济效益。

②断奶的方法：

a. 一次性断奶法：在断奶前 3d，逐渐减少哺乳母猪日粮的供给量，至断奶当天，将母猪赶下床，并将母猪和仔猪一次性分开，让仔猪见不到母猪的面，闻不到母猪的气味，听不到母猪的声音。此方法优点是非常方便，缺点是对仔猪的刺激比较大。

b. 逐渐断奶法：在断奶前 3～5d，逐渐减少哺乳母猪的哺乳次数。优点是减少了仔猪的断奶应激，缺点是要频繁地赶哺乳母猪，比较麻烦费力。

c. 分批断奶法：将一窝仔猪中个体大的先断奶，个体小的继续哺乳、后断奶。优点可提高仔猪的断奶体重，缺点是延长了母猪的哺乳期，影响母猪的生产力。

d. 隔离式早期断奶技术：在 1993 年以后，美国养猪界开始试行一种新的养猪方法，称为 SEW，即隔离式早期断奶法。母猪在妊娠期进行免疫后，可以将一些特定的疾病产生的抗体垂直地传给胎儿。仔猪在胎儿期间能获得一定程度的免疫。在 10～21d 断奶，将断奶仔猪转移到保育舍进行培育。保育舍和母猪舍的距离可为 250m～10km。

（2）提高仔猪断奶前成活率的途径

①及时补料，提高仔猪的断奶个体重。随着仔猪日龄的增长，仔猪的体重不断增加，对营养物质的需要逐渐增多，而母猪的泌乳量在分娩后 20 日龄左右达到高峰期后，开始逐渐下降，仔猪只依靠乳汁不能满足自身营养物质的需要，若不及时给料，会阻碍仔猪的生长发育。给仔猪补料，最好要提早开食，从仔猪开食到吃到饲料需要一段时间，一般在仔猪出生后 7～10d 开始补料。当仔猪在 20 日龄时能主动采食饲料，在 30 日龄时能达到旺食，这样能获得较高的断奶窝重。

训练仔猪开食的方法：一是诱导法：仔猪有探究行为的特点，对新鲜事物比较好奇，可将仔猪爱吃的饲料等放到食槽里，让仔猪进行拱、闻从而达到采食的目的。二是强制法：将饲料加水搅拌成生湿拌料，一手抓住仔猪颈部，另一手将饲料放入仔猪口中，让仔猪采食。每天反复 2～3 次，经过 3d 的训练后仔猪能自由采食。仔猪开食料通常选择适口性好的食料，例如炒熟的大麦、大豆等香味饲料，这些饲料仔猪喜欢采食，也可喂给些甜味的饲料，或是胡萝卜、南瓜以及幼嫩的青绿多汁饲料。

②重视日粮，防止仔猪腹泻。导致仔猪死亡的原因之一是腹泻，因此在日粮中添加某些特殊成分，不仅能防止仔猪发生腹泻，还可以促进仔猪的生长。

一是添加有机酸：成年猪胃中 pH 为 2～3.5，这是胃蛋白酶发挥作用的最适宜范围。根据哺乳仔猪的生理特点得知，仔猪胃酸分泌较少，早期断奶的仔猪，无论采用哪种饲料饲喂，胃中 pH 均会达到 5.5，一直到 8～10 周龄，胃中的酸度才能接近成年猪的水平。常用的有机酸有柠檬酸、甲酸、乳酸和延胡索酸等。添加有机酸，可提高消化道的酸度，激活一些消化酶，减少细菌的数量，提高饲料的消化率。注意添加的时间最好在 40d 以内，否则对仔猪有副作用。

二是添加益生菌：益生菌是指取代或平衡生态系统中的一类或多类菌系作用的微生物，是指活的或死的微生物或与其发酵的副产物相关的所有物质。仔猪饲喂益生菌后，可建立有益的胃肠微生物区系，能防止腹泻。目前，主要应用的菌剂有 Toyol 菌剂、乳酸杆菌剂、需氧芽孢杆菌和双歧杆菌。

三是添加乳制品：主要是添加乳清粉。乳清粉中的主要物质是乳糖和乳清蛋白。仔猪容易消化甜的物质，因此乳糖很快被消化。出生后的仔猪，易受到病原微生物的侵袭，而能起保护作用的是乳酸菌。乳糖对乳酸菌的繁殖最为有利，可提高胃肠的酸度，抑制了有害菌的同时增强了各种酶的活力，还促进了仔猪生长和提高了饲料的转化率。添加时间应在 35 日龄之前，最佳的添加量为 15% ~ 20%。

四是增加调味剂：调味剂不仅能改变饲料中的不良气味和味道，而且能增加仔猪采食量。

③做好预防免疫：猪场要根据自身的实际情况做好免疫接种工作。例如，在仔猪 20 日龄进行猪瘟的首免。若发生疫病等应及时采取措施，以提高仔猪断奶前的成活率。

（3）断奶仔猪的饲养管理

①网床培育：断奶仔猪的饲养由传统的地面养猪转变成了网床上饲养。网床多数采用编织漏缝地板网，它可使仔猪离开地面，减少了冬季地面传导散热的损失，提高了舍内温度；可使粪尿直接漏到网床下，减少了仔猪接触污物的机会，减少了疾病的发生，提高了仔猪的日增重。网床饲养对断奶仔猪增重速度的影响见表 1 – 27。

表 1 – 27　　　　　　　网床饲养对断奶仔猪增重速度的影响

项目	加温培育		不加温培育	
	网床饲养	地面饲养	网床饲养	地面饲养
开始体重/kg	7.15	7.24	7.05	7.24
结束体重/kg	17.47	16.29	17.27	15.73
平均日增重/g	346.5	301.7	340.6	282.6

②原圈培育法：断奶对仔猪的应激比较大，为了减少断奶对仔猪的影响，防止仔猪夜间寻找母猪，生产中采用断奶时将母猪转入空怀舍，而将仔猪放在原圈舍 1 周。

③转群与调教：断奶仔猪转入保育舍时，最好采用原窝饲养，但是生产中往往要进行合群并圈，依据的原则是按照猪的品种、性别、体重大小，同群仔

猪体重相差不超过 2kg 进行分群，尤其对一些体弱多病的仔猪一定要单独饲养，防止出现以大欺小的现象，严重的出现僵猪。

刚刚转群的断奶仔猪，采食、睡觉、饮水、排泄尚未形成固定位置。因此，需要加强调教训练，最终让断奶仔猪形成"三角定位"，即采食、睡卧和排泄都有固定的位置。不仅便于管理清扫，还可保持舍内卫生。调教的方法是使仔猪常选择在阴暗潮湿的角落排泄。因此，将仔猪排泄的粪便堆到一起，放在选定的排泄地点，引导仔猪来排泄。合群的最初 3d，饲养员要辛苦些，及时驱赶不到固定地点排便的仔猪。将其它区域的粪便及时清扫干净。

④为断奶仔猪创造适宜的环境条件：

a. 温度：温度对断奶仔猪的影响很大。尤其是北方猪场，更应该重视保育舍的环境温度。保育舍适宜的温度为 26℃ 左右。在冬季要有防寒保暖的措施。刚断奶的仔猪因为断奶的应激影响，导致采食量下降，因此所需要的环境温度更高些。随着仔猪日龄的增加，抵抗力增强，环境温度可适当降低。在 10 周龄温度达到 20℃ 左右即可。往往通过仔猪的行为表现，可看到舍内的温度情况。若仔猪聚成堆，说明温度偏低。

b. 湿度：保育舍最好保持干燥，因为在潮湿的环境下，不仅微生物繁殖快，也会导致断奶仔猪体温散失多，阻碍断奶仔猪的发育。若湿度过大也会影响猪的生长，保育舍适宜的相对湿度为 65% ~75%。

c. 通风：仔猪舍内不能有贼风。要经常进行通风换气，防止舍内的氨气、硫化氢、二氧化碳等有害气体刺激断奶仔猪，降低断奶仔猪的生长速度，导致仔猪抗病力下降，严重的会引起呼吸系统、消化系统和神经系统的疾病。

d. 日常工作：要经常消毒，每进入夏季时，应及时驱赶苍蝇。在日常工作中，每天应清除猪粪 4 ~5 次，及时冲洗粪沟，减少病原微生物的污染机会。

⑤断奶仔猪的饲养：刚断奶的仔猪在断奶后的 7 ~10d 内非常容易出现问题，主要是出现腹泻、水肿病等。仔猪断奶后，不要轻易更换饲料。若仔猪开食过晚，会导致仔猪在断奶后 2 ~3d 不吃料，被毛蓬乱，仔猪腹部很瘦，抵抗力较弱。开始吃料后，又会因吃得太多，导致腹泻及水肿病。而仔猪较早开食，能更好地适应饲料的改变。因此，在生产中应尽早给仔猪补充开食料，当仔猪断奶时能获得较多的营养时，可大大减少断奶产生的应激影响。为了进一步提高断奶仔猪的采食量，可利用香味剂、甜味剂、乳制品和血浆蛋白等，改善饲料的适口性。少喂勤添，防止断奶仔猪采食过量。

⑥防止僵猪的产生：在仔猪的生长发育阶段，由于受到某些阻碍，导致猪生长停滞。被毛粗糙蓬乱，食欲差，体瘦，形成头大、肚子大和身子小的老头猪，称之为僵猪。这种猪会浪费饲料，增加养猪成本。

a. 僵猪产生的原因有：母猪在妊娠期间饲养管理不当，母体营养成分较少，不能满足胎儿生长发育的需求，导致胚胎发育受到了严重影响，初生重较低，为胎僵；母猪在哺乳期时，饲粮营养水平较低，缺少母乳，导致仔猪发生奶僵；若仔猪患上气喘病、下痢、肺炎等疾病，长期不能治愈，会发生病僵；体内、外寄生虫如蛔虫、姜片虫及其他皮肤病的影响，会导致虫僵；仔猪断奶时饲养管理不当，日粮中的营养物质如蛋白质、矿物质和维生素等缺乏，导致仔猪腹泻；无计划的进行配种，出现了近亲繁殖，导致仔猪生长缓慢，抗病能力较差，产生了血僵。

b. 解僵方法：加强母猪妊娠期和哺乳期的饲养管理，提供优质的富含蛋白质、维生素、矿物质等营养物质的饲料，保证胎儿的正常生长发育。仔猪出生后 3d 内，固定好乳头，可将初生重量小的仔猪放在前面进行哺乳。尽早给仔猪开食料的补充，提高仔猪的个体重。仔猪断奶时应注意原圈饲养以及饲料的变化。注意饲料搭配要均衡，防止过于单一。仔猪断奶后要及时驱虫。可用敌百虫、伊维菌素等及时治疗。防止近亲交配，重视猪群的及时更新，适时淘汰低产母猪，保持圈舍环境卫生。对于已出现的僵猪，最好单独饲养，根据具体情况，及时给予治疗。增加日粮中的营养水平，每日可加入 100g 鱼粉和 25～30mg 土霉素。必要时给仔猪停食 24kg，仅供给饮水，以增加僵猪的食欲。

⑦咬尾症：猪的相互咬食现象，又称"相食症"，是指猪受到多种不良因素刺激而引起的一种非特异性应激反应，是养猪生产中的一种恶癖。一旦猪发生"相食症"，猪体伤痕较多，若伤口感染或化脓，严重的甚至影响猪的胴体质量。而发生咬尾的猪群生长速度和饲料利用率明显降低。

出现咬尾症的原因：

a. 吮吸习惯：仔猪断奶后虽离开母猪，但是依旧保留着吮吸习惯，会将圈内其他猪的耳尖、尾巴用来吮吸，出现了咬耳、咬尾症。

b. 日粮营养水平：若日龄中的能量水平过高，粗纤维含量过低，蛋白质含量不足，尤其日粮中缺少盐，都会导致仔猪出现此种现象。

c. 环境因素：当舍内温度过高，空气污浊，饲养密度过大时，会导致咬尾症的发生。

解决办法：在猪舍内设立玩具，分散猪的注意力。通常用玩具球和悬在空中的铁环或是旧轮胎、铁链条等分散猪的注意力；调整日粮中的营养水平饲喂全价日粮；饲养密度适中，不能过大；仔猪初生时断尾，可减少咬尾现象的发生；尽量不选用有应激综合征的猪。

⑧仔猪选择与运输：

a. 仔猪的挑选方法：健康的仔猪被毛光亮，皮肤光滑，若是长白猪则皮肤微红，肢体结构正常，眼睛有神，眼角无分泌物，叫声响亮和清脆。粪便不干不稀，尿液呈白色或略呈黄色。呼吸平稳，一般为 16～30 次/min，心跳80～100 次/min，体温正常。瘦肉型品种仔猪的特点是四肢较高，体躯长，臀部肌肉丰满，腹部紧凑不下垂。而脂肪型猪品种，体躯较短，臀部较小，四肢矮小，腹部下垂，颈部较短。

b. 仔猪的选购：选购仔猪时最好到正规的养猪场进行选择。要查看种猪场的生产、经营许可证；所选择的仔猪要有检疫证书。严格执行检疫制度。所选购的仔猪最好来源于同一家养猪场，挑选同一窝仔猪时，最好选择体重较大的，因为体重大的仔猪以后的生长发育速度和成活率也较高。在农贸市场或其它散户处购买仔猪，可能会因为没有进行正常的免疫程序，导致仔猪生病，甚至这些仔猪还会给本猪场带来疫情。

c. 装猪：将车辆开到装猪台，最好用3%～5%的来苏儿对车进行消毒，将猪沿着装猪台的上坡路，将仔猪慢慢撵上车，在此过程中，千万不要用铁锹、棍子、木棒、鞭子等抽打仔猪，用脚踹仔猪。合理安排运输车的存储密度，防止仔猪数量过多导致仔猪被压死、踩死。

d. 运输：在运输过程中，应缓慢行驶，不能过快，严禁紧急刹车造成仔猪肢体的损伤。尤其在遇到转弯时要提前缓慢减速，防止仔猪全部倒向一侧，造成整个车平衡失调，出现侧翻事故。因此，运输车中要有专人押车，根据车中仔猪的状态情况，及时做出合理的调整。若在冬季运输仔猪，遇到下雪天，一定要在运输车上盖上篷布，并留有足够的空间和排气孔，防止仔猪因窒息而死亡；若是在炎热的夏天，即使遇到阴雨天也可不用篷布，防止过热影响仔猪呼吸，还可向车上洒水降温。在运输过程中，尽量减少停车次数和时间。若长途运输时间超过6h可停车，补给仔猪充足的饮水。将仔猪运到猪场后应最好隔离30d，确认无疾病才能合群饲养。在运输过程中仔猪因疲劳、应激等往往采食量较低。因此，在最初时应注意日粮中维生素、矿物质和水的供给。

⑨断奶仔猪的营养需要：

断奶仔猪所需营养物质见表1－28。

表1－28 断奶仔猪主要营养物质需要量

	体重/kg		
	5～10	10～20	20～50
该范围的平均体重	7.5	15	35
消化能浓度/（MJ/kg）	14.21	14.21	14.21
摄入消化能估计值/（MJ/d）	7.11	14.21	26.36
采食量估计/%	500	100	1855
粗蛋白质含量/%	23.7	20.9	18.0
赖氨酸含量/%	1.19	1.01	0.83
钙含量/%	0.80	0.70	0.60
总磷含量/%	0.65	0.60	0.50
有效磷含量/%	0.40	0.32	0.23

a. 能量需要：断奶仔猪的能量需要是根据仔猪的断奶时间和体重来制定的，但会因不同猪场的生产条件、生产力水平和饲养品种的不同而异。断奶仔猪日粮消化能最低供给量为14.21MJ。仔猪正常的生长发育和日粮中能量水平

有很大的关系。因此,应增加日粮中能量水平,促进仔猪的快速生长。可在仔猪日粮中添加3% ~8%脂肪。

b. 蛋白质和氨基酸需要:断奶仔猪日粮中蛋白质含量的数量和质量,会影响肌肉组织的生长。日粮中粗蛋白质的含量为20.9%,赖氨酸含量为1.01%。添加赖氨酸可提高仔猪的生长速度,增强机体抗病力,添加蛋氨酸可节省蛋白质饲料,色氨酸的添加可提高断奶仔猪的生长速度。

c. 矿物质需要:钙和磷成分的缺少将直接影响猪的骨骼生长发育。美国NRC(1998)的饲养标准推荐钙含量为0.80% ~ 0.70%,总磷含量为0.65% ~0.60%,有效磷含量为0.40% ~ 0.32%。要重视钙磷添加的比例,若比例过度失调,也会影响钙磷的吸收。钙与总磷比应为1.21:1。

d. 维生素的需要:仔猪断奶后生长速度较快,断奶后1~2d应激反应大,因此对维生素的要求量高。维生素A和维生素E有增强仔猪免疫力的功能。饲养标准中的维生素推荐量往往较低,因此在生产中实际添加量是推荐量的2~8倍。

e. 水的需要量:猪的饮水量是采食风干饲料量的2~4倍。夏季、春季和秋季饮水量高于冬季。

3. SPF 猪的培育

由于高密度工厂化养猪的发展和种猪的交流日渐频繁,猪病种类增加较多,流行范围不断扩大,导致养猪生产的经济效益发生大幅度下滑。但是,仅仅依靠疫苗等措施来消灭传染病还比较难,在20世纪50年代,英国学者创造了SPF技术,提出建立无特定病原体猪群的措施。

(1)SPF猪的含义 SPF猪是无特定病原猪(Specitic Pathoken Free Pike)的简称。无特定病原,是指经过常规检查没有猪喘气病、萎缩性鼻炎、仔猪红痢和弓形体等四大慢性传染病的病原体。具体方法是对临产母猪采用剖腹取胎或无菌接产获得仔猪,然后在无菌状态下,采用人工哺育,与非SPF猪隔离饲养,21日龄以后仔猪进入无特定病原的环境饲养,由此培育出来的猪被称为初级SPF猪。由初级SPF猪的公猪和母猪配种所产生的后代称为次级SPF猪。用这种方法所得到的猪群称为SPF猪群。

(2)SPF仔猪的获取

①剖腹取胎法:剖腹取胎法通常分为两种:一种是将子宫全部切除,放在无菌环境中取出胎儿,但是母猪繁殖能力会全部丧失。二是实施剖腹产,对母猪的繁殖性能影响稍小些,母猪以后仍可产仔。生产中主要采用后者。

将手术室和手术用具灭菌消毒后准备好,手术者消毒,穿好手术服。在母猪临近预产期前3~5d,将母猪麻醉后,放在手术台上,剖腹取出仔猪。将仔猪放到恒温环境中人工哺育,并在隔离环境中繁育,成功育成SPF猪。这种方法可使仔猪保持无菌,从而在以后的生长环境中有效地消除四大慢性传染病。但是此方法对技术要求较高,需要的设备成本也高。

②自然分娩无菌接产法：挑选健康的妊娠母猪，将临产母猪的全身尤其是下腹部用0.1%新洁尔灭消毒，接产人员要做好准备工作，穿上无菌工作服，戴口罩等。将母猪赶入严格消毒的产房，及时进行消毒。若刚出生的仔猪落地，应立即淘汰。刚出生的仔猪应放入先消毒好的容器内，快速送到哺乳室，并用消毒溶液擦洗全身后，进行哺乳。

此方法的优点是没有破坏母猪的繁殖性能，母猪可以重复利用，缺点是不能非常准确地判断母猪的分娩时间和分娩过程中的操作程序是否准确。

（3）SPF仔猪的饲养管理

①人工乳的组成：

鲜牛奶或10%奶粉液　　　　　1000mL

鲜鸡蛋　　　　　　　　　　　1个

葡萄糖　　　　　　　　　　　20g

微量元素盐溶液（水1000mL，硫酸铜3.9g，氯化锰3.9g，碘化钾0.26g，硫酸亚铁49.8g）5mL

鱼肝油　　　　　　　　　　　适量

复合维生素B　　　　　　　　适量

人工乳的要求是营养全面、易于消化、适口性好、抗病力强。在配制人工乳过程中，应先将牛奶煮沸消毒后，凉至40℃，加入葡萄糖和用酒精消毒好外皮的鲜鸡蛋及其它组成成分，拌匀后放在恒温水浴箱中备用。

②SPF仔猪的饲养：

3日龄以内的SPF仔猪饲喂以牛奶为主的人工乳，加喂一些母猪血清。10日龄以后可饲喂些开食料。SPF仔猪饲养制度见表1-29。

表1-29　　　　　　　　　　SPF仔猪饲养制度

日龄/d	0~3	4~5	6~8	9~11	12~14	15~17	18~21
每日饲喂次数	20	18	16	15	14	12	10
每日饮水次数	10	8	6	6	5	5	4
头日人工乳量/mL	210	275	357	430	470	503	608
头日饮水量/mL	150	160	170	200	220	240	270
血清比例/%	20	15	14	10	5	—	—

③SPF仔猪的管理：

SPF仔猪所需要的环境适应相对湿度是65%~75%，1~4日龄的SPF仔猪舍内的温度是32~35℃。注意观察舍内的温度，尤其温度过低会导致仔猪的下痢。随着仔猪日龄的增加，猪舍内的温度可适当降低。5~7日龄，舍内的温度可为32~28℃；8~35日龄，舍内的温度可为20~28℃。仔猪舍要保持通风，及时清扫粪尿，保证地面的清洁干燥。

单元三 后备猪的饲养管理

【学习目标】 通过本单元的学习，掌握后备猪体组织的生长发育规律及后备公母猪的饲养管理方法。

【技能目标】 能对后备公母猪进行选留，能配制后备猪的日粮，能进行后备猪的合理利用。

【课前思考】 后备猪体组织的生长发育规律是什么？如何进行后备猪的选留？如何配制后备猪的日粮？如何掌握后备猪的管理方法？

1. 后备公猪的饲养管理

（1）后备猪的生长发育特点 猪的生长发育是一个从小到大，从成熟到衰老的复杂过程。根据后备猪的生长发育特点，在其不同的饲养阶段，控制营养水平、饲喂量和饲料种类，从而改变猪的生长曲线，抑制或加速某些组织的生长。后备猪的饲养管理目标是发育良好，体格健壮，肌肉发达，有发达、机能完善的消化系统、血液循环系统和生殖器官。

表 1-30　　　　　　　　　　　长白猪体重的增长

性别	指标	出生	1	2	3	4	5	6	7	8	9	10	11	12	13	14	成年
公猪	体重/kg	1.5	10	22	30	57	80	100	120	140	155	170	185	200	210	220	250
	平均日增重/g	283	400	567	600	767	600	667	66	500	500	500	500	333	333	300	—
	生长强度/%	100	567	120	77	46	40	25	20	17	11	10	9	8	5	5	6
母猪	体重/kg	1.5	9	20	37	55	25	95	113	130	145	160	175	190	—	—	300
	平均日增重/g	250	367	567	600	667	667	600	567	500	500	500	500	306			
	生长强度/%	100	500	122	85	49	36	27	10	15	12	10	9	9			6

①体重的增长：体重是衡量后备猪各组织器官综合生长状况的指标，并呈现出品种特征。在正常的饲养管理情况下，后备猪体重的绝对增长随着年龄的增长而增加，但是其相对生长强度随年龄的增长而降低，到成年时，趋于一定的水平。如表 1-30 所示，长白猪公猪在出生后 6~7 月龄体重的生长速度达到了高峰，长白猪仔猪生后到 2 月龄之前的生长强度最高。

饲粮营养水平、饲养管理环境和饲养方式等诸多因素都会影响猪的体重变化和生长发育情况。营养物质缺乏会导致后备猪的生长发育情况受阻，猪的体重达不到正常标准。若后备猪的生长速度过快，会导致母猪的繁殖能力降低，因此在生产中不能将猪的日增重的高低作为唯一确定种猪发育的指标。

②体组织的变化规律：猪体内各组织的生长率不同，导致身体各部位发育早晚顺序不同，呈现出两个生长波：一个是从颅骨开始，向下伸向颅面，向后移至腰部；另一个是从四肢下部开始，向上移行到躯干和腰部，两个生长波在

腰部汇合。因此，刚初生的仔猪头和四肢较大，躯干短而浅，后腿发育较差。随着年龄和体重的增长，体长和身高首先增加，其后是深度和宽度增加。因此，腰部的生长期长是最晚熟的部位。

各组织器官的生长顺序是：骨骼，肌肉，脂肪。一般从出生到 4~5 月龄，骨骼、肌肉生长强度大，而脂肪沉积速度慢。在 6 月龄后，脂肪沉积高峰期出现了，脂肪沉积速度较快。脂肪的沉积是按花油、板油、肉间脂肪、皮下脂肪的顺序生长的。

（2）公猪精子的形成

①性成熟：地方品种公猪 3~6 月龄可达到性成熟，引入我国的外来猪品种一般在 6~7 月龄可达到性成熟，能产生正常成熟的精子，具有繁殖能力。

②精子的形成：精子是由精原细胞在睾丸内经四次分裂，历时 15~17d，形成 24 个初级精母细胞，初级精母细胞历时 15~16d 分裂形成染色体单倍体的两个次级精母细胞，又经过 1d 的分裂形成了两个精细胞，精细胞不再分裂，历时 10~15d 形成精子，最后在附睾内完成了成熟过程。精子形成时间是 44~45d。

（3）后备公猪的饲养　后备公猪的饲养要求是能进行正常的生长发育，需要保持较好的种用体况。因此，要喂给全价日粮，注重日粮中能量和蛋白质的比例，矿物质、维生素和必需氨基酸等应满足后备猪的需要。在体重 80kg 前，日喂量占体重的 2.5%~3.0%，体重 80kg 以后，日喂量应占体重的 2.5% 左右。不同的生长阶段饲喂量不同，不仅能保障后备猪良好的生长发育体况，而且能让各组织器官充分得发育完善。

（4）后备公猪的选留　如何能做好后备猪的选留是生产中的一项重要内容。后备猪的选择标准包括体型外貌、乳房发育、身体结实度和生产性能四个方面。

①生产性能：后备公猪比较重视生产速度和胴体品质的选择。

②体型外貌：后备公猪的体型外貌要符合本品种典型特征，即毛色、脸形、耳形要一致。体型适中，不能过肥或过瘦。动作灵活。没有隐睾、疝气等情况，外生殖器发育正常。

③身体结实度：后备公猪要肢蹄健壮，无论从遗传学还是从抗环境应激方面都需进行身体结实度的评价。若肢体结构较差，猪则不能长时间站立在地面上，会影响配种、产仔等。患有身体畸形的猪可能会遗传给后代。

④乳房发育：生产中不能忽视后备公猪的乳房发育情况，不良乳头情况会遗产给后代，生产中也要及时进行选择。

（5）后备公猪的管理

①合理分群：后备公猪在体重 60kg 以前，可进行小群饲养，一般为 4~6 头，但是 60kg 之后，为防止偷配应按照体重大小、性别、强弱分群饲养，一般 2~3 头为一群或单栏饲养。

②加强运动：运动锻炼可增强后备猪的身体结实度，促进肌肉和骨骼的正常发育，防止过胖。

③适当调教：适当调教后备公猪，建立人畜亲和关系，使猪保持温顺的性情，在采精、配种和接产过程中不惧怕人。因此，饲养员应经常抚摸猪只敏感的部位，如耳根、乳房等处。也应做好指定地点吃食、睡觉和排泄粪尿的习惯，便于以后的饲养管理。

④日常管理：一是为后备公猪生长提供适宜的环境条件。冬季做好防寒保暖的工作，在夏季做好通风和降温，减少热应激对猪的影响，温度过高，会导致后备母猪推迟发情。二是做好保健工作，定期驱虫和预防接种，防止皮肤病的发生，及时进行卫生清扫工作。

⑤定期称重：当后备公猪6月龄以后，应进行活体背膘厚的测量，每月各进行体尺和体重测量一次，检查后备公猪的生长发育情况，对发育较差的及时进行淘汰。瘦肉型后备公猪体重标准见表1-31。

表1-31 　　　　　　　　　瘦肉型后备公猪体重标准 　　　　　　　单位：kg

品种	性别	4月龄	5月龄	6月龄
长白猪	公	55	75	100
	母	52	70	90
约克夏猪	公	51	76	104
	母	49	72	97
汉普夏猪	公	56	75	97
	母	49	62	79
杜洛克猪	公	41	69	93
	母	36	47	67

（6）后备公猪的利用　地方品种猪的后备公猪在6~7月龄时体重达60~70kg，此时可以开始配种；晚熟的培育猪品种和引进猪品种在8~10月龄，体重120~130kg开始配种较好。后备母猪，早熟的地方品种6~8月龄，体重50~60kg配种较合适，晚熟的大型品种及其杂种在8~9月龄，体重100~120kg配种较适宜。生产中应适时掌握好月龄和体重才能进行配种，配种过早会导致使用年限的降低，配种过晚，会影响经济效益。

2. 后备母猪的饲养管理

（1）性成熟　后备母猪地方早熟品种生后3~4月龄，体重30~50kg达到了性成熟，而引入我国的外来猪品种和培育等大型品种，要到生后5~6月龄，体重60~80kg才达到性成熟。

（2）后备母猪的选留

①乳房发育：对于后备母猪的选留最重要的要看乳头的数量，沿着腹底线

应有整齐均匀的 6 对乳头，不能有瞎乳头，翻转乳头和其它畸形乳头，因为这会影响母猪将来的哺乳能力。

②体型外貌：要符合本品种典型特征，阴户小的后备母猪不宜留种。

③身体结实度：后备母猪要肢蹄健壮。

④生产性能：重视生产速度和饲料的转化率。

（3）后备母猪的选择时间

①2 月龄选择：主要是选择一窝中个体较大的猪。从产仔数多、泌乳量高、断奶体重大的窝中选择发育良好的猪。

②4 月龄选择：淘汰生长发育不良或是有突出缺陷的母猪。

③6 月龄选择：后备母猪在 6 月龄时组织器官已发育到一定程度，优缺点更加明显。可根据体型外貌特征、生长发育情况、外生殖器的好坏等进行选择。

④配种前选择：主要针对发情周期不规律、发情征状不明显的后备母猪。

单元四　育肥猪生产

【学习目标】　通过本单元的学习，掌握生长育肥猪生长发育的规律、育肥的方法、防疫驱虫和去势的方法等。

【技能目标】　能说出生长育肥猪体组织的生长发育规律，能独立进行仔猪的去势术，能掌握驱虫的时间和方法。

【课前思考】　生长育肥猪的体重的增长规律是什么？育肥的方法有哪些？猪的饲料如何进行调制？如何进行猪的去势？

1. 生长育肥猪的生长发育规律

（1）体重的增长　肉猪体重的增长情况是检验肉猪饲养水平的重要依据，而肉猪体重增长速度的变化规律也影响着肉猪适宜屠宰体重的确定。

品种、营养和饲养环境条件不同，导致猪体重的绝对增长和相对增长不相同。总体上来说。生长规律是一致的。生长育肥猪的绝对生长是指生长育肥期平均日增重，即生长速度，呈现为不规则的钟形曲线。随着猪年龄的增长，生长育肥猪的生长速度先是增加，到一定阶段达到高峰，然后下降。转折点发生在成年体重的40%左右，相当于肉猪的屠宰体重。生长育肥猪用相对生长来表示生长强度。年龄越小，生长强度越大，随着猪体重的增加，相对生长速度逐渐减弱。因此，在生长育肥猪生产中，重点要抓好生长转折点之前的饲养管理，通常是 6 月龄之前，从而在最短的时间内，使生长育肥猪尽快出栏。

（2）体组织的增长　生长育肥猪体组织的生长发育呈现一定的规律性。随着猪年龄的增长，骨骼最先发育，也最早停止。肌肉处于中间，脂肪是发育最晚的组织。如图 1 – 12 所示，一般情况下，生长育肥猪体重在 20 ~ 30kg 时是骨骼生长发育最高峰，60 ~ 70kg 是肌肉强烈生长期，90 ~ 110kg 是脂肪强烈沉积期。虽然因猪的品种、饲粮营养水平不同，各种组织的生长强度存在差异，但是基本上符合上述生长发育规律。

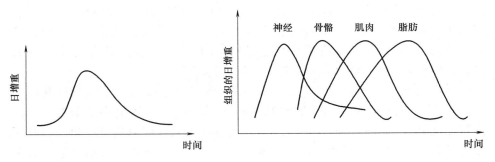

图 1 - 12　生长育肥猪每天的组织生长率

因此，在生产中应根据此规律，在肌肉骨骼生长发育高峰时，增加日粮中的营养物质，而在脂肪生长发育强烈时期适当限饲，从而获得瘦肉率高的胴体。

（3）猪体化学成分的变化　随着猪的体重和体组织的增长，猪体的化学成分也呈一定规律性的变化。即幼龄时猪体的水分、蛋白质、矿物质的相对含量较高，但是随着年龄的变化逐渐降低。而脂肪相对含量在幼龄时较低，随着年龄的增加而迅速增高。在生长育肥猪的一生中，体内水分和脂肪的含量变化最大，变化较小的是蛋白质和矿物质的含量。相对于后备猪来说，随着年龄的增长，体内水分含量减少以及脂肪含量的增加变化更快。猪体的化学成分见表1 - 32。

表 1 - 32		猪体化学成分		单位:%
日龄（体重）	水分	蛋白质	灰分	脂肪
初生	79.95	16.25	4.06	2.45
25d	70.67	16.56	3.06	9.74
45kg	66.76	14.94	3.12	16.16
68kg	56.07	14.03	2.85	29.08
90kg	53.99	14.48	2.66	28.54
114kg	51.28	13.37	2.75	32.14
136kg	42.48	11.63	2.06	42.64

2. 生长育肥猪的饲养管理

（1）一贯育肥法

①一贯育肥法：又称一条龙育肥法。在生长育肥猪的饲养过程中，根据猪生长发育的不同阶段对营养物质需要的特点，采用不同的营养水平和饲喂技术，从而获得较高的日增重和饲料转换率。采用一贯育肥法，要求日粮中饲料原料要多元化，营养物质全面，在猪生长的不同阶段，提供满足猪生长发育需

要的蛋白质和能量水平，充分发挥猪的生长潜力。能量水平的趋势是"逐步提高"，蛋白质水平是"前高后低"。在小猪阶段日粮中的蛋白质水平较高，以粗蛋白质占17%左右，架子猪占16%左右为宜，从而保证骨骼、肌肉充分生长发育。当生长育肥猪体重到达50kg以上时，日粮中粗蛋白质可降为14%，但是必须增加碳水化合物饲料，加速脂肪沉积。

②饲喂方法：采用一贯肥育法要利用小猪阶段生长速度快、饲料利用率高的特点。在饲喂小猪阶段适当增加饲料次数，让猪尽可能多地采食，从而在育肥初期就保持较高的日增重。这是提高整个肥育期增重速度和饲料利用率的非常重要的环节。随着日龄和体重的增大，可适当降低日喂次数。自由采食不限制猪的采食量，往往能满足猪的生长发育需要，获得较好的增重效果。

无论采用自由采食还是限量饲喂，都应随着猪体重的增加而增加精饲料的含量，才可以保证整个肥育期的增重处在较高水平。当采用以精饲料为主的一贯肥育法时，要及时补给青饲料，否则将会导致维生素缺乏，也会降低猪的食欲和消化功能，降低增重效果。

③充分供给饮水：利用一贯肥育法时，日粮中精料比重大，导致肥育猪对水的需求量增加，猪场应设自动饮水器，满足猪的需求。

从肥育期起，做好卫生防疫等各项技术管理工作。

（2）肉猪原窝饲养　根据猪的行为学特点，猪是群居动物，若是不同圈中的猪进行混群，往往会出现剧烈的咬架，相互攻击，强行争食，在同一圈舍内，各占一方分群躺卧，这种情况会导致个体间增重的差异达到13%，严重影响猪的增重。因为原窝猪在哺乳期就已经形成了群居秩序，且在肉猪期依然维持不变，不会出现上述影响猪的日增重的现象，从而提高养猪生产的经济效益。

由于生产中各方面的原因，同窝猪中也会出现体重差异较大的情况。因此，应将来源、体重、体质、性格和采食等方面相近的猪合群饲养。同一群猪个体间体重差异不能过大，在小猪阶段群内体重差异最好不超过2~3kg。分群后要保持群的稳定，除一些个别因素外，如疾病或体重差别过大、体质过弱的、僵猪等不宜在群内饲养，要及时进行调整外，不要随意变动。

肉猪猪栏设计时一般按照每栏8~10头肉猪。将个别猪调出后，尽可能进行原窝饲养，不再重新组群，若两窝猪头数都不多，最好在夜间进行合群并圈，并加强管理和调教，避免或减少咬斗现象。

（3）饲料调制和饲喂

①日粮营养水平：能量水平的高低与生长育肥猪的增重情况有十分密切的联系。通常来说，在日粮中蛋白质、必需氨基酸水平相同的情况下，所采食的能量越多，日增重越快，背膘越厚，饲料转化率越高，但胴体脂肪含量也越多。因为生长育肥猪有自动调节采食而保持采食量稳定的能力，在一定范围

内，摄入的能量超过一定水平后影响较小。在自由采食的情况下，30～90kg的生长育肥猪，以每千克日粮含消化能 12.55MJ 为宜。

日粮的蛋白质水平与生长育肥猪的肌肉生长关系密切，也影响着猪的日增重、饲料转化率和胴体品质。在一定范围内（蛋白质为 9%～18%），在每千克日粮消化能和氨基酸都满足需要的情况下，随着日粮中蛋白质水平的提高，其增重加快，饲料转化率提高。但超过 18% 时，只会提高瘦肉率，对增重影响不大。同时，过高的蛋白质水平提高瘦肉率是不经济的。因此，当猪体重为 20～60kg 时，日粮中蛋白质含量为 16%～17%，当猪体重为 60～100kg 时，日粮中蛋白质含量为 14%～16%。要重视日粮蛋白质的质量。赖氨酸是猪的第一限制性氨基酸，对猪的日增重、饲料转化率及胴体瘦肉率的提高都是非常重要的，当赖氨酸的含量占粗蛋白质 6%～8% 时，蛋白质的生物学价值最高。因此，要重视饲粮中赖氨酸占粗蛋白质的比例及必需氨基酸之间的配比。

生长育肥猪日粮中应有足够数量的矿物质、微量元素和维生素。若矿物质中的某些微量元素不足或过量，都会导致猪的物质代谢紊乱，降低生长育肥猪的增重速度，饲料消耗增多，严重的导致死亡。

粗纤维含量是影响饲粮适口性和消化率的主要因素，若日粮中粗纤维含量过低，猪会拉稀或便秘，若含量过高，会降低增重。生长育肥猪日粮中粗纤维含量以 5%～6% 为宜。

②饲料的加工方法：

a. 粉碎：谷物及干草等精、粗饲料必须事先进行粉碎。经过粉碎后，可增加与消化液的接触面积，提高消化率，减少饲料被咀嚼和消化时的能量损耗。但是粉碎过细或过粗，都会影响猪的生长。粉碎过细，不仅降低了猪的采食量，还会造成消化道的溃疡。粉碎过粗，猪不能很好地消化，会造成饲料的严重浪费。若用整粒大麦喂猪，消化率为 67%，而粉碎后，粗粉消化率为 81%，细粉消化率可达到 85%。干草末粉碎前每消化 1kg 需消耗热能量 8.97kJ，粉碎后降低到 5.02kJ。

b. 制粒：将粉碎好的全价饲料，经过压力机的蒸汽、热和压力的综合处理，提高饲料的适口性，并且使淀粉类物质糊化、熟化，提高养分的消化率，避免猪的挑食，提高猪的采食量。30kg 以上的猪以 1.5～2.5mm 为宜，30kg 以下的猪颗粒饲料直径以 0.5～1.0mm 为最好。

c. 膨化：饲料经过加温、加压和加蒸汽调制处理后，挤压出模孔，或突然喷出容器，之后突然降压，实现了体积膨大的加工过程。饲料经过膨化后，糊化程度高于制粒，因为此时破坏了纤维结构的细胞壁，导致蛋白质变性，但是脂肪稳定，并且脂肪从粒料内部渗透到表面，从而使饲料产生了特殊的香味，更利于猪的采食、消化和吸收。但因成本费用过高，主要用在仔猪阶段。

d. 打浆：青绿多汁饲料和块根块茎类饲料可放到打浆中，搅拌、粉碎，使水分充分溢出，变成稀糊状。若饲料中纤维较多，可用钢丝网过滤，除去纤维，与其他饲料混合后饲喂，但是存放时间不宜过长，以防止变质。

e. 焙炒：豆类饲料在 130～150℃ 的温度下焙炒，可除去生味、有害物质和大豆中的抗胰蛋白酶因子等。

③饲料的调制：饲料的成本占养猪生产成本的比例较高，合理的饲料调制有助于节省饲料，提高饲料利用率，降低或消除有毒有害物质的危害。

配合饲料一般宜生喂，玉米等谷实饲料及其加工副产物糠麸类，也提倡生喂，若煮熟后饲料营养价值会降低 10%。青绿多汁的饲料也最好生喂，避免维生素受到严重的破坏，在焖煮不当的情况下，还会引起猪的亚硝酸盐中毒。但是大豆、马铃薯和大豆饼最好熟喂。

全价配合饲料的加工调制可分为三种，分别为颗粒料、干粉料和生湿拌料。

a. 生湿拌料：生湿拌料是生产中常用的饲料形态。即日粮中料水比例不同，可调制成不同形态的饲料。如表 1－33 所示，一般以料水比以 1∶0.9～1.8 为宜，为防止腐败变酸，最好现拌现喂。

表 1－33　　　　　　　掺水量与饲粮的湿度

饲粮形态	风干料∶水	饲粮中含量/%	
		干物质	水分
干粉料	1∶0	86	14
半干粉料	1∶0.5	57	43
湿粉料	1∶1	43	57
浓粥料	1∶1.5	34	66
稀粥料	1∶2	28	72
浓汤料	1∶2.5	24	76
稀汤料	1∶3	21	79

b. 干粉料：根据营养成分将粉碎后的饲料按比例配合调制后，呈干粉状饲喂。干粉料喂猪省事，可提高劳动生产率，成本低，缺点是粉尘较多，易引起肺部疾病。饲喂干粉料时，饲料的粉碎细度为 30kg 以上的，颗粒直径以 2～3mm 为宜，30kg 以下的，颗粒直径以 0.5～1.0mm 适宜。

c. 颗粒料：颗粒料比较好，不宜发霉，可提高营养物质的消化，防止猪只挑食。

④饲喂次数：采用自由采食时，不存在饲喂次数的问题。在限量饲喂时，当以相同饲粮质量和数量进行定量饲喂时，每日喂 5 次和每日饲喂 1 次，其日增重没有显著的差别（如表 1－34 所示）。

表 1 – 34　　　　　　　　　　生长育肥猪不同日喂次数的肥育结果

组别	试验天数/d	头数/头	始重/kg	末重/kg	日增重/g	每1g增重消耗饲料量/kg
对照组（日喂 3 次）	78	30	34.6 ± 3.4	89.5 ± 8.3	704 ± 72	3.46
试验Ⅰ组（日喂 2 次）	78	30	35.1 ± 4.6	90.5 ± 9.9	710 ± 90	3.42
试验Ⅱ组（日喂 4 次）	78	30	35.4 ± 4.2	90.6 ± 10.9	708 ± 85	3.51

如表 1 – 34 所示，在相同的营养和饲养管理水平下，饲喂次数的不同，不会影响猪的日增重。日喂 4 次导致猪的饲料损失相对较多。

一般生产中可采用的日喂次数是 2～3 次。一天中，猪在傍晚时食欲最好，清晨次之，午间食欲最差。若日喂次数是两次，最好早晚各喂一次。

⑤饲喂方法：生长育肥猪的饲喂方法分为自由采食和限量饲喂两种。限量饲喂主要指减少猪的采食量或是降低日粮能量浓度。自由采食，沉积脂肪较多，日增重快，饲料转化率高；而限量饲喂，可改善饲料转化率，但胴体背膘较薄，日增重低。

饲养生长育肥猪选择饲养方法的依据是对肉猪胴体品质的要求。若想得到日增重较高的胴体，采用自由采食的方法，若想追求瘦肉多和脂肪少的胴体，最好采用限量饲喂。若既想得到日增重高且胴体瘦肉率高的，可采用育肥前期自由采食、育肥后期限量饲喂的饲喂方法。

（4）调教　生长育肥猪转群后应形成固定地点排泄粪尿、睡觉、采食、不争抢食的良好习惯。猪的良好习惯，可减轻劳动轻度，保持猪舍的清洁和干燥，为生长育肥猪提供良好的环境条件。进行调教之前首先要了解猪的生物学特性。猪喜欢睡卧，在适宜的圈舍密度下，大概有 60% 的时间在睡觉；猪喜欢躺卧在高处、平地和草垫上。冬天喜欢在暖和的地方睡觉，夏天又喜欢在通风良好的地方。而猪多数喜欢在阴暗潮湿的角落，或门口、低处等排便。

①防止强夺弱食：要让生长育肥猪都能均匀采食，不仅要准备足够长度的饲槽，还要对喜欢抢食的猪转群后 3d 内及时进行驱赶，让胆小的猪能尽快采食，重新建立群居秩序。

②三角定位：为保持猪栏干燥清洁，通常饲养员要勤驱赶，耐心地对猪群进行调教。当猪转群后，可以在已经消毒的猪栏中铺上垫草，将饲料放在料槽中，并在指定排粪处堆放少量的粪便。若发现有的猪不在指定地点排便，应将粪便撮在粪堆上，经常进行，3d 内就形成了三角定位的习惯。

（5）去势、防疫和驱虫

①去势：现代养猪生产中，不但要求生长育肥猪日增重快，饲料转化率高，还要求胴体品质好，口感好。传统的去势术是在仔猪 35 日龄左右进行，随着生产的发展，提倡仔猪去势时间提早，一般为出生后 7 日龄。去势早，容易保定，应激小，手术时流血少，手术后恢复较快。猪的性别与去势与否，均

影响着猪的肥育性能、胴体品质和经济效益。见表 1-35。

表 1-35 不同性别大白猪的蛋白质与脂肪沉积

性别	日增重/g	日沉积蛋白质/g	日沉积脂肪/g
公	855	108.7	211.5
母	702	83.5	196.0
阉公	764	87.7	264.4

未去势的公猪与去势的公猪相比较,日增重提高 12% 左右,胴体瘦肉率提高 2%,每增重 1kg 减少饲料量为 7%。但因公猪体内含有雄烯酮和粪臭素,会有难闻的膻气,影响了肉的品质,因此需要去势。母猪因为性成熟后发情而影响增重。而我国猪品种早熟易肥,为避免猪肉品质的不良和减缓增重速度,因此育肥用的小公、母猪均应去势。往往去势的猪食欲增强、性情安顺、增重快,肉的品质也会得到改善。

②防疫:预防生长育肥猪的猪瘟、猪丹毒、猪肺疫等传染病,必须制定科学合理的免疫程序和预防接种。应做到头头接种,对漏防猪和从外地新引进的猪,要及时地进行补接种,无论引进的猪是否已经进行了接种,都应该依据本猪场的免疫程序,进行各种传染病疫苗的接种注射。

在现代化养猪生产中,仔猪在育肥期前进行了各种传染病疫苗的接种,从转入肉猪群到出栏前不需要再进行接种,但应根据生产中的传染病流行情况,采取相应有效的方法,防止发生意外传染病。

③驱虫:生长育肥猪的寄生虫主要包括蛔虫、姜片虫、虱子等体内外寄生虫。通常在 90 日龄进行第一次驱虫,必要时在 135 日龄左右进行第二次驱虫。驱虫蛔虫常用的驱虫净,每千克体重 20mg;丙硫苯咪唑,每千克体重 100mg,拌入饲料中一次性喂给,驱虫效果更好;可用敌百虫溶液清除疥螨和虱子,每千克体重为 0.1g,溶于水中,拌于精料中,空腹时饲喂,效果较好。

服用驱虫药后,注意观察猪的反应,若出现副作用时应及时解救。要将驱虫后排出的虫体和粪便及时清除干净,防止再度感染。

单元五 猪的应激综合征和猪肉品质

【学习目标】 通过本单元的学习掌握应激的概念以及肉质的评定方法。

【技能目标】 能识别正常肉猪和异常肉质,能进行肉质评定指标的各项操作。

【课前思考】 什么是应激综合征,生产中如何预防应激?进行猪肉质评定的各项指标是什么,如何操作?

1. 猪应激综合征

应激是动物机体对各种非常刺激产生的全身非特异性应答反应的总和。应激源是指能引起动物应激反应的各种环境因素。存在于环境中的应激因子比较多，在猪生产中常见的有：温度过冷或过低、饥饿、舍内噪声过大、转群、生理机能紊乱、预防注射和运输等。

环境应激是一个生理过程，一般情况下，它对机体是一个有利的刺激，但是当应激反应过强或持续时间过长时，会对机体造成伤害。猪受到应激源的刺激后，可引起其对特定刺激产生相应的特异性反应，而有些应激源不仅能使猪产生特异性反应，还会导致机体产生非特异性反应，其表现为：肾上腺皮质变粗，分泌活性提高，胸腺、脾脏和其它淋巴组织萎缩，血液嗜酸性白细胞和淋巴细胞减少，嗜中性白细胞增多；胃和十二指肠溃疡出血。这种变化被称为"全身适应综合征"（MAS）。机体出现这种生理反应的根本目的是动员其防御系统去克服应激造成的不良影响，从而使机体在不利的环境中能保持体内的平衡。机体通过应激反应不仅扩大了其适应范围，而且增强了适应环境的能力。如果机体缺乏应激反应或应激反应失调，就会在任何超出一般生理调节范围（特异性反应）的刺激下，破坏体内的平衡，产生疾病甚至死亡。

（1）应激的发展

①惊恐反应阶段：惊恐反应阶段是机体对应激源作用的早期反应，典型的MAS反应会出现。根据生理生化反应的不同，该期可分为休克相和反休克相。休克相具体的表现是体温和血压下降，血液浓缩，神经系统抑制，肌肉紧张度降低，机体抵抗力降低，异化作用呈现明显的优势。休克相持续几分钟到24h，应激会进入反休克相。过强的刺激可导致机体直接死亡。在反休克相中，会出现抗损伤反应，主要是机体动员了防御能力。具体表现为血中儿茶酚胺增多，体温升高，血压和血糖提高，机体抵抗力增强，若动员阶段能使机体顺利克服应激，则机体会恢复到原有状体，否则进入抵抗阶段。

②适应或抵抗阶段：在应激源的作用下机体获得了适应，新陈代谢接近正常水平，随着防御机能的进一步动员，抵抗力明显增强，同化作用优势明显，机体的各种机能趋于平衡，机体抵抗力也处于正常水平之上，提高了对其他刺激的抵抗力，此阶段持续的时间不等，短的为几个小时，长的可为几周，当应激源停止作用或作用减弱时，机体克服了不良影响。此时，应激反应结束，机体机能逐渐恢复，当应激源继续作用或机体不能克服其强烈影响时，应激反应进入衰竭阶段。

③衰竭阶段：此阶段表现与惊恐反应有相似之处，但反应程度急剧增强，肾上腺皮质肥大，却不能产生皮质激素，机体异化作用占有较强的优势，体内的营养物质，如体脂肪，组织蛋白等消耗严重，导致机体营养状况较差，体重降低，抵抗力持续降低，适应机能遭到了破坏，各系统机能严重紊乱，最后导

致全身各系统衰竭甚至死亡。

猪的年龄、性别、营养水平和个体差异均会对应激产生不同的敏感度。成年猪往往对应激源的敏感度稍差，母猪比公猪敏感，妊娠母猪比空怀母猪敏感，营养水平差的猪也较敏感。

（2）应激的机理　当动物机体处于应激状态时，体内各个器官和组织共同参与对抗应激源。应激时的主要反应途径是：猪的末梢感受器在应激源的刺激下，传入神经中枢，神经和体液途径传来的应激源刺激传给了下丘脑，导致下丘脑兴奋，不仅调节了垂体的生理活动，而且促进了促肾上腺皮质激素的分泌。促肾上腺皮质激素到达了肾上腺，使肾上腺分泌增加较多，各类激素分泌量增加，如糖皮质类固醇、醛固醇、去甲肾上腺素。这些激素进入血液后，到达各个器官的靶细胞内，用以调节酶和蛋白质的产量。这些激素主要存在于细胞核的信使核糖核酸上，形成体内的防卫系统。

（3）猪应激综合征　一些猪在应激因子的作用下，以较高的频率发生恶性高温综合征，在运输和屠宰前死亡，死后肌肉呈现 PSE（白肌）和 DFD（黑干）现象，称为猪的应激综合征（PSS）。

①恶性高温综合征（MHS）猪：MHS 猪表现为体温急剧升高到 42 ~ 45℃，呼吸频率升高至 125 次/min，肌肉僵直，后肢僵直更明显，肌肉中乳酸积累较多，导致代谢酸中毒，有机体水分和电解质代谢紊乱。因为儿茶酚胺过度析出或患猪对儿茶酚胺的过度敏感性，使得肝脏分泌过量的钾引起心传导阻滞，最终导致猪心力衰竭而猝死。

恶性高温综合征具有一定的遗传性，在一定的条件下，即在自然应激或氟烷麻醉剂的作用下可以激发具有遗传缺陷的猪发生 MHS。无论是由氟烷激发的 MHS 还是自然应激导致的 PSS 都具有相同的特点。说明了有 PSS 倾向的猪和有 MHS 敏感性的猪具有相同的遗传缺陷。应激敏感猪是指在应激下呈现应激综合征的猪。应激抵抗猪是指在应激下不呈现应激综合征的猪。

②PSE 猪肉：PSE 猪肉的典型的特点是猪屠宰后肌肉呈现灰白颜色（pale）、质地柔软（soft）和汁液渗出（exudative）。PSE 肉从外观观察，肌肉纹理粗糙，肌肉块相互分离，贮存时有水分渗出，严重的呈水煮样，在屠宰后45min，肌肉 pH 低于6.0。

当猪的应激综合征出现时，会表现为猝死和 PSE 肉。猪在屠宰后常造成肌肉中乳酸的大量积累，主要是屠宰后肌肉处于高温条件下（30℃以上），由于肌糖原酵解加速，pH 迅速降低（<6.0），肌肉呈现酸化，致使肌肉中某些蛋白质变性，如可溶性蛋白质和结构蛋白质，失去了对肌肉中水分子的吸附力，导致大量水分渗出，使得肌肉保水力降低或丧失。肌肉呈现特有的灰白色主要是因为：沉淀于结构蛋白质的可溶性蛋白质干扰了肌肉表层的光学特性，致使肌肉的半透明度降低，更多的光是由肌肉表面反射出来的。

PSE 肉由于水分渗出较多，导致肌肉可溶性营养成分损失严重，不仅适口性差，肉色灰白，食用品质差，在食品加工中，重量减轻，腌肉产量下降，而且在运输、贮存、分装、销售等加工过程中，损耗严重，给生产经营者造成较严重的经济损失，因此不受消费者欢迎。

③DFD 猪肉：屠宰时猪呈衰竭状态的主要原因是，一般宰前动物处于长时间和不间断的应激下，肌糖原由于全部用来补充动物所需要的能量而消耗殆尽。DFD 肉的典型特征是猪屠宰后的肌肉呈现暗褐色（dark）、质地坚硬（firm）以及表面干燥（dry）。若猪屠宰时肌肉中能量水平低，死前肌糖原耗竭，无论何种猪，都有发生 DFD 肉的可能，不受遗传因素的影响。

一般来说，DFD 肉的发生频率低于 PSE 肉。DFD 肉的最终 pH 一般都大于5.5，比较高。而较高的 pH，为肌肉微生物的生存创造了有利条件，能保持细胞内各种酶的活力，尤其是细胞色素酶系，消耗掉了氧合肌红蛋白质中的氧，从而导致肌肉表面呈暗褐色，肌纤维较硬，肌肉表面系水力维持在较高水平，呈现 DFD 肉的典型征状。

由于 DFD 肉的 pH 较高，因此微生物繁殖快，加工产品在贮存过程中易腐败变质。产生的细菌利用肌肉蛋白质的氨基酸，导致氨基酸降解而产生臭味，因此 DFD 肉虽然重量损失小，但加工性能差，腌肉的颜色呈黑或火红色，口感和味道较差。

（4）预防应激的措施

①选育抗应激品种：我国引入的某些猪品种中存在着应激敏感基因，如皮特兰、长白猪。因此，在生产中导致我国的一些培育猪品种也存在着这一基因，如上海白猪、湖北白猪。而我国的地方猪品种大多数都属于抗应激品种。因此，在生产中应选育抗应激品种，淘汰应激敏感猪品种。

②为猪生长创造适宜的环境条件：为猪生长提供适宜的温度、湿度环境，温度不能过高或过低，饲养密度不应过大，转群次数不应过于频繁，猪在运输中避免温度过高，避免猪的拥挤等。

③药物预防：在猪只转群、断奶、运输之前可给仔猪注射维生素 C 或补硒，中草药制剂：柴胡、五味子等均可。

2. 猪肉品质及其评定方法

（1）评定猪肉品质的指标　评定猪肉品质的指标有肌肉颜色、滴水损失、系水力、肌肉 pH、肌肉嫩度、大理石纹等。

（2）肉质性状的评定方法

①肌肉颜色：

a. 原理：肌肉颜色主要取决于肌肉中的肌红蛋白和血红蛋白，而起主要作用的是肌红蛋白。正常情况下，肌红蛋白呈紫色；但是当与氧结合时会形成氧合肌红蛋白而呈鲜红色；结合氧被释放后则形成高铁肌红蛋白而呈褐色。肉色直接受肌红蛋白与氧的结合状态的影响，且与肌肉的 pH 有关。可采用主观评定法，根据肉色标准图进行感官评定。

b. 评定部位：左侧胴体胸腰椎结合处背最长肌横断面。

c. 评定时间：鲜样，宰后 2h 以内；冷却样，宰后 24h，在 4℃ 冰箱中存放。

d. 光照条件：采用目测评分，在室内正常光照的情况下进行，不允许在强光直射或阴暗处评定。

e. 评定标准：按 5 分制肉色标准图评分。1 分为灰白肉色（PSE），2 分为轻度灰白色（倾向异常肉色），3 分为正常鲜红色，4 分为正常深红色，5 分为暗黑色（DFD）。

加拿大也采用 5 级分制评定，主要是采用肉色标准和组织标准同时进行评定，见表 1－36。

表 1－36　　　　　　　　　　加拿大 5 级分制评定表

分值	肉色标准	组织标准
1 分	灰白	松软、大量渗水
2 分	轻度灰白	较松软、渗水
3 分	正常（鲜红色）	正常
4 分	深红色	较坚硬、干燥
5 分	暗褐色	坚硬、干燥

②滴水损失：

a. 原理：滴水损失是指只在重力的作用不施加其它外力的情况下，肌肉蛋白质系统在测定时的液体损失量，与肌肉的系水力呈负相关，是度量肌肉系水力的重要指标。

b. 评定部位：切取左半胴体第 4～5 腰椎背最长肌，将肉样切成 20mm 宽、50mm 长、30mm 厚的长条。

c. 评定时间：宰后 45～60min 内。

d. 仪器：冰箱、天平、塑料袋。

e. 评定方法：用天平将取好的肉样称重后，肉片的一端用铁丝钩住，使肌纤维垂直向下，悬挂于塑料袋中，肉样避免与塑料袋壁接触，扎紧口袋后挂在 4℃ 冰箱内，保持 24h 后，取出肉样并称重。

f. 结果计算：

$$滴水损失 = \frac{吊挂前肉样重 - 吊挂后肉样重}{吊挂前肉样重} \times 100\%$$

③系水力：

a. 原理：系水力是指肌肉受外力作用时，保持其原有水分和添加水分的能力。系水力影响着肌肉的嫩度、颜色等。

b. 评定部位：第 1~2 腰椎处背最长肌，切取厚度为 10mm 的薄片，用圆形取样器切取肉样。

c. 评定时间：屠宰后 2h 内。

d. 仪器：膨胀压缩仪、圆形取样器、滤纸、天平。

e. 评定方法：用天平称取压前肉样重。在肉样上下方覆盖一层医用纱布，纱布外各垫 18 层滤纸。滤纸外层各放一块硬质塑料垫板，将肉样放在膨胀压缩仪平台上，匀速摇动压力仪的摇把，平台上升至压力仪的数字是 35kg，并保持 5min，撤除压力后，测量被压肉样的质量。

f. 结果计算：

$$失水率 = \frac{压前肉样重（g）- 压后肉样重（g）}{压前肉样重（g）} \times 100\%$$

若直接计算系水力，可依据如下公式，在测定失水率的同时，取绞碎肉样测定其水分含量。

$$系水力 = 1 - \frac{压前肉样重 - 压后肉样重}{压前肉样重 \times 该肉样水分含量} \times 100\%$$

④肌肉 pH：

a. 原理：糖原的酵解和磷酸肌酸的分解是猪屠宰后肌肉活动的能量来源。糖原酵解的产物是乳酸，磷酸肌酸分解的产物是磷酸和肌酐，这些酸性物质在肌肉内累积，导致肌肉 pH 从活体时的 7.3 左右开始下降，下降速度与肌肉中糖酵解酶系的活力、遗传基础、应激敏感性，宰前处理和屠宰条件等有关。肌肉 pH 是判断正常肉质和异常肉质的重要依据。

b. 评定部位：左半胴体倒数第三根肋骨部距背中线大概 60mm 处，切取的背最长肌。

c. 评定时间：猪宰杀后 45min 内测定的 pH 称为 pH_1。屠宰后 24h 测得的测定 pH 称为 pH_2。

d. 仪器：酸度计，使用前要进行校准。校正液的 pH 为 7.0 和 4.0。在测定过程中应时刻注意保持电极的清洁。

e. 评定方法：根据使用说明书，将电极直接插入肉样中测定，插入深度不小于 1cm，一般每个肉样连续测定 3 次，用平均值表示。

f. 评定标准：正常肉猪的背最长肌的 pH_1 多在 6.0~6.7。当 $pH_1 < 5.9$，并伴有肉色灰白，肌肉组织松软和汁液渗出等现象时，可判为 PSE 肉。当 $pH_2 > 6.0$，并伴有肉色暗红，肌肉组织坚硬，肌肉表面干燥等现象时，可判为 DFD 肉。

⑤肌肉嫩度：

a. 原理：肌肉嫩度是消费者对肌肉结构特征的概括，是人们非常重视的特点之一。通过一定的评定方法可反映肌肉蛋白质结构定性和在某些因素的作用下发生的变化等。影响肌肉嫩度的因素主要有遗传因素、营养因素和年龄等。

b. 评定部位：腰大肌和半膜肌的中心部位。

c. 评定时间：宰杀后 3h 剥离腰大肌和半膜肌，放在 0 ~ 4℃ 冰箱中 96h，再放在 30℃ 恒温水浴锅中，加盖持续加热到肌肉中心温度达到 70℃，取出肉样降至室温。

d. 仪器：肌肉嫩度计、圆形取样器、冰箱、水浴锅。

e. 评定方法：将肉样置剪切仪的剪切台上，按向下键剪切肉条，记录表盘上指针的读数即为剪切力值。

f. 评定标准：剪切值越小，嫩度越好。

⑥大理石花纹。

a. 原理：肌肉大理石花纹指可见的肌内脂肪。肌内脂肪主要以甘油酯、游离脂肪酸和游离甘油等形式存在于肌纤维和肌原纤维内，其含量及分布受品种、年龄和肌群部位等因素的影响。

b. 评定部位：最末胸椎与第一腰椎结合处背最长肌横断面。

c. 评定时间：在 0 ~ 4℃ 冰箱中存放 24h。

d. 评定方法：对照大理石纹评分标准图。

e. 评定标准：按 5 分制评定。

1 分——肌内脂肪呈极微量分布；

2 分——肌内脂肪呈微量分布；

3 分——肌内脂肪呈适量分布（理想分布）；

4 分——肌内脂肪呈较多量分布；

5 分——肌内脂肪呈过量分布。

【情境小结】

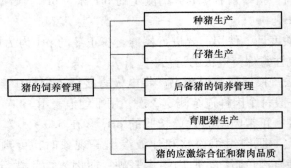

【情境测试】

1. 母猪早期妊娠诊断的方法有哪些？

2. 怎样促进空怀母猪发情排卵？

3. 母猪适宜配种时间怎样确定？

4. 简述初生后一周龄仔猪的护理要点。

5. 如何提高仔猪的断奶窝重？

6. 如何进行后备猪的选留？

7. 肉猪的育肥方法有哪些？

8. 如何制定肉猪免疫程序？

情境一 | 禽场建设

单元一　禽　场　规　划

【学习目标】　了解养禽场规划设计和布局。掌握养禽场规划设计方法。树立通过养禽场的规划设计提高家禽生产技术的思想。

【技能目标】　能够对新建养禽场进行规划设计。

【课前思考】　如何选择养禽场场址？如何合理布局养禽场内建筑物？

　　禽场的合理建设是养禽业安全生产、取得良好经济效益的前提条件。科学合理地选择、规划、设计和建造高效规模的禽场，可营造家禽良好的生理生长饲养环境。对生产全过程进行安全监控，做到科学饲养与管理，以适应家禽在不同生理阶段的生存条件，减少应激、降低发病，最大限度地发挥其自身潜能，提高养禽业经济效益。且禽场（舍）固定资产投资大，不容易改建，影响时间长，因此应充分重视做好禽场的规划和设计等工程措施，做到禽场（舍）建设标准化，为今后长远发展奠定坚实的基础。

　　1. 场址选择

　　场址应选择在地势高、平坦、开阔、干燥的地方，位于居民区及公共建筑群下风向位置。周围应筑有围墙、排水方便、水源充足、水质良好。应考虑当地土地利用发展计划和村镇建设发展计划，应符合环境保护的要求，在水资源保护区、旅游区、自然保护区等绝不能投资建场，以避免建成后的拆迁造成的各种资源浪费。在满足规划和环保要求后，应综合考虑拟建场地的自然条件和社会条件。在选择场址时应该主要考虑以下五个方面的条件：水电供应、环境、交通运输、地质土壤、水文气象。下面以养鸡场为例做介绍。

（1）水电供应　现代工厂化养鸡需要有充足的水电供应。由于养鸡场距离城市一般较远，需要自辟深井以保证供水，自备深井的水质需符合国家畜禽饮用水标准。鸡场的附近要有变电站和高压输电线。机械化鸡场或孵化厂应当双路供电或自备发电机，以便输电线路发生故障或停电检修时能够保障正常供电。

（2）环境　在选择场址时必须注意周围的环境条件，应距离公路、河流、村镇（居民区）、工厂、学校和其它畜禽场500m以外，特别是与畜禽屠宰场、肉类和畜产品加工厂距离应在1500m以上。位于居民区及公共建筑群下风向，以满足卫生防疫的要求。应远离重工业工厂和化工厂。避开山谷洼地等易受洪涝威胁地段和环境污染严重区。

（3）交通运输　鸡场要求交通便利，以利于运输产品和鸡场需要的饲料等。但鸡场本身怕污染，故距离交通干线不能太近，在保证生物安全的前提下，创造便利的交通条件。但与交通主干线及村庄的距离要大于1000m，与次级公路的距离在100~200m，并设有由干线修建通向鸡场的专用公路。公路的质量要求路基坚固、路面平坦，便于产品运输。

（4）地质土壤　一般鸡场应建在土质为砂质土或壤土的地带，土壤质量符合国家标准，按GB15618—1995的规定，应满足建设工程需要的水文地质和工程地质条件，水源充足，取用方便，便于保护，地下水位在地面以下1.5~2.0m为最好。要求场地土壤透气性和渗水性良好，能保证场地干燥且以往未被传染病或寄生虫病原体污染过。地面应平坦或稍有坡度，以利于地面水的排泄。在丘陵地区建鸡场，应选择阳面，使鸡舍能得到充足的阳光，夏天通风良好，冬天又能挡风，利于鸡的生长。

（5）水文气象　要详细调查了解建场地区的水文气象资料，以作为鸡场建设与设计的参考。这些水文气象资料包括平均气温、夏季最高温度及持续天数、冬季最低温度及持续天数、降雨量、积雪深度、最大风力、主导风向及刮风的频率等。

2. 规划与布局

禽场规划的原则是在满足卫生防疫等条件下，以有利于防疫、排污和生活为原则，使建筑紧凑；在节约土地、满足当前生产需要的同时，综合考虑将来扩建和改建的可能性。对于大型综合性鸡场来说，基于建筑物的种类和数量较多，布局要求高一些。但对于农村规模不大的专业户养鸡场来说，由于建筑物的种类和数量较少，布局比较方便。不管建筑物的种类和数量多与少，都必须合理布局。要考虑风向和地势，通过鸡场内各建筑物的合理布局来减少疫病的发生和有效控制疫病，经济有效地发挥各类建筑物的作用。

鸡场通常分为生产区、辅助生产区、行政管理区和生活区等，各区之间应严格分开并相隔一定距离。生活区和行政区在风向上与生产区相平行。有条件时，生活区可设置于鸡场之外，否则如果隔离措施不严，会造成防疫的重大失误。孵化室刚出壳的雏鸡最易受到外界各种细菌、病毒、寄生虫和鸡场各种病原体的污染，同时孵化室各类人员、运输车辆进出比较频繁，孵化室内蛋壳、死鸡、死胎、绒毛等也会导致孵化室成为一个潜在的污染源，从而污染鸡场的鸡群。所以孵化室应和其它鸡舍相隔一定距离，最好设立于整个鸡场之外。

在鸡场生产区内，应按规模大小、饲养批次将鸡群分成若干饲养小区，区与区之间应有一定的间距，各类鸡舍之间的距离因各品种各代次不同而不同。一般而言，祖代鸡舍之间的距离相对来说应相隔远一些，以 60~80m 为宜，父母代鸡舍之间每栋距离为 40~60m，商品代鸡舍每栋之间距离为 20~40m。每栋鸡舍之间应有围墙或沙沟等隔离。

鸡场内道路应设置清洁道和脏污道，且不能相互交叉，孵化室、育雏室、育成舍、成年鸡舍等各舍有入口连接清洁道；脏污道主要用于运输鸡粪、死鸡及鸡舍内需要外出清洗的脏污设备，各舍均有出口连接脏污道。

生产区内布局还应考虑风向，从上风方向至下风方向按代次应依次安排祖代、父母代、商品代，按鸡的生长期应安排育雏舍、育成舍和成年种鸡舍。这样有利于保护重要鸡群的安全。

在进行鸡场各建筑物布局时，鸡舍排列应整齐，以使饲料、粪便、产品、供水及其它物品的运输等呈直线往返，减少拐弯。

（1）各种建筑物的具体布局要求

①生产区：根据主导风向，按育雏室、育成舍、成鸡舍等顺序排列设置。如主导风向为南风，则把孵化室和育雏室安排在南侧，成鸡舍安排在北侧，这样幼雏在上风向，可获得新鲜空气，减少幼、中雏的发病率。场内育雏舍区、育成舍区、成鸡舍区之间应间隔 30~50m，同区各幢鸡舍之间应有 10m 以上间距，以利于通风和防疫。

②辅助生产区：如饲料库、饲料加工厂、蛋库、兽医室、车库等应接近生产区，要求交通方便，但又应与生产区有一定距离，以利于防疫。

③行政管理区：门卫传达室、进场消毒室、办公室、卫生防疫室等，应设在与生产区风向平行的另一侧，距生产区 250m 左右。化粪池（堆粪场）应设在地势低洼的下风方向，距生产、生活区最好在 500m 以上。

④鸡场的绿化：鸡场内种植花木、蔬菜、牧草等，可以美化环境、改善鸡场内的自然风貌和场内小气候，保护外境，减少污染。

（2）鸡舍设计要求

①鸡舍的朝向：鸡舍的朝向指鸡舍长轴与地球经线是水平还是垂直。鸡舍朝向与鸡舍采光、保温和通风等环境效果有关，应根据当地气候条件、地理位置、鸡舍的采光及温度、通风排污等情况确定。舍内的自然光照依赖阳光，舍

内的温度在一定程度上受太阳辐射的影响；自然通风时，舍内通风换气受主导风向的影响，所以必须了解当地的主导风向、太阳的高度角。我国地处北纬20°~50°，各地太阳高度角因纬度和季节的不同而不同。鸡舍朝南，冬季日光斜射，可以充分利用太阳辐射的温热效应和射入舍内的阳光，以利于鸡舍的保温取暖。夏季日光直射太阳高度角大，阳光直射舍内很少，有利于防暑降温。所以，在我国大部分地区，选择鸡舍朝南是有科学依据的。

进入舍内的风向角度决定着鸡舍内的通风效果与气流的均匀性和通风的大小。风向角度为零时，进入舍内的风为"穿堂风"，在冬季鸡体直接受寒风的侵袭，舍内有滞留区存在，不利于排除污浊气体，在夏季不利于通风降温；若风向角度为90°，即风向与鸡舍的长轴平行，风不能进入鸡舍，通风量等于零，通风效果最差；只有当风向角度为45°时，通风效果最好。

②鸡舍的间距：从防疫、防火、排污、建筑的日照间距要求等几种因素综合考虑，以鸡舍高度的3~5倍作为鸡舍间距，即可满足各方面的要求。

③鸡舍的跨度和长度：鸡舍的长度，一般取决于鸡舍的跨度和管理的机械化程度。跨度为6~10m的鸡舍，长度一般在30~60m；跨度较大的鸡舍如12m，长度一般在70~80m。机械化程度较高的鸡舍可长一些，但一般不宜超过100m，否则对于机械设备的制造和安装难度较大，材料不易解决。同时，鸡舍的长度也要便于实行定额管理，适应饲养人员的技术水平，一般以50~100m为宜。农村小规模养殖户所建鸡舍的长度，可根据实际情况制定长短，没有统一规定。

鸡舍的跨度一般要根据屋顶的形式、内部设备的布置及鸡舍类型等决定。一般跨度为：开放式鸡舍6~10m，密闭式鸡舍12~15m。通常双坡式、气楼式等形式的鸡舍跨度，要比单坡式及拱式的鸡舍跨度大一些。笼养鸡舍要根据双笼排的列数，并留有适宜的走道后，方可决定鸡舍的跨度。

④鸡舍的高度：应根据饲养方式、清粪方法、跨度及气候条件而定。跨度不大、平养及不太热的地区，鸡舍不必太高，一般鸡舍屋檐高度为2.0~2.5m；跨度大、多层笼养的鸡舍高度为3m左右，或者以最上层的鸡笼距屋顶1.0~1.5m为宜；若为高床密闭式鸡舍，由于下部设粪坑，高度一般为4.5~5m（比一般鸡舍高出1.8~2.0m）。

⑤鸡舍屋顶：鸡舍屋顶的形状是根据当地的气温、通风等环境因素来决定的。有单落水式、单落水加坡式、双落水式、双落水不对称式、钟楼式和半钟楼式等。在南方干热地区，屋顶要适当高些以利于通风，北方寒冷地区要适当矮些以利于保温。生产中大多数鸡舍采用三角形屋顶，坡度值一般为1/4~1/3。屋顶材料要求绝热能良好，以利于夏季隔热和冬季保温。

⑥鸡舍墙壁和地面：开放式鸡舍育雏室要求墙壁保温性能良好，并有可开启、可密闭的一定数量的窗户，以利于保温和通风。中鸡舍和种鸡舍前、后墙壁有全敞开式、半敞开式和开窗式几种。敞开式一般敞开1/3~1/2，敞开的

程度取决于气候条件和鸡的品种类型。敞开式鸡舍在前、后墙壁进行一定程度的敞开，但在敞开部位可装上玻璃窗，或沿纵向装上尼龙帆布等耐用材料做成的布帘，这些玻璃窗或布帘可关、可开，根据气候条件和通风要求随意调节；开窗式鸡舍则是在前后墙壁上安装一定数量的窗户以调节室内温度和通风。

鸡舍地基应为混凝土地面，保证地面结实、坚固，便于清洗、消毒。在潮湿地区修建鸡舍时，混凝土地面下应铺设防水层，以防止地下水湿气上升，保持地面干燥。地面应高出舍外地面 0.3 ~ 1.0m，舍内设排水孔，中间地面与两边地面之间应有一定的坡度，以便舍内污水的顺利排出。

⑦鸡舍面积：鸡舍面积的大小直接影响鸡的饲养密度，合理的饲养密度可使雏鸡获得足够的活动范围、足够的饮水和采食位置，有利于鸡群的生长发育。密度过大会限制鸡群活动，造成空气污染、温度增高，诱发啄肛、啄羽等现象。同时，由于拥挤，有些弱鸡经常吃不到饲料，导致体重不够，造成鸡群均匀度过低。鸡群密度过小则会增加设备和人工费用。通常，雏鸡、中鸡饲养密度为：0 ~ 3 周龄 50 ~ 60 只/m^2，4 ~ 9 周龄为 30 只/m^2，10 ~ 20 周龄为10 ~ 15 只/m^2。

3. 禽场设计

禽场的合理设计，可以使温度、湿度等控制在适宜的范围内，为家禽充分发挥遗传潜力、实现最大经济效益创造必要的环境条件。不论是密闭式鸡舍，还是开放式鸡舍，通风和保温以及光照是设计的关键，是维持鸡舍良好环境条件的重要保证，且可以有效降低成本。

（1）通风设计　通风是调节鸡舍环境条件的有效手段，不但可以输入新鲜空气，排出氨气（NH_3）、硫化氢（H_2S）等有害气体，还可以调节温度、湿度。合理的饲养密度的通风方式有自然通风和机械通风两种。自然通风要考虑建筑朝向、进风口方位标高、内部设备布置等因素，要便于采光。机械通风依靠机械动力强制进行鸡舍内外空气的交换，可以分为正压通风和负压通风两种方式。

（2）控温设计　冬季供温方式可采取燃气热风炉、暖气、电热育雏伞或育雏器等，要保证鸡群生活区域温度适宜、均匀，地面温度要达到规定要求，并铺上干燥柔软的垫料。夏季应尽量采用保温隔热材料，并采取必要的降温措施。

（3）光照设计　光照不仅影响鸡的健康和生产力，还会影响鸡只的性机能。生产上通常采用自然光照和人工光照相结合的方式。自然光照就是让太阳直射光或散射光通过鸡舍的开露部分或窗户进入舍内以达到照明的目的；人工光照可以补充自然光照的不足，一般采用电灯作为光源。在舍内安装电灯和电源控制开关，根据不同日龄的光照要求和不同季节的自然光照时间进行控制，使家禽达到最佳生产性能。

单元二　养禽设备

【学习目标】　了解养禽场常用设备，掌握常用设备的使用技术。

【技能目标】　熟知养禽场的常规设备并能正确操作。

【课前思考】　养禽场有哪些常用喂水喂料设备？养禽场有哪些环境控制设备？

1. 喂料饮水设备

喂料设备主要有饲槽、喂料桶（塑料、木制、金属制品均可），大型鸡场还采用喂料机。饲槽的大小、规格因鸡龄不同而不同，育成鸡饲槽应比雏鸡饲槽稍深、稍宽。

饮水设备分为以下五种：乳头式、杯式、水槽式、吊塔式和真空式。雏鸡开始阶段和散养鸡多用真空式、吊塔式和水槽式饮水设备，散养鸡趋向使用乳头饮水器。乳头式饮水器不易传播疫病、耗水量少、可免除刷洗工作，提高工作效率，但制造精度要求较高，否则易漏水；杯式饮水器供水可靠，不易漏水，耗水量少，不易传播疾病，但是鸡在饮水时常将饲料残渣带进杯内，需经常清洗。

2. 环境控制设备

（1）光照设备　目前照明设备除了光源以外，我国已经生产出鸡舍光控器，比较好的是电子显示光照控制器。它的特点是开关时间可任意设定，控时准确；光照强度可以调整，光照时间内若日光强度不足，会自动启动补充光照系统；灯光渐亮和渐暗；停电程序不乱。

（2）通风设备　通风设备的作用是将鸡舍内的污浊空气、湿气和多余的热量排出，同时补充新鲜空气。一般鸡舍采用大直径、低转速的轴流风机。目前，国产纵向通风的轴流风机的主要技术参数是：流量 31400m³/h，风压 39.2Pa，叶片转速 352r/min，电机功率 0.75W，噪声 ≤74dB。

（3）湿帘－风机降温系统　湿帘－风机降温系统的主要作用是：夏季进入鸡舍的空气经过湿帘，由于湿帘的蒸发吸热，使进入鸡舍的空气温度下降。湿帘风机降温系统由低质波纹多向湿帘、轴流节能风机、水循环系统及控制装置组成。夏季空气经湿帘进入鸡舍，可降温 5~8℃。

（4）热风炉供暖系统　热风炉供暖系统主要由热风炉、轴流风机、有孔塑料管、调节风门等设备组成。热风炉供暖系统是以空气为介质，煤为燃料，为鸡舍提供无污染的洁净热空气。该设备结构简单、热效率高，送热快、成本低。

（5）育雏设备

a. 层叠式电热育雏器：在育雏阶段，雏鸡自身温度调节能力很弱，需一定的温度、湿度。目前国内普遍使用 9YCH 电热育雏器作为笼养育雏设备。

b. 电热育雏器：由加热育雏笼、保温育雏笼、雏鸡运动场三部分组成。每一部分都是独立的整体，可以根据房舍结构和需要进行组合。

c. 电热育雏笼：一般分四层，每层高度为33cm，每笼面积为140cm×70cm，层与层之间是70cm×70cm的水楼盘，全笼总高度172cm，通常采用1组加热笼、1组保温笼、4组运动场的综合方式，外形总尺寸为高172cm、长434cm。

d. 电热育雏伞：网上或地面散养一般采用电热育雏伞，可提高雏鸡体质和成活率。伞面由隔热材料组成，表层为涂塑尼龙丝伞面，保温性能好，经久耐用。伞顶装有电子控温器，控温范围0~50℃，伞内装有均入式远红外陶瓷加热器。同时设有照明灯和开关。外形尺寸有直径1.5m、2.0m和2.5m三种规格，可分别育雏300只、400只和500只。

3. 清粪消毒设备

鸡舍内的清粪方式有人工清粪和机械清粪两种。机械清粪常用设备有：刮板式清粪机、带式清粪机和抽屉式清粪机。刮板式清粪机多用于阶梯式笼养和网上平养，机械组成主要有电动机、减速器、刮板、钢丝绳与转向开关等设备；带式清粪机多用于叠层式笼养，主要由电机减速装置，链传动，主、被动辊，承粪带等组成；抽屉式清粪板多用于小型叠层式鸡笼。

【情境小结】

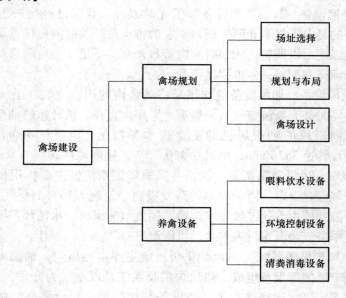

【情境测试】

1. 选择场址时主要考虑哪些条件？

2. 结合本地实际，掌握养禽场规划设计的方法和常用设备的使用。

情境二 | 鸡的人工孵化技术

单元一 种蛋的选择

【学习目标】 了解种蛋的保存方法,掌握种蛋的消毒技术。

【技能目标】 能正确进行种蛋消毒。

【课前思考】 怎样对种蛋进行消毒?

优良种鸡所产的蛋并不全部都是合格种蛋,必须进行严格选择。

1. 种蛋来源

种蛋应来自生产性能高、无经蛋传播的疾病、受精率高、饲喂营养全面饲料、管理良好的种鸡群。受精率在80%以下、患有严重传染病或患病初愈和有慢性病的种鸡所产的蛋,均不宜作种蛋。如果需要外购,应先调查种蛋来源的种鸡群健康状况和饲养管理水平,签订供应种蛋的合同,并协助搞好种鸡饲养管理和疫病防制工作,以确保孵化场种蛋来源。

2. 种蛋保存

保存种蛋的库房应是砖墙、水泥地面,应清洁卫生,不得有灰尘、穿堂风、老鼠、昆虫。室内温度以 12 ~ 15℃ 为宜。有条件的种禽场,蛋库内应设空调机。蛋库湿度以 75% ~ 80% 为宜,既可大大减慢蛋内水分的蒸发速度,同时又不会因湿度过大使蛋箱损坏。湿度过小,蛋内水分蒸发过多;湿度过大,蛋易长霉菌。保存种蛋时,将蛋小端向下放蛋托中,每蛋托放 30 个,蛋托重叠 5 层放蛋箱中。蛋托多用塑料、纸浆压制,蛋箱多用纸箱。如果种蛋保存时间不超过 1 周,在贮存期间不用转蛋。保存两周时间,在贮存期间需要每天将种蛋翻转 90°,以防止系带松弛、蛋黄贴壳,减少孵化率的降低程度。

3. 种蛋消毒

种蛋上孵化机前,应将其从蛋库运输到孵化室,将蛋放入孵化机蛋盘,一般放成 45°。过大或过小的蛋、破损的蛋和粪便污染严重的蛋不能上。上完后,对种蛋进行消毒,消毒方法主要有三种,即熏蒸消毒法、紫外灯消毒法和药液浸泡法。熏蒸消毒法即将种蛋放入消毒柜,按每立方米 15g $KMnO_4$、30mL 甲醛溶液计算用药量,先将 $KMnO_4$ 放瓷盘中,倒入甲醛溶液,关闭消毒柜的门,熏蒸 0.5h 后打开柜门,敞至无气味为止。紫外灯消毒即悬挂一只 15 ~ 40W 紫外灯,灯下放一张桌,蛋放桌上,灯距蛋 50cm 开灯照 3 ~ 5min 即可,此法既清洁又卫生。药液浸泡即用来苏儿配制成 2% 的药液,将蛋放入药液中,2min 后捞出。也可以用万分之一的 $KMnO_4$ 溶液浸泡 3min 后捞出。此法易使胶护膜溶解并去除,孵化期细菌易侵入蛋内,也易碰损蛋壳。

单元二 孵化技术

【学习目标】 掌握机器孵化的技术、操作和管理。掌握孵化效果的检查与分析。

【技能目标】 能独立操作家禽孵化器，并正确进行胚胎发育检查。

【课前思考】 家禽的孵化条件有哪些？种蛋入孵后怎样进行管理？

1. 孵化条件

鸟类和早期的家禽多靠雌性孵化，少数鸟类如鸽雄性也参与孵化。靠亲鸟的体温保证胚胎发育，亲鸟隔一定的时间站起来用脚翻动孵蛋，以使胚胎不与蛋壳发生粘连，保证正常胎位。只要是就巢性强的鸟类和家禽均能孵出后代。利用仿生学的方法研究孵化条件，以便规模化的工厂生产。

（1）温度 孵化期间保持蛋温 37.8℃，出壳前两天及出壳期间保持蛋温 37.3℃。温度过高胚胎发育快但很弱，超过 42℃ 2~3h 胚胎死亡。温度过低胚胎发育慢，在 34℃ 下达 2h 以上胚胎死亡数增多，24℃ 下达 30h，胚胎全部死亡。

（2）湿度 孵化期间相对湿度保持在 53%~57%，出雏期间相对湿度保持在 70%，有利于胚胎发育和雏禽出壳。湿度过低蛋内的水分大量蒸发，胚胎与蛋壳发生粘连，造成胚胎死亡，湿度过大会阻碍蛋内水分蒸发，造成胚胎代谢紊乱或雏禽无力啄壳，出壳困难或窒息死亡。

（3）通风换气 在胚胎发育过程中，不断吸收氧气和排出 CO_2，蛋周围 CO_2 含量不得超过 0.5%，否则会导致胚胎发育迟缓或死亡。孵化过程中，少许被细菌污染的蛋，由于胚胎死亡、腐败排放出 H_2S、NH_3 等有害气体，引起胚胎中毒死亡。因此，必须采取通风进行气体交换，排出 CO_2、H_2S、NH_3，供给 O_2。一般在孵化设备留进气孔和排气孔，刚孵化时进气孔和排气孔开小点，随着孵化时间的增加，进、排气孔逐渐打开以有利于气体交换。

（4）翻蛋 每2h翻蛋一次，一昼夜翻蛋12次，出壳前两天转入出雏机，停止翻蛋。翻蛋操作因孵化设备不同而异，炕孵、桶孵、床孵采用手工翻蛋，原始孵化机则用摇柄翻蛋，现代孵化机用按钮控制或自动翻蛋，翻蛋角度以 90° 为宜，注意不能让蛋盘滑下蛋架或蛋滚到机底或地面。翻蛋时要防止胚胎与壳粘连，胚胎各部位受热均匀，供应新鲜空气有助于胚胎运动，保证胎位正常。

（5）晾蛋 鸭蛋、鹅蛋、火鸡蛋脂肪含量高，孵化至 16~17d，脂肪代谢增强，蛋温急剧增高，为避免高温引起胚胎死亡，必须晾蛋。家禽自然孵化时，孵化到中途，每天下抱窝排粪、采食、自由活动约 30min，然后上窝。机器孵化时采取每天开机门 2 次，暂停加热，至蛋放眼皮上不烫，感觉温热，关机门，开始加热。也可采用加强通风的方法晾蛋，效果也很好。

2. 孵化操作技术

（1）孵化前的准备

①孵化室的准备：孵化室的面积根据安装孵化机的台数而定，一台孵化机和一台出雏机需 25 ~ 30m²，砌砖墙，墙高 3.5 ~ 4m，窗户要高而小，光照系数 1:（15 ~ 20），顶棚距地面 3.1 ~ 3.5m。顶棚宜用纸板或层板，板上钻一些小孔通气。孵化室门不能向北或向南开，最好设在背风处。孵化室要求保温性能好，室内温度要在 20 ~ 24℃。

②安装、调试孵化机：安装孵化机前要对孵化室清扫冲洗干净，粉刷墙壁。孵化机搬进孵化室时，若已组装好的孵化机应底部向下平移进去，不能倒置或侧放，未组装的孵化机应由孵化机生产厂派人前来组装。孵化机应安放在太阳不能直射和风不能吹到的地方，调整成水平。机器安放完后，接上电源，在操作台上进行操作，试运行 1h 左右，检查线路、电机、电热、风扇、翻蛋装置，控温通风是否运行正常，将发现的问题在上孵前处理好。一切正常后，机内按每立方米空间 15g KMnO₄、15mL 甲醛溶液计算。先将 KMnO₄ 放在瓷盘中，瓷盘放机底上，倒入甲醛溶液，关上机门，熏蒸半小时，再开机门，放出气味。孵化室用 30% 的石灰水或 2% 的来苏儿喷洒消毒。

③种蛋消毒：入孵前对种蛋进行熏蒸消毒。

④上蛋：种蛋经消毒后，将蛋盘端上孵化机内蛋架上安放稳妥，需要上孵人身高 1.6 ~ 1.7m、劲要大，才能方便上蛋，上蛋后应检查是否放稳、有无滑出情况发生。每隔 5 ~ 7d 上一次蛋，老蛋产的热供新蛋加热用。

（2）入孵后的管理

①孵化器管理：现代孵化机基本上是机械化、自动化，操作人员操作比较简便，工作量也小，需要认真负责的工作态度，每时每刻都应有人值班，主要监控机器运行情况，观察温度计数值、湿度计干湿表读数，观察电流表、电压表数值变动，风扇运转情况，底部水盘补加水，调节进气孔的大小，按时翻蛋。如果机器出现故障，应及时排除或请相关技术人员进行排除。孵化后期若湿度达不到 70%，用喷雾器喷水，补充湿度。

②照蛋是检查胚胎发育情况，将无精蛋或中死蛋及时剔除。

第一次照检在孵化的 5 ~ 7d 进行，白壳蛋一般孵化 5d 照检，褐壳蛋、鸭蛋、鹅蛋多在孵化 7d 后照检。现在有专门的照蛋器销售。也可自做照蛋器，用薄板钉一个长 15cm、宽 10cm、高 10cm 的小盒子，长方体的一端作一个圆孔，安灯头，灯头接 1 个 100W 的白灯泡，另一端作一个圆孔，蛋的大端要能放一部分进入孔中。上面做成活动的，可开启和关闭。检蛋时先接上电源，将蛋的大端对着照蛋器射出的光束，观察蛋内容物的情况，若有蛛丝状的血丝，则为受精蛋，黄色透明无血丝者则为无精蛋，有一条或一圈血丝者则为死胚蛋。无精蛋、死胚蛋必须剔除。

③转盘或嘌蛋：

a. 转盘：由于孵化机的蛋盘底部是空的，因此孵出的雏禽易落入水盘中溺死；出雏温度较孵化温度低0.5℃。一般孵化、出雏分成两台机器。出壳前1~2d将孵化机中的蛋检到出雏盘（有底），将出雏盘安放在出雏机中，按孵化机操作方法进行管理，但不再翻蛋，1~2d后出雏。

b. 嘌蛋：对出雏前2~5d的种蛋运到另一个地方出雏称为嘌蛋。一般用直径1.0~1.5m的圆形竹篮，垫上柔软、洁净、干燥的草，将蛋捡到竹篮中，每篮捡一层蛋盖上棉毛毯或麻袋，装上运输工具，可重叠4~5层竹篮，上面盖上棉毛毯。运输工具要快而平稳，最好选用飞机、火车、轮船，没有通航、火车的地方只有用汽车运输，但要防止因震动而损害种蛋。

④出雏：

a. 孵化期：鸡21d，鸭28d，鹅31d，瘤头鸭33~35d，火鸡28d，珠鸡26d，鸽18d，鹌鹑17~18d。新鲜种蛋、孵化温度微高，孵化期可缩短；陈蛋、孵化温度偏低、湿度过大，孵化期会延长。

b. 出雏处理：正常情况下，雏禽自己啄壳，且雏禽多数健壮，待羽毛干燥后，将雏禽捡入垫有碎纸或垫草的纸箱中，转入育雏舍育雏。

⑤停电时的措施：在孵化过程中，偶有停电情况发生，会引起孵化温度降低，造成胚胎死亡。为避免停电给孵化造成的损失，一般大型孵化厂自备柴油机、发电机组，一台出雏机，一台孵化机配柴油机3675~7350W，发电机10~15kW。小型孵化厂，可用火炉烧热水加入水盘中，关上机门，加温3~4h。

⑥孵化记录：孵化厂的技术员、工人应做好上蛋日期、上蛋数、种蛋来源、品种、照蛋、出雏数、死胎数、孵化期内温度和湿度变化记录，若孵化机出故障或停电也要做记录，以便总结孵化成绩或教训，改进工作。

3. 孵化效果检查和分析

（1）孵化效果检查的方法　通过照蛋、出雏观察和死胎的病理解剖，并结合种蛋品质以及孵化条件等进行综合分析，查明原因，做出客观判断，并以此作为改善种鸡的饲养管理、种蛋管理和调整孵化条件的依据。这项工作是提高孵化率的重要措施之一。

a. 照蛋（验蛋）：用照蛋灯透视胚胎发育情况，方法简单，效果好。一般整个孵化期进行1~3次。照蛋的主要目的是观察胚胎发育情况，并以此作为调整孵化条件的依据，结合观察，挑出无精蛋、死精蛋或死胚蛋。通常在5日龄进行头照，发育正常的活胚蛋，头照可明显地看到黑色眼点，血管成放射状，蛋色暗红。在10~11日龄进行抽验，此时尿囊绒毛膜"合拢"，整个蛋除气室外布满血管。在18~19日龄进行二照，此时气室向一侧倾斜，发育良好的胚胎，已占除气室外的整个蛋内，胚蛋暗黑。

b. 蛋在孵化期间的失重：在孵化过程中，由于蛋内水分蒸发，胚蛋逐渐减轻，其失重多少随孵化器中的相对湿度、蛋重、蛋壳质量及胚胎发育阶段不同而异。孵化期间胚蛋的失重不是均匀的。孵化初期失重较小，第二周失重较大，而第 17 ~ 19 天失重最多。第 1 ~ 19 天，鸡蛋失重为 12% ~ 14%。但有时在相同湿度下，蛋的失重会相差很大。所以，不能用其作为胚胎发育是否正常的唯一标准，仅作参考指标。

c. 出雏期间的观察：孵化正常时，出雏时间较一致，有明显出雏高峰，一般 21d 全部出齐；孵化不正常时，无明显的出雏高峰，出雏持续时间长，至第 22d 仍有不少未破壳的胚蛋。观察初生雏鸡，健雏的绒毛洁净有光，蛋黄吸收良好，腹部平坦，脐带部愈合良好、干燥，而且被腹部绒毛覆盖。雏站立有力，叫声宏亮，对光和声音反应灵敏，体型匀称而且全群整齐。

d. 孵化过程中死雏、死胎外表观察及病理解剖种蛋品质差或孵化条件不良时，死雏或死胎一般会表现出一定的病理变化，可以辅助诊断。

（2）孵化效果分析

①胚胎死亡原因分析：胚胎死亡的分布在整个孵化期有一定的规律性。即两个死亡高峰。

第一个高峰在孵化前期，鸡胚在孵化前 3 ~ 5d，死胚率约占全部死胚数的 15%；死亡原因：胚胎生长迅速，形态变化显著，对外界变化尚未完善，维生素 A 缺乏，过度熏蒸。第二个高峰在孵化后期（第 18 天后），死胚率约占全部死胚数的 50%。死亡原因：胚胎从尿囊绒毛膜呼吸到肺呼吸时期，对环境的要求更高。

②影响孵化率的因素：影响孵化率的因素是种禽质量、种蛋管理和孵化条件，第一、二因素合并决定入孵前的种蛋质量，是提高孵化率的前提。营养素缺乏对孵化率的影响见表 2 - 1；孵化不良效果分析见表 2 - 2。

表 2 - 1　　　　　　　　　　　营养素缺乏对孵化率的影响

营养素缺乏	症状
维生素 A	孵化 48h 死亡
维生素 D₃	在孵化的 18 ~ 19d 死亡，雏鸡骨骼发育不良
维生素 E	在孵化的 4 ~ 5d 死亡，渗出性素质症，伴有 1 ~ 3d 期间死亡率
维生素 K	18d 不明原因的出血死亡，出血，胚胎有血凝块
锰	突然死亡，18 ~ 21d 死亡率高，鹦鹉嘴，绒毛异常
硒	孵化率低，皮下积液，早期死亡率高

表 2 - 2　　　　　　　　　　　孵化不良效果的分析

不良现象	原因
蛋爆裂	蛋胀，被细菌污染
胚胎死 2 ~ 4d	种蛋储存太长，种蛋被剧烈震动，种鸡染病，孵化温度过高或过低
雏鸡个体过小	种蛋产于炎热天气，蛋小，蛋壳薄或沙皮，孵化 1 ~ 19d 湿度过低
双眼闭合	20 ~ 21d 温度过高，湿度过低，出雏期绒毛飞扬

【情境小结】

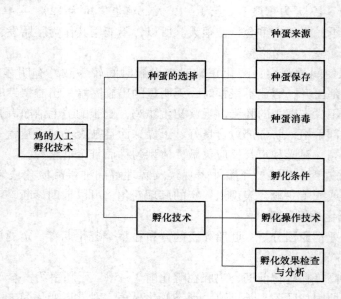

【情境测试】

1. 种蛋选择应遵循哪些原则？
2. 照蛋的目的和作用是什么？
3. 影响种蛋孵化率的因素有哪些？

情境三 | 家禽品种

单元一 鸡的主要品种

【学习目标】 掌握鸡品种的类型及其代表品种。了解各个品种的外貌特征、经济用途和生产性能。

【技能目标】 能正确识别鸡的品种。利用所学的品种知识，并应用现代科学的管理方法，尽可能地创造适合其生物学特性的饲养管理条件，更好地饲养和利用。

【课前思考】 鸡主要有哪些地方品种和标准品种？其特征是什么？鸡的现代商业品种有哪些？

我国是最早将野生的原鸡驯养为家禽的国家之一，在长期的生产实践活动中，我国人民先后育成了九斤鸡、北京油鸡、浦东鸡、石歧鸡等古老的肉用型品种，狼山鸡、萧山鸡、大骨鸡、惠阳鸡、桃园鸡等蛋肉兼用型品种，仙居鸡、济宁百天鸡等蛋用型品种，泰和乌鸡等药用型品种。这些古老的鸡种是现代鸡品种的重要基础，为人类的养鸡事业曾做出过重大贡献。

在 19 世纪至 20 世纪初，国外家禽育种工作者也先后育成了"来航"、"米诺卡"、"洛岛红"、"新汉夏"、"白洛克"、"横斑（芦花）洛克"、"科尼什"、"温多德"、"奥品顿"、"浅花苏赛斯"、"澳洲黑"等标准品种。

1. 标准品种

所谓标准品种是指人工育成、并得到家禽协会或家禽育种委员会承认的品种。早年鸡种是按标准分类法进行分类的，这种分类方法注重血统的一致性和典型性外貌特征，尤其注意羽色、羽型、冠型、体型等。

标准品种有：白来航、洛岛红、新汉夏、澳洲黑、白洛克、白科尼什、狼山鸡、九斤鸡和丝毛鸡。

（1）白来航鸡（White Leghorns） 白色单冠来航为来航（Leghorn）鸡的一个变种，原产于意大利，1835 年由意大利的来杭港运往美国，现普遍分布于全世界；是世界著名的蛋用型品种，也是现代化养鸡业白壳蛋使用的鸡种。

白来航鸡体型小而清秀，全身紧贴白色羽毛，单冠，冠大鲜红，公鸡的冠较厚而直立，母鸡的冠较薄而倒向一侧。喙、胫、趾和皮肤均呈黄色，耳叶呈白色。

白来航鸡性成熟早，产蛋量高而饲料消耗少。雏鸡出壳 140 日龄后开产，72 周龄年产 220 个蛋以上，高产的优秀品系可超过 300 个蛋。平均蛋重为

54~60g，蛋壳白色。成年公鸡体重2.5kg，成年母鸡1.75kg左右。活泼好动，易受惊吓，无就巢性，适应能力强。

（2）洛岛（罗得）红鸡（Rhode Island Reds） 育成于美国罗得岛州（Rhode Island），属兼用型鸡种。有单冠和玫瑰冠两个品变种。洛岛红鸡由红色马来斗鸡、褐色来航鸡和鹧鸪色九斤鸡与当地的土种鸡杂交而成。1904年被正式承认为标准品种。我国引进的洛岛红鸡为单冠品变种。

洛岛红鸡的羽毛为深红色，尾羽多黑色。体躯略近长方形，头中等大，单冠、喙褐黄色，胫黄色或带微红的黄色。冠、耳叶、肉垂及脸部均鲜红色，皮肤黄色。背部宽平，体躯各部的肌肉发育良好，体质强健，适应性强。母鸡的性成熟期约180d，年产蛋量为180枚，高产者可达200枚以上。蛋重为60g，蛋壳褐色，但深浅不一。成年公鸡体重为3.7kg，母鸡为2.75kg。

（3）新汉夏鸡（New Hampshires） 育成于美国新罕布什尔州。由当地家禽饲养者从引进洛岛红鸡群中选择其体质好、产蛋量高、成熟早、蛋大和肉质好的，经过20多年的选育而成的新品种。1935年正式被承认为标准品种，1946年引入中国。

此鸡体型与洛岛红鸡相似，但背部较短，羽毛颜色略浅。只有单冠，体大、适应性强。成熟期约180d，雏鸡生长迅速。年产蛋量为200枚左右，高产的200枚以上，蛋重为58g，蛋壳褐色。成年公鸡体重3.6kg，母鸡2.7kg。

（4）澳洲黑鸡（Australorps） 澳洲黑鸡系用澳洲黑色奥品顿鸡经25年着重提高产蛋性能选育而成。1929年被正式承认为标准品种，属于蛋、肉兼用型，1947年引进中国。

此鸡体型与奥品顿鸡相似，但羽毛较紧密，体略轻小。体躯深而广，胸部丰满，头中等大，喙、眼、胫均呈黑色，脚底呈白色。单冠，肉垂、耳叶和脸均为红色，皮肤白色，全身羽毛黑色而有光泽。适应性强，母鸡性成熟早，约6个月左右开产，年产蛋量190枚左右，蛋重62g，蛋壳黄褐色。略有就巢性。成年公鸡体重3.7kg，母鸡重2.8kg。

（5）白洛克鸡（White Plymouth Rocks） 原产美国，兼用型。单冠，冠、肉垂与耳叶均红色，喙、皮肤和胫黄色，全身羽毛白色，体大丰满。成年公鸡体重4.15kg，母鸡3.25kg。产蛋量较高，年产蛋量170枚，蛋重58g左右，蛋壳褐色。白洛克鸡经改良后早期生长快，胸、腿肌肉发达，主要作肉鸡配套杂交母系使用，其第一代杂种生长迅速，胸宽体圆、屠体美观，肉质优良，饲料报酬高，是国内外较理想的肉用鸡母系。

（6）白科尼什鸡（White Cornish） 原产于英格兰的康瓦尔（Gornwall），属科尼什的一个品变种。此鸡为豆冠。喙、胫、皮肤为黄色，羽毛紧密，体躯坚实，肩、胸很宽，胸、腿肌肉发达，胫粗壮。体重大，成年公鸡4.6kg，母鸡3.6kg。肉用性能好，但产蛋量少，年产蛋120枚左右，蛋重56g，蛋壳浅褐色。近几年来，因引进白来航显性白羽基因，育成为肉鸡显性白羽父系，已不完全为豆冠。显性白羽父系与有色羽母鸡杂交，后代均为白色或近似白色。目前主要用它与母系白洛克品系配套生产肉用仔鸡。

（7）狼山鸡（Langshan） 原产于我国江苏省南通地区，如东县和南通市石港一带。1872 年输入英国，英国著名的奥品顿鸡含有狼山鸡血液。1879 年先后输入德国和美国，在美国于 1883 年被承认为标准品种。由于南通港南部有一小山叫狼山，此鸡最早从此输入，故名狼山鸡。

此鸡体型外貌最大特点是颈部挺立，尾羽高耸，背呈 U 字形。胸部发达，体高腿长，外貌威武雄壮，头大小适中，眼为黑褐色。单冠直立，中等大小。冠、肉垂、耳叶和脸均为红色。皮肤白色，喙和胫为黑色，胫外侧有羽毛。狼山鸡的优点为适应性强，抗病力强，胸部肌肉发达，肉质好。年产蛋量达 170枚左右，蛋重 59g。成年公鸡体重 4.15kg，母鸡重 3.25kg。性成熟期为 7 ~ 8个月。

（8）九斤鸡（Cochins） 九斤鸡是世界著名的肉鸡品种之一，也是原产于我国的标准品种之一。在 1843 年曾两度输入英国，1847 年输入美国，因皆由上海输出，故外国人称之为"上海鸡"。19 世纪中叶已遍及全世界。1874 年美洲家禽协会承认为标准品种。由于此鸡体躯硕大，品质优良，在英美曾轰动一时，颇受赞赏。它对外国鸡种的改良有很大的贡献。例如，闻名世界的美国横斑洛克鸡、洛岛红鸡、英国的奥品顿鸡以及日本的名古屋和三何鸡等均有九斤鸡的血缘。在国内，对九斤鸡的原产地说法不一，尚无定论，而且缺乏像标准九斤鸡那样的典型体型。估计引自浦东鸡的可能性较大。

九斤鸡头小、喙短，单冠；冠、肉垂、耳叶均为鲜红色，眼棕色，皮肤黄色。颈粗短，体躯宽深，背短向上隆起，胸部饱满，羽毛丰满，外形近似方块形。胫短，黄色，具有胫羽和趾羽。此鸡性情温顺，就巢性强，因体躯笨重，不宜于孵蛋，成熟晚，8 ~ 9 个月才开产，年产蛋量为 80 ~ 100 枚，蛋重约55g，蛋壳黄褐色，肉质嫩滑，肉色微黄。成年公鸡体重 4.9kg，母鸡重 3.7kg。

九斤鸡1874 年被承认有四个品变种，即浅黄色九斤鸡、鹧鸪色九斤鸡、黑色九斤鸡和白色九斤鸡。1965 年增加了银白色镶边、金黄色镶边、青色和褐色四个品变种。1982 年又增加了横斑品变种，因此现共有 9 个品变种。

（9）丝毛乌骨鸡（Silkies） 原产于我国，在国际上被承认为标准品种。主要产区有江西、广东和福建等省，分布遍及全国。用作药用，主治妇科病的"乌鸡白凤丸"，即用该鸡全鸡配药制成。国外分布广，列为玩赏型鸡。

丝毛乌骨鸡身体轻小，行动迟缓。头小、颈短、眼乌，遍体羽毛白色，羽片缺乏小钩，呈丝状，与一般家鸡的真羽不同。总的外貌特征，有"十全"之称，即紫冠（冠体如桑葚状）、缨头（羽毛冠）、绿耳、胡子、五爪、毛脚、丝毛、乌皮、乌骨、乌肉。此外，眼、喙、趾、内脏及脂肪也是乌黑色。

此鸡体型小、骨骼纤细。小鸡抗病力弱，育雏率低。成年公鸡体重为

1.35kg，母鸡重1.20kg；年产蛋量约80枚，蛋重40～42g，蛋壳淡褐色。就巢性强。

2. 地方品种

1989年出版的《中国家禽品种志》编有我国鸡的地方批准27个，了解我国地方鸡种有助于保存和利用。现将主要的几个地方鸡种介绍如下。

(1) 仙居鸡　原产于浙江省中部靠东海的台州地区，重点产区是仙居县，分布很广。

仙居鸡体型较小，结实紧凑，体态匀称，反应敏捷，易受惊吓，善飞跃，属神经质型。头部较小，单冠，颈部细长，背部平直，两翼紧贴，尾羽高翘，骨骼纤细；其外形和体态颇似来航鸡。羽毛紧密，羽色有白羽、黄羽、黑羽、花羽及栗羽之分。胫多为黄色，也有肉色及青色等。成年公鸡体重1.25～1.5kg，母鸡重0.75～1.25kg。目前，年产蛋量差异很大，农村饲养的年产蛋量180～200枚，饲养管理条件较好时，年平均产蛋量218枚左右，最高达269枚，蛋重为35～45g。

(2) 浦东鸡　原产于上海市南汇、川沙和奉贤等地，其中尤以浦东地区钦公塘以东及南汇县沿海的泥域、书院、花港、大团等地所产的鸡种最佳，分布甚广。

浦东鸡属肉用型，胸阔体大，近似方形，骨粗脚高，单冠直立，羽毛蓬松，母鸡羽毛黄或麻栗色，公鸡胸红或杂黑色，背黄或红，翼金黄或黑，尾黑，多有尾羽。胫黄色、多数无胫羽。

浦东鸡生长较快，3月龄体重达1.25kg，成年公鸡达4.5kg，母鸡3kg左右，肉质鲜美，蛋白质含量高，营养丰富。年产蛋量100～130枚，蛋重平均为57.9g。蛋壳褐色。就巢性强。此鸡开产期，春雏约215d，秋雏约179d。

(3) 萧山鸡　又称越鸡和沙地鸡。原产于浙江省萧山一带，分布很广，已普及江苏南部和浙江各地。

萧山鸡体型大，单冠，冠、肉髯、耳叶均为红色。喙黄色，羽毛淡黄色，颈羽黄黑相间，胫黄色，胫上有羽或无羽。此鸡适应性强，容易饲养，早期生长较快，肉质富含脂肪，嫩滑味美，深受港澳地区的欢迎。成年公鸡体重2.5～3.5kg，母鸡体重2.1～3.2kg。开产期约6月龄，年产蛋量130～150枚，蛋壳褐色。就巢性强。

(4) 桃源鸡　原产于湖南省桃源县。桃源鸡体型硕大，体质结实，羽蓬松，体躯稍长，呈长方形。公鸡姿态雄伟，性勇好斗，头颈高昂，尾羽上翘。母鸡体稍高，活泼好动，背较长而平直，后躯深圆，近似方形。单冠，公鸡冠直立，母鸡冠倒向一侧，耳叶、肉垂鲜红。公鸡体羽呈金黄色或红色，主翼羽和尾羽呈黑色，梳羽金黄色或间有黑斑。母鸡羽色有黄色和麻色两个类型。喙、胫呈青灰色，皮肤呈白色。成年公鸡体重4～4.5kg，母鸡体重3～3.5kg。肉质鲜美，富含脂肪，是优良的肉用型鸡种。年产蛋量100～120枚，蛋壳褐色。就巢性强。

（5）大骨鸡 又名"庄河鸡"，属蛋肉兼用型。原产于辽宁庄河县，分布在辽东半岛地处北纬40°以南的地区。

大骨鸡体型魁伟，胸深且广，背宽而长，腿高粗壮，腹部丰满，墩实有力，以体大、蛋大、口味鲜美著称。觅食力强。公鸡羽毛呈棕红色，尾羽黑色并带金属光泽。母鸡多呈麻黄色，头颈粗壮，眼大明亮，单冠，冠、耳叶、肉垂均呈红色。喙、胫、趾均呈黄色。成年体重公鸡为 2.9～3.75kg，母鸡为2.3kg。开产日龄平均213d，年平均产蛋164枚左右，高的可达180枚以上。平均蛋重为62～64g，蛋壳深褐色，蛋形指数1.35。

（6）北京油鸡 为原产于北京的中国特色地方鸡种。属肉蛋兼用品种。以肉味鲜美、蛋质优良著称。北京油鸡的体躯中等，其中羽毛呈赤褐色（俗称紫红毛）的鸡，体型较小；羽毛呈黄色（俗称素黄色）的鸡，体型略大。初生雏全身披着淡黄或土黄色绒羽，冠羽、胫羽、髯羽也很明显，体浑圆。成年鸡的羽毛厚密而蓬松，具有冠羽和胫羽，有些个体兼有趾羽和五趾，不少个体的颌下和颊部生有髯须。油鸡生长速度缓慢，初生重为38.4g，成年体重公鸡为2.049kg，母鸡为1.730kg。性成熟较晚，母鸡7月龄开产，年产蛋为110～125枚，平均蛋重为56g，蛋壳厚度0.325mm，蛋壳褐色，个别呈淡紫色，蛋形指数为1.32。

北京油鸡具有抗病力强，成活率高，易于饲养的特点，是目前柴鸡养殖的更新换代品种，养殖开发潜力巨大。

（7）寿光鸡（又称慈伦鸡） 产于山东寿光市。寿光鸡为蛋肉兼用型品种。寿光鸡有大型和中型两种，还有少数是小型。大型寿光鸡外貌雄伟，体躯高大，体型近似方形。成年鸡全身羽毛黑色，有的部位呈深黑色并闪绿色光泽。单冠，公鸡冠大而直立；母鸡冠形有大小之分，颈、趾灰黑色，皮肤白色。初生重为42.4g，大型成年体重公鸡为3.609kg，母鸡为3.305kg，中型公鸡为2.875kg，母鸡为2.335kg。开产日龄大型鸡240d以上，中型鸡145d，产蛋量大型鸡年产蛋117.5枚、中型鸡122.5枚，大型鸡蛋重为65～75g，中型鸡为60g。蛋形指数大型鸡为1.32，中型鸡为1.31，蛋壳厚大型鸡0.36mm，中型鸡0.358mm。壳褐色。

（8）固始鸡 产地河南省固始县。属于蛋肉兼用型品种。

固始鸡个体中等，羽毛丰满。雏鸡绒羽呈黄色，公鸡羽色呈深红色和黄色，母鸡羽色以麻黄色和黄色为主，白、黑很少，尾型分为佛手状尾和直尾两种。成年鸡冠型分为单冠与豆冠两种，以单冠居多。冠直立，胫呈靛青色，四趾，无胫羽。皮肤呈暗白色。初生重32.8g，成年体重公鸡为2.470kg，母鸡为1.780kg。开产日龄205d，年平均产蛋量142枚，平均蛋重为51.4d，蛋壳褐色，壳厚0.35mm，蛋形指数1.32。

（9）溧阳鸡（当地又称三黄鸡、九斤黄鸡） 产于江苏省溧阳市。属肉用型品种。

体型较大，体躯呈方形，羽毛以及喙和脚的颜色多呈黄色。但麻黄、麻栗色者亦甚多。公鸡单冠直立，冠齿一般为 5 个，齿刻深。母鸡单冠有直立与倒冠之分，虹彩呈橘红色。成年体重公鸡为 3.850kg，母鸡为 2.6kg。开产日龄为（243 ± 39）d，500 日龄产蛋为（145.4 ± 25）枚，蛋重为（57.2 ± 4.9）g，蛋壳褐色。

（10）武定鸡　产于云南楚雄彝族自治州。属肉用型品种，体型高大。

公鸡羽毛多呈赤红色，有光泽。母鸡的翼羽、尾羽全黑，体躯、其它部分则披有新月形条纹的花白羽毛。单冠，红色、直立、前小后大。喙黑色。胫与喙的颜色一致。多数有胫羽和趾羽。皮肤白色。鸡羽毛生长缓慢，属慢羽型。4 ~ 5 月龄体重 1kg 左右才出现尾羽，在之前，胸、背和腹部常无羽。有"光秃秃鸡"之称。成年体重公鸡为 3.050kg，母鸡为 2.1kg。母鸡 6 月龄开产，年产蛋 90 ~ 130 枚。平均蛋重为 50g 左右，蛋壳浅棕色，蛋形指数 1.27。

（11）清远麻鸡　产于广东清远市。属肉用型品种。

清远麻鸡体型特征可概括为"一楔"、"二细"、"三麻身"。"一楔"指母鸡体型像楔形，前躯紧凑，后躯圆大，"二细"指头细、脚细；"三麻身"指母鸡背羽面主要有麻黄、麻棕、麻褐三种颜色。公鸡颈部长短适中，头颈、背部的羽呈金黄色，胸羽、腹羽、尾羽及主翼羽呈黑色，肩羽、蓑羽呈枣红色。母鸡颈长短适中，头部和颈前 1/3 的羽毛呈深黄色。背部羽毛分黄、棕、褐三色，有黑色斑点，形成麻黄、麻棕、麻褐三种。单冠直立。胫趾短细、呈黄色。成年体重公鸡为 2.18g，母鸡为 1.75g。年产蛋 70 ~ 80 枚，平均蛋重为 46.6g，蛋形指数为 1.31，壳色呈浅褐色。

3. 现代商业品种

现代商用鸡种将鸡分为蛋用型和肉用型两类，其中蛋用型鸡种突出了鸡的产蛋性能，肉用型鸡则突出了鸡的产肉性能。优秀的蛋用鸡种，72 周龄产蛋已达到 19kg 以上，料蛋比达到了 2.2∶1 以上。

（1）商用蛋鸡

①海兰 W - 36：系美国海兰国际公司育成的配套杂交鸡。商品鸡生产性能：0 ~ 18 周龄育成率 97%，平均体重 1.28kg；161 日龄达 50% 产蛋率，高峰产蛋率 91% ~ 94%，32 周龄平均蛋重 56.7g，70 周龄平均蛋重 64.8g，80 周龄入舍鸡产蛋量 294 ~ 315 个，饲养日产蛋量 305 ~ 325 个；产蛋期存活率 90% ~ 94%。公母自别方式为羽速自别。

②罗曼白：系德国罗曼公司育成的两系配套杂交鸡。产蛋量高，蛋重大。罗曼白商品鸡生产性能：0 ~ 20 周龄育成率 96% ~ 98%；20 周龄体重 1.3 ~ 1.35kg；150 ~ 155 日龄达 50% 产蛋率，高峰产蛋率 92% ~ 94%，72 周龄产蛋量 290 ~ 300 个，平均蛋重 62 ~ 63g，总蛋重 18 ~ 19kg，每千克蛋耗料 2.3 ~ 2.4kg；产蛋期末体重 1.75 ~ 1.85kg；产蛋期存活率 94% ~ 96%。

③巴布可克 B–300：系美国巴布可克公司育成的四系配套杂交鸡。产蛋量高，蛋重适中，饲料利用率高。商品鸡生产性能：0~20周龄育成率97%，产蛋期存活率90%~94%，72周龄入舍鸡产蛋量275个，饲养日产蛋量283个，平均蛋重61g，总蛋重16.79kg，每千克蛋耗料2.5~2.6kg，产蛋期末体重1.6~1.7kg。

④滨白584：东北农业大学用引进的海赛克斯白父母代为育种素材，与原有滨白鸡纯系进行杂交组合品系选育而成。生产性能：72周龄饲养日产蛋量281.1个，平均蛋重59.86g，总蛋重16.83kg，蛋料比1:2.53，产蛋期存活率91.1%。该品种主要分布在黑龙江省境内。

⑤星杂288：由加拿大雪佛公司育成。商品鸡生产性能：156日龄达50%产蛋率，80%以上产蛋率可维持30周之久，入舍鸡年产蛋量270~290枚，平均蛋重63g，蛋料比1:2.2~2.4，成年鸡体重1.67~1.80kg。

⑥京白904：京白904为三系配套杂交鸡。特点是早熟、高产、蛋大、生活力强、饲料利用率高。生产性能：0~20周龄育成率92.17%；20周龄体重1.49kg；群体150日龄开产（产蛋率达50%），72周龄产蛋数288.5枚，平均蛋重59.01g，总蛋重17.02kg；每千克蛋耗料2.33kg；产蛋期存活率88.6%；产蛋期末体重2kg。

⑦海兰褐棕壳蛋鸡：由美国海兰国际公司育成的四系配套杂交鸡。商品鸡生产性能：0~20周龄育成率97%；20周龄体重1.54kg，156日龄达50%产蛋率，29周龄达产蛋高峰，高峰产蛋率91%~96%，18~80周龄饲养日产蛋量299~318枚，32周龄平均蛋重60.4g，每千克蛋耗料2.5kg；20~74周龄蛋鸡存活率91%~95%。雏鸡羽色可辨雌雄：公雏白色，母雏褐色。

⑧迪卡褐：由美国迪卡布公司育成的四系配套杂交鸡。商品鸡生产性能：20周龄体重1.65kg；0~20周龄育成率97%~98%；24~25周龄达50%产蛋率；高峰产蛋率达90%~95%，90%以上的产蛋率可维持12周，78周龄产蛋量为285~310枚，蛋重63.5~64.5g，总蛋重18~19.9kg，每千克蛋耗料2.58kg；产蛋期存活率90%~95%。雏鸡羽色自别雌雄：公雏白羽，母雏褐羽。

⑨依莎褐：依莎褐系法国依莎公司育成的四系配套杂交鸡。商品鸡生产性能：0~20周龄育成率97%~98%；20周龄体重1.6kg；23周龄达50%产蛋率，25周龄母鸡进入产蛋高峰期，高峰产蛋率93%，76周龄入舍鸡产蛋量292枚，饲养日产蛋量302枚，平均蛋重62.5g，总蛋重18.2kg，每千克蛋耗料2.4~2.5kg；产蛋期末母鸡体重2.25kg；存活率93%。雏鸡羽色自别雌雄：公雏白色，母雏褐色。

⑩海赛克斯白：该鸡系荷兰优利布里德公司育成的四系配套杂交鸡。产蛋强度高、蛋重大。生产性能：72周龄产蛋量274.1枚，平均蛋重60.4g，每千克蛋耗料2.6kg；产蛋期存活率92.5%。

⑪罗曼褐壳蛋鸡：罗曼褐是德国罗曼公司育成的四系配套、产褐壳蛋的高产蛋鸡。商品生产性能：0～20周龄育成率97%～98%，152～158日龄达50%产蛋率；0～20周龄总耗料7.4～7.8kg，20周龄体重1.5～1.6kg；高峰期产蛋率为90%～93%，72周龄入舍鸡产蛋量285～295枚，12月龄平均蛋重63.5～64.5g，入舍鸡总蛋重18.2～18.8kg，每千克蛋耗料2.3～2.4kg；产蛋期末体重2.2～2.4kg；产蛋期母鸡存活率94%～96%。雏鸡羽色自别雌雄：公雏白羽，母雏褐羽。

⑫罗斯褐壳蛋鸡：商品生产性能：0～18周龄总耗料7kg，19～76周龄总耗料45.7kg；18周龄体重1.38kg，76周龄体重2.2kg；25～27周龄产蛋高峰，72周龄入舍鸡产蛋量280枚，76周龄产蛋量298枚，平均蛋重61.7g，每千克蛋耗料2.35kg。雏鸡羽色自别雌雄：父本两系褐羽，母本两系白羽。

（2）商品肉鸡

①AA肉鸡：AA肉鸡是美国爱拔益加育种公司培育而成的世界著名的快长型肉鸡品种。生产性能良好，抗病力较强。商品肉鸡生长快，一般49d体重可达2kg左右。

②艾维茵肉鸡：生产性能与AA鸡相似，商品鸡49d体重可达2kg左右，料肉比2:1。

③星布罗与宝星肉鸡：由加拿大雪佛公司育成的四系配套肉鸡。8周龄平均体重，星布罗商品代肉鸡为1.88kg，宝星鸡为2.17kg；平均料肉比星布罗肉鸡为2.07:1，宝星肉鸡为2.04:1。宝星肉鸡在我国适应性较强，在低营养水平及一般条件下饲养，生产性能较好。

④罗斯1号肉鸡：罗斯1号肉鸡是英国罗斯种畜公司育成的四系配套肉用鸡品种。生产性能较好，一般49d平均体重2.09kg，料肉比为2:1。

⑤罗斯308肉鸡：由美国安伟捷公司培育的肉鸡新品种。生长快，抗病能力强，饲料报酬高，产肉量高。公母混养，42d平均体重为2.4kg，料肉比为1.72:1，49d平均体重为3.05kg，料肉比为1.85:1。

⑥红布罗肉鸡：红布罗肉鸡又名红宝肉鸡，是加拿大雪佛公司培育的红羽型快大型肉鸡品种。50日龄和62日龄体重分别为1.73kg和2.2kg，料肉比分别为1.94:1和2.25:1。

⑦罗曼肉鸡。由德国罗曼公司培育的四系配套白羽肉鸡品种。生产性能：7周龄商品鸡平均体重2kg左右，料肉比为2.05:1。

⑧明星肉鸡：明星肉鸡是法国依莎公司育成的现代肉鸡品种。8周龄商品代平均体重2.3kg左右，料肉比为2.1:1。

⑨阿康纳40肉鸡：阿康纳40肉鸡是以色列亚发公司育成的黄羽肉鸡品种。商品肉鸡8周龄平均体重1.88kg，料肉比为2.2:1。

⑩海佩科肉鸡：海佩科肉鸡又名"喜必可"肉鸡，是荷兰海佩科家禽育种公司培育的肉鸡品种，有白羽型、红羽型及矮小型等类型。该鸡父母代64

周龄平均产蛋量 163 枚，商品肉鸡 56 日龄平均体重 1.96kg，料肉比为2.07：1。

单元二　鸭的主要品种

【学习目标】　掌握鸭品种的类型及其代表品种。了解各个品种的外貌特征、经济用途和生产性能。

【技能目标】　能正确识别鸭品种，在生产上更好地饲养和利用。

【课前思考】　蛋鸭和肉鸭的品种有哪些？其特征是什么？

1. 蛋鸭品种

我国蛋鸭品种较多，主要有绍兴鸭、金定鸭、连城白鸭、莆田黑鸭、攸县麻鸭、荆兴江鸭、三穗鸭、康贝尔鸭等。

（1）绍兴鸭　绍兴鸭是我国最优秀的高产蛋鸭品种之一，全称绍兴麻鸭，又称浙江麻鸭。分布在浙江、上海市郊各县及江苏省的太湖地区。具有体型小、成熟早、产蛋多、耗料省、抗病力强、适应性广等优点，适宜做配套杂交用母本。该品种可圈养，又适于在密植的水稻田里放牧。

外貌特征及生产性能：体躯狭长，喙长颈细，臀部丰满，腹略下垂，全身羽毛以褐色麻羽为基色，站立或行走时前躯高抬，躯干与地面呈45°角，具有蛋用品种的标准体型，属小型麻鸭。经长期提纯复壮、纯系选育，已形成了带圈白翼梢型和红毛绿翼梢型两个品系。成年"带圈"型公鸭体重为 1.45kg，母鸭 1.5kg；"红毛"型公鸭为 1.5kg，母鸭 1.6kg。群体产蛋率达 50% 为 140～150 日龄。正常饲养条件下，平均年产蛋量 260～300 枚，最高可达 320 枚，蛋重 63～65g，蛋壳颜色"带圈"型以白色为主，"红毛"型以青色为主。

（2）金定鸭　金定鸭原产福建省龙湾县金定乡及厦门市郊等九龙江下游一带，是我国优良蛋用型鸭种。具有产蛋量多、蛋型大、蛋壳青色、觅食能力强、饲料转化力高和耐热抗寒等特点。该品种鸭觅食能力强，适合在沿海地区及具有较好放牧条件的地方饲养。

外貌特征及生产性能：体躯狭长，前躯昂起。公鸭的头颈部羽色呈墨绿而有光泽，背部呈灰褐色，胸部呈红褐色，腹部呈灰白色，主尾羽呈黑褐色，性羽呈黑色并略上翘，喙呈黄绿色，虹呈彩褐色，胫、蹼呈橘红色，爪呈黑色。母鸭的全身被赤褐色麻雀羽，有大小不等的黑色斑点。背部羽色从前向后逐渐加深，腹部羽色较淡，颈部羽毛无黑斑，翼羽呈深褐色，有镜羽，喙呈青黑色，虹呈彩褐色，胫、蹼呈橘黄色，爪呈黑色。成年公鸭体重为 1.5～2.0kg，母鸭为 1.5～1.7kg。母鸭 110～120 日龄开产，500 日龄累计产蛋量 260～280 枚，蛋重 70～72g，蛋壳以青色为主。

（3）连城白鸭　连城白鸭主产福建连城县，属中国麻鸭中独具特色的白色变种，蛋用型。

外貌特征及生产性能：体型狭长，公鸭有性羽 2～4 根。喙黑色、颈、蹼呈灰黑色或黑红色。成年体重公鸭为 1.4～1.5kg，母鸭为 1.3～1.4kg。年产蛋量为 220～280 个，蛋重 58g。

（4）莆田黑鸭　莆田黑鸭主要分布于福建省莆田市沿海及南北洋平原地区，是在海滩放牧条件下发展起来的蛋用型鸭品种。莆田黑鸭体态轻盈，行走敏捷，有较强的耐热性和耐盐性，尤其适合在亚热带地区硬质滩涂饲养，是我国蛋用型地方鸭品种中唯一的黑色羽品种。

外貌特征及生产性能：莆田黑鸭体型轻巧、紧凑，全身羽毛呈黑色（浅黑色居多），喙、跖、蹼、趾均为黑色。母鸭骨盆宽大，后躯发达，呈圆形；公鸭前躯比后躯发达，颈部羽毛黑而具有金属光泽，发亮，尾部有几根向上卷曲的羽毛，雄性特征明显。300 日龄产蛋为 139.31 枚，500 日龄产蛋量为251.20 枚，个别高产家系达 305 枚。500 日龄前，日平均耗料为 167.2g，每千克蛋耗料 3.84kg，平均蛋重为 63.84g。蛋壳白色占多数。开产日龄 120d，年产蛋 270～290 枚，蛋重 73g，蛋壳以白色占多数。

2. 肉鸭品种

目前，我国拥有诸多的国内外优良品种，肉用型品种主要有北京鸭、樱桃谷鸭、狄高鸭、瘤头鸭。

（1）北京鸭　北京鸭原产于北京西郊玉泉山一带，是世界著名的优良肉用鸭标准品种。具有生长发育快、育肥性能好的特点，是闻名中外"北京烤鸭"的制作原料。

北京鸭体型较大，性情温驯，合群性强，配套系成年公鸭体重 3.5～4.0kg，母鸭 3.2～3.45kg，母鸭年均产蛋 220 枚左右。商品肉鸭 45 日龄体重3.2kg，饲料转化率 2.4，胸肉率 13.5%。

（2）樱桃谷鸭　原产于英国，我国于 20 世纪 80 年代开始引入，是世界著名的瘦肉型鸭。具有生长快，瘦肉率高、净肉率高和饲料转化率高，以及抗病力强等优点。

樱桃谷鸭体型较大，成年体重公鸭 4.0～4.5kg，母鸭 3.5～4.0kg。父母代群母鸭性成熟期为 26 周龄，年平均产蛋 210～220 枚。白羽 L 系商品鸭 47日龄体重为 3.0kg，料重比为 3:1，瘦肉率达 70% 以上，胸肉率为 23.6%～24.7%。

（3）狄高鸭　原产于澳大利亚，为世界著名肉用型鸭。具有生长快，早熟易肥，体型大，屠宰率高等特点。

公、母鸭成年体重平均为 3.5kg，性成熟期 180 日龄，母鸭年产蛋量140～160 枚。商品鸭 50 日龄体重为 2.5kg，在良好饲养条件下，56 日龄体重可达为 3.5kg，料重比为 3:1，为烤鸭、卤鸭、板鸭的上等原料。

（4）瘤头鸭　原产于南美洲及中美洲热带地区，俗称番鸭。番鸭与家鸭杂交，其后代无繁殖能力，俗称骡鸭。瘤头鸭具有生长快，体型大，胸、腿肌丰满，肉质优良等特点，是我国南方主要肉禽品种之一。

成年公鸭体重为 4.0 ~ 5.0kg，母鸭为 2.5 ~ 3.0kg。母鸭开产日龄为 180 ~ 210d，年均产蛋 60 ~ 120 枚，蛋重 70 ~ 80g。商品鸭 3 月龄体重，公鸭 2.7kg，母鸭 1.8kg，料重比 3:1，瘦肉率达 75% 左右。

单元三 鹅的主要品种

【学习目标】 掌握鹅品种的类型及其代表品种，了解各个品种的外貌特征、经济用途和生产性能。

【技能目标】 能正确识别鹅品种，在生产上更好地饲养和利用。

【课前思考】 鹅的代表品种有哪些？其特征是什么？

鹅是一种节粮型草食水禽。耐粗饲、生长快、周期短、适应性强，易饲养。

1. 蛋鹅品种

（1）东北仔鹅 东北仔鹅分布于黑龙江、吉林、辽宁等省。东北仔鹅以产蛋多而著名。该鹅体型较小、紧凑，体躯呈蛋圆形，颈细长，有小肉瘤，头上有缨状头髻，颌下偶有咽袋，全身羽毛呈白色。成年公鹅体重为 4 ~ 4.5kg，母鹅为 3 ~ 3.5kg，母鹅 180 日龄开产、年产蛋 100 ~ 180 枚，蛋重 131g，蛋壳呈白色，公母配种比例以 1:（5 ~ 7）为宜。

（2）豁眼鹅 原产于山东莱阳地区，分布于辽宁、吉林、黑龙江等地。该鹅因上眼睑有一疤状豁口而得名。豁眼鹅体躯呈长方形，全身羽毛白色，头较小，头顶部肉瘤明显，肉瘤、喙、蹼均为橘黄色。成年公鹅体重为 4 ~ 4.5kg。母鹅体重为 2.5 ~ 3.5kg，开产日龄 180d，年产蛋 130 ~ 160 枚，蛋重 130g，第二年至第三年为产蛋高峰期。

（3）太湖鹅 原产于长江三角洲太湖地区。太湖鹅最具中国鹅的典型特征。肉瘤明显，颈呈弓形而细长，前躯高抬，喙、肉瘤呈橘黄色，胫、蹼呈橘红色、虹彩蓝灰色，成年公鹅体重为 4 ~ 4.5kg，母鹅体重为 3 ~ 3.5kg，70 日龄体重可达 2.5kg，母鹅开产日龄为 160d，年产蛋 60 ~ 70 枚，蛋重 135d，蛋壳呈白色。公母繁殖的配种比例以 1:4 为宜。

（4）四川白鹅 四川白鹅原产于川西平原，分布于全省平坝和丘陵水稻产区。四川白鹅全身羽毛洁白，喙、胫、蹼呈橘红色，红彩为灰蓝色。公鹅头颈较粗，体躯稍长，额部有一呈半圆形肉瘤，母鹅头清秀，颈细长，肉瘤不明显。成年公鹅体重为 4.5 ~ 5kg，母鹅 4 ~ 4.5kg，开产日龄 220d，年产蛋 80 ~ 110 枚，蛋重 150g。公鹅性成熟期 180d，公母鹅配种比例以 1:4 为宜。

2. 肉鹅品种

（1）狮头鹅 是最大的肉鹅品种。原产于广东省饶平县，狮头鹅体大，头大如雄狮头状而得名。颌下咽袋发达，眼凹陷，眼圈呈金黄色，喙呈深灰色，胸深而广，胫与蹼为橘红色，头顶和两颊肉瘤突出，母鹅肉瘤较扁平，呈黑色或黑色而带有黄斑，全身羽毛为灰色。成年公鹅体重为 12~17kg；母鹅为 9~13kg。56 日龄体重可达 5kg 以上，母鹅开产期 6~7 月龄，年产蛋 20~38 枚，产蛋盛期为第二年至第四年，公母鹅配种比例以 1：5 为宜。

（2）图卢兹鹅　图卢兹鹅原产于法国西南部图卢兹镇。图卢兹鹅头大、喙尖、颈粗短、体宽而深，咽袋与腹袋发达，羽色呈灰褐色，腹部红色，喙、胫、蹼呈橘红色，成年公鹅体重为 10~12kg，母鹅体重 8~10kg，年产蛋 20~30 枚。

（3）法国朗德鹅　原产于法国朗德省。朗德鹅毛色灰褐，颈背部接近黑色，胸毛色浅呈银灰色，腹部呈白色，成年公鹅体重为 7~8kg，母鹅为 6~7kg，8 月龄开始产蛋，年平均产蛋 35~40 枚，种蛋受精率在 65% 左右，朗德鹅经填饲后重可达 10~11kg，肥肝重 700~800g。

【情境小结】

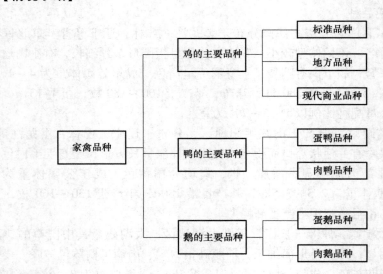

【情境测试】

1. 常见鸡的品种有哪些，其生产性能有哪些？
2. 常见鸭的品种有哪些，其外貌特征有哪些？
3. 常见鹅的品种有哪些，其外貌特征有哪些？

情境四 | 蛋鸡生产

单元一 育雏期的饲养管理

【学习目标】 了解雏鸡的生理特点，掌握雏鸡的培育技术。

【技能目标】 通过本单元的学习，能正确调控鸡舍内小环境。能根据雏鸡的生理特点，做好饲养管理工作。

【课前思考】 鸡常见的育雏方式有哪些？雏鸡有哪些饲养管理要点？

1. 雏鸡的生理特点

（1）雏鸡体温调节机能弱 刚出壳的幼雏体小娇嫩，绒毛稀短、皮薄、皮下脂肪少，加之大脑调节机能不健全，尚缺乏体温调节的能力，故难以适应外界大的温差变化。初生雏鸡的体温为（40.1±0.21）℃，要低于成年鸡体温2℃左右。以后（3~4d时）将逐渐均衡上升，10日龄左右时达到成年鸡体温，21日龄左右体温调节机能逐渐趋于完善，42日龄以后能逐渐适应外界环境温度的变化。所以，维持适宜的育雏温度，对雏鸡的健康和正常发育是至关重要的。

（2）消化机能不健全 幼雏的消化器官还处于初始发育阶段，消化器官容积小，进食量有限；消化酶的分泌能力也不健全，消化能力弱，肌胃研磨饲料能力低，这样使其消化能力差。因此，雏鸡料应选择优质、易消化、各类氨基酸平衡、粗纤维少的原料配方，饲喂次数也应比成年鸡多，要有针对性地少喂、勤添。

（3）敏感易惊群 雏鸡胆小、缺乏自卫能力，喜欢群居，且比较神经质，稍遇外界刺激，就有可能引起混乱炸群，影响正常的生长发育和抗病能力。所以，要求育雏的环境要安静，以防止各种突然异常声响和噪声，并应有防止鼠、雀和兽害的措施。

雏鸡不仅对环境变化很敏感，对饲料中营养物的缺乏、对一些药物和霉菌等有毒有害物质的反应、有毒药物的过量等，都会反映出病理状态。所以，在注意环境控制的同时，选择饲料原料和用药时也都需要慎重。

（4）抗病力差 雏鸡由于生理机能发育不完善，对外界环境的适应性差；免疫系统发育不完善，对各种病原体的抵抗力弱，在饲养管理上稍有疏忽就有可能患病。30日龄之内，雏鸡的免疫机能还未发育完善，虽经多次免疫，自身产生的抗体水平还是难以抵抗强毒的侵扰。所以，生产中要加强饲养管理，给鸡群提供适宜的环境条件，严格做好卫生防疫工作，尽可能为雏鸡创造一个适宜的环境。

（5）生长发育速度快　雏鸡的生长发育极为迅速。蛋鸡雏鸡的体重两周龄时就要比其出生时体重增加3倍左右，4周龄时增加6倍，6周龄时增加近11倍。雏鸡的前期生长非常快，以后随日龄的增长而逐渐减慢。由于雏鸡的生长快，其代谢旺盛，心跳快，脉搏每分钟可达250~350次，安静时的单位体重耗氧量与排出的二氧化碳量要比家畜高一倍以上。所以，在饲养上要满足其营养需要，需喂以高能量、高蛋白的全价营养配合饲料，另外，还要满足其对新鲜空气的需要。幼雏的羽毛生长也特别快，在20日龄时羽毛约为体重的4%，到28日龄便可增加到7%，以后大体保持不变的比例。因此，雏鸡对日粮中的蛋白质，特别是含硫氨基酸含量水平要求高。

2. 育雏方式及特点

蛋鸡育雏期是根据雏鸡的生理特点、生长发育的规律、饲养管理和饲养工艺设计上的特点而划分的，即从雏鸡出壳后羽毛未长全、需要人为供温的这一阶段为育雏期。通过对0~6周龄的雏鸡进行严格、科学、合理的饲养管理，培育出符合其品种生长发育特征的健壮合格鸡群，为确保以后商品蛋鸡能充分发挥出良好的生产性能、蛋用种鸡生产出更多合格种蛋打下良好的基础。育雏期雏鸡饲养的好坏是养鸡成败的关键，它直接影响到成鸡的质量、生产力和种用价值。如雏鸡患病、死亡率过高还直接影响鸡场的鸡群周转和饲养数量及质量，使鸡场无法完成计划和产生效益。所以，要使养鸡取得高产、高效，须十分重视雏鸡的饲养管理，培育出健康无病，体重、体尺达标的均匀合格的雏鸡群来。

人工育雏的方式按其占地面积和空间的不同及给温方法的不同，其管理要点与技术也不相同，大致可分为立体育雏、地面育雏和网上育雏3种方式。

（1）立体育雏　立体育雏是将雏鸡饲养在分层的育雏笼内，育雏笼一般分四层，采用层叠式，热源可用电热丝、热水管、电灯泡等，也可以采用煤炉或地下烟道等设施来提高室温。每层育雏笼由一组电加热笼、一组保温笼和四组运动笼三部分组成，可供雏鸡自由选择适宜的温区。笼的四周可用毛竹、木条或铁丝等制作，有专门的可拆卸的铁丝笼门更好，笼底大多采用铁丝网或塑料网，鸡粪由网眼落下，收集在层与层之间的承粪板上，定时清除。饲槽和饮水器可排列在笼门外，雏鸡伸出头即可吃食、饮水。这种设备可以增加饲养密度，节省垫料和热能，便于实行机械化和自动化，同时可预防鸡白痢和球虫病的发生和蔓延。立体育雏可以比平面育雏更经济有效地利用建筑面积、土地面积及热能。增大单位面积上的饲养密度，能使雏鸡发育整齐，还可大大提高劳动生产率，便于机械化、自动化管理，提高雏鸡的成活率和饲料效率。但笼育投资大（农村可充分利用竹木结构），对营养、通风换气等要求较为严格。由于笼养鸡活动量很有限，饲养密度较大，鸡的体质较差，饲养管理不当时容易得营养缺乏症、笼养疲劳症、啄癖、神经质等各种疾病。

目前，养鸡业发达的国家，90%以上蛋鸡都采用笼育，我国也广泛应用。

笼育分为两类：两段制和一段制。两段制笼养采用两套不同规格的笼具，一般0～6周龄雏鸡养于育雏笼，笼底网眼不超过1.2cm×1.2cm；7～20周龄养于育成笼，为二三层半阶梯式鸡笼，笼子空间更大，便于育成鸡的生长发育。一段制即育雏和育成鸡在同一舍内笼养，采用四层阶梯式，中间两层笼先集中育雏，然后逐渐均匀分布到四层进行育成，可减少转群造成的伤亡。育雏时，笼底网眼间距要缩小，可铺塑料网垫（6周龄左右取出）或调小网眼间距，侧网和后网加密，以防跑雏，前网丝距可以根据鸡的大小调节，使其既能自由采食、饮水，又不致跑出来。一段制的保温效果不如专用育雏笼好，但比较经济。目前，仍以两段制使用最为普遍。

（2）网上育雏　网上或棚架平养是利用铁网、带小孔的塑料垫网、木板条或竹排等做成的网板代替地面饲养雏鸡。网板离地面2cm高。为增加鸡舍的雏鸡容纳量、克服地面平养的缺点，目前多采用多层重叠式育雏笼或育雏器，每层下面有接粪盘，笼的周围装有食槽、水槽，以真空饮水器供水，有些在笼组的一端设有可调温的供热装置，其余部分是运动场，供雏鸡自由活动。网上育雏的优点是雏鸡与粪便接触少，减少了疾病的传播机会，特别是白痢、球虫病等，节省了铺垫料和定期更换垫料的开支，减少了人的体力劳动，提高了饲养密度。缺点是一次性投资多，饲养管理技术要求高。网上饲养雏鸡不接触土壤，失去了自己寻食微量元素的可能性，这就要求日粮中微量元素必须全面、质量好、不失效，并且通风要良好。

（3）地面育雏　地面育雏是传统的饲养方式，在地面上先铺垫6cm厚的垫料，雏鸡养在垫料上面。随着鸡龄的增加，垫料被践踏，厚度降低，粪便增多，应不断地添加新垫料，两周后增加垫料直至厚度达15～20cm。要求垫料吸湿性强、干燥清洁、无毒无刺激、无发霉腐败和细菌，常用于作垫料的原料有锯末、刨花、谷壳、花生壳、干杂草、玉米芯粉等。育雏室内设有喂食器、饮水器及供暖设备。头几天雏鸡小，活动范围窄，应用隔栏将雏鸡圈在热源的周围。热源包括地面烟道、煤炉、电热丝、煤油、液化石油、红外线灯等。地面育雏的优点是投资小，使用灵便，应用范围广，适用于小规模和可以利用不同类型和大小不等面积的房舍、暂无条件的鸡场及广大农村闲旧房舍的育雏。其缺点是饲养密度低，管理不方便也不规范，难以实行机械化管理，雏鸡与垫料、粪便接触，不利于鸡的疫病防制以及进行鸡免疫时抓鸡。

3. 育雏前的准备工作

（1）制定育雏计划　为预防疾病传染和提高雏鸡成活率，要采用全进全出的管理制度。全进全出制是指一个鸡舍或全场，饲养同一日龄的雏鸡，如果雏鸡数量不够，不得已分两批，而两批鸡日龄相差不超过5～7d为全进。肉仔鸡养成后于同一时间内全部出售上市称为全出。出场后清洁消毒，每批育雏后的空场时间为1个月。房舍建筑群最好是以小群体为单位的分散建筑。每个小群体单位的间距尽量大些，至少在100m以上，中间有绿色隔离带。

育雏计划首先要考虑到雏鸡的品种、代次、来源和数量。数量要由上笼鸡的数量反推而来，即接雏数量＝上笼鸡数÷育成成活率（一般为95%～98%）÷育成合格率（95%～98%）÷育雏成活率（95%～98%）÷育雏合格率（98%～99%）÷雏鸡雌雄鉴别准确率（96%～98%）。其次为进雏的日期和育雏的时间、饲料需要计划（每只鸡平均每日30g计算）、兽药疫苗计划、阶段免疫计划、地面平养时的垫料计划、体重体尺的测定计划、育雏各项成绩指标的制定、育雏的一日操作规程和光照饲养计划等。

（2）育雏舍及设备的准备

①育雏舍的隔离：育雏舍应隔离，远离其它鸡舍，鸡舍四周应有围墙隔离，出入围墙的大门应有消毒池，使车辆进出能经过此池而达到消毒目的。非工作人员不得入舍。

②育雏舍的面积：育雏房舍面积由育雏设备占地面积、走道、饲料和工具存放及人员休息场所等构成。如用四层重叠式育雏笼饲养雏鸡，笼具占地50%左右，走道等其它占地面积为50%左右。每平方米（含其它辅助用地）可饲养雏鸡（按养到6～8周龄的容量计算）50只。若是网上平养，每平方米容鸡量为18只左右；地面平养的容量为15只左右。

③育雏舍的环境：育雏舍室温要求在20～25℃为宜，要有良好的通风换气设备，舍内灯光布局要合理，保证较均匀的光照。要有供排水设施，以便于真空饮水器的换水和水罐等器具的清洗、消毒等。

④鸡舍的消毒：上批雏鸡转走后要对鸡舍进行全面清扫和冲洗，将给水系统、料槽、笼具等全面检修，之后用高压水枪从上到下进行冲洗、消毒。消毒程序如下：天棚、墙壁、地面、笼具，不怕火烧部分用火焰喷烧消毒，然后其它部分和顶棚、墙壁、地面用无强腐蚀性的消毒药物喷洒消毒，包括饲料间，最后用甲醛溶液42mL加21g高锰酸钾/m³密闭熏蒸消毒24h以上。

（3）饲料、疫苗及药品的准备　育雏前，准备好营养全、易消化、适口性好的不同日龄的雏鸡料，可用雏鸡全价颗粒料直接饲喂，也可按照各种饲料所含养分和适口性多样配合。配制好的全价料不要存放太久，以防止配制后全价料中的维生素A、维生素E等被氧化和霉变及被污染。常用雏鸡配合饲料配方为：玉米40%、高粱5%、黄豆15%、麦麸15%、豆饼10%、菜子饼8%、鱼粉5%、骨粉1.5%、食盐0.5%。其中蛋白质是雏鸡生长发育必不可少的营养物质。在喂料上应坚持少喂勤添、少吃多餐和吃八成饱的原则。日喂次数一般为：3～15日龄喂7～8次，16～30日龄喂6～7次，31～60日龄喂5～6次。

要准备好育雏常用药（如氟哌酸等）和消毒药（如百毒杀等）以及防疫程序所涉及的全部疫苗（如马立克氏病疫苗等）等。

4. 鸡苗的选择和接运

（1）鸡苗的选择　鸡苗品质的好坏关系着其以后的生长发育、前期死亡、增重以及免疫接种效果等。要养好后备鸡，首先要有良好的雏鸡。

初生雏的标准：健雏一般活泼好动，眼大有神，羽毛整洁光亮，腹部卵黄吸收良好；手握雏鸡感到温暖、有膘、体态匀称、有弹性、挣扎有力；叫声洪亮清脆。弱雏一般缩头闭目，羽毛蓬乱不洁，腹大，松弛，脐口愈合不良、带血；手感较凉、瘦小、轻飘；叫声微弱、嘶哑，或鸣叫不休，有气无力。

（2）鸡苗的运输　雏鸡的运输是一项重要的技术工作，稍不留心就会给养鸡场带来较大的经济损失。因此，必须做好以下几方面的工作：

①运雏用具：所有运雏用具在装运雏鸡前，均先进行严格的消毒。装雏用具要使用专用雏鸡箱，雏鸡箱一般长 50～60cm、宽 40～50cm、高 18cm，箱子四周有直径 2cm 左右的通气孔若干，箱内分 4 个小格，每个小格放 25 只雏鸡，可防止挤压。箱底可铺清洁的干稻草，以减轻振动，利于雏鸡抓牢站立，避免运输后瘫痪。冬季和早春运雏要带防寒用品，如棉被、毛毯等。夏季运雏要带遮阳防雨用具。

②运雏时间：初生雏鸡体内还有少量未被利用的卵黄，故初生雏鸡在 48h 或稍长一段时间内可以不喂饲料运输。但可喂些饮用水，尤其是夏季或运雏时间较长时，运输过程力求做到稳而快，减少震动。

③保温和通风：雏鸡进行装车时要注意将雏鸡箱错开安排，箱子周围要留有通风空隙，重叠层数不能太多。气温低时要加盖保温用品，但不能盖得过严，装车后立即启运，路上要尽量避免长时间停车。运输人员要经常检查雏鸡动态，如见雏鸡张嘴抬头、绒毛潮湿，说明温度太高，要注意通风降温；如见雏鸡拥挤一起，吱吱鸣叫，说明温度偏低，要把雏鸡分开并加盖保温。长时间停车时，要经常将中间层的雏鸡箱与边上的雏鸡箱对调，以防中间的雏鸡受闷。

④合理安放：雏鸡运到后，要及时接入准备好的育雏室内，将健雏和弱雏分开养育，以使雏鸡生长整齐，成活率高，及早处理掉过小、过弱及病残雏。捡鸡动作要轻，不要扔掷，否则会影响雏鸡日后的生长发育。

（3）接雏的方法　用户向种鸡场或孵化场预购雏鸡，一定要按照场方通知的接雏时间按时到达。雏鸡运到目的地后，要尽快将雏鸡从鸡盒内拿出放在栏内并清点数量。雏鸡全部放完后，应选择一定比例的鸡，把鸡的嘴浸入饮水器中使其尽快认识饮水器并学会饮水，部分鸡学会饮水后，其它的雏鸡会很快模仿。雏鸡入舍后最初 3～4h 仅供饮水，并保证饮水充足。

雏鸡开食时，为避免雏鸡暂时营养性腹泻，可以喂给每只鸡 1～2g 小米或碎大米（够 1h 采食完即可），采食完 4h 后再喂给饲料。

育雏期最好采取地面平养，其成活率较高。若采用笼养和地板上育雏，早期应铺放孔径较小的塑料网，其它覆盖物或垫料的方法，以减少腿病的发生。

5. 雏鸡的饲养管理

（1）初饮及日常饮水

①初饮：给雏鸡首次饮水称为"初饮"。雏鸡出壳后，一般应在其绒毛干后 12~24h 开始初饮，此时不给饲料。冬季水温宜接近室温（16~20℃），炎热天气尽可能提供凉水。最初几天的饮水中，通常每升水中可加入 0.2g 呋喃唑酮（痢特灵）或 0.1g 高锰酸钾，以利于消毒饮水和清洗胃肠，促进小鸡胎粪的排出。经过长途运输的雏鸡，饮水中可加入 5% 的葡萄糖或蔗糖、多维素或电解质液，以帮助雏鸡消除疲劳，尽快恢复体力，加快体内有害物质的排泄。育雏头几天，饮水器、盛料器应离热源近些，便于鸡取暖、饮水和采食。立体笼养时，开始一周在笼内饮水、采食，一周后训练在笼外饮水和采食。

雏鸡出壳后一定要先饮水后喂食，而且要保证清洁的饮水持续不断地供给。因为出雏后体内水分消耗很大，加上雏鸡体内还残留的蛋黄需要水分来帮助吸收。另外，育雏室温度较高，空气干燥，雏鸡呼吸和排泄时会散失大量水分，也需要靠饮水来补充水分以维持体内水代谢的平衡，防止其因脱水而死亡。因此，饮水是育雏的关键。

②日常饮水：雏鸡的饮水器应勤换新水、勤清洗，要保证常有清新的饮水。要求育雏期内每只雏鸡最好有 2cm 的饮水位置，或每 100 只雏鸡有 2 个 4.5L 的塔式饮水器。饮水器一般应均匀分布于育雏室或笼内，并尽量靠近光源、保护伞等，避开角落放置，饮水器的大小及距地面的高度应随雏鸡日龄的增加而逐渐调整。雏鸡的需水量与品种、体重和环境温度的变化有关。体重越大，生长越快，需水量越多；中型品种比小型品种饮水量多；高温时饮水量较大。一般情况下，雏鸡的饮水量是其采食干饲料的 2~2.5 倍。需要注意的是：雏鸡的饮水量忽然发生变化，往往是鸡群出现问题的信号，比如鸡群饮水量突然增加，而且采食量减少，可能有球虫病、传染性法氏囊病等发生，或者饲料中含盐分过高等。

（2）开食及日常喂料

①开食：给初生鸡第一次喂料称为开食。刚出壳的雏鸡体内有足够的卵黄，3~5d 内可供给雏鸡部分营养物质，适时开食有助于雏鸡腹内蛋黄吸收，有利于胎粪排出，促进其生长发育，是育雏工作中的重要环节。适时开食非常重要，原则上要等到鸡群羽毛干后并能站立活动，且有 2/3 的鸡只有寻食表现时进行。开食不宜过早，开食过早会因消化器官脆弱而使其受到损害，过晚开食则会消耗体力和营养物质，不利于雏鸡的生长发育。开食一般是在出壳后 24~36h 进行。

开食时的饲料放在平盘或塑料蛋盘上，稍加拌湿的饲料为最佳，并且拌有一定比例的多维素和抗菌素，若有条件还可在雏鸡料中加一些大蒜汁，可预防雏鸡消化道疾病。饲料要现拌现用，采取勤添少喂的方法，尤其是在夏天，一般情况下一天喂料 4~6 次。一周以后可改用饲料槽装料饲喂雏鸡。

②日常喂料：开食后，实行自由采食。饲喂时要掌握"少喂勤添八成饱"的原则，每次喂食应在 20~30min 内吃完，以免幼雏贪吃，引起消化不良、食欲减退。从第 2 周开始要做到每天下午料槽内的饲料必须吃完，不留残料，以免雏鸡挑食，造成营养缺乏或不平衡。一般第一天饲喂 2~3 次，以后每天喂 5~6 次，6 周后逐渐过渡到每天 4 次。喂料时间要相对稳定，喂料间隔基本一致（晚上可较长），不要轻易变动。从 2 周龄起，料中应开始拌 1% 的沙粒，粒度从小米粒逐渐增大到高粱粒大小。

（3）做好日常管理

①育雏温度：适宜的温度是育雏成败的首要条件，育雏开始的 2~3 周极为重要。刚孵出的幼雏体温低于成鸡 2.7℃左右，20 日龄时接近成鸡体温，体温调节机能不完善，绒毛稀短、皮薄，难以自身御寒，尤其在寒冷季节。所以，必须严格掌握育雏的温度。近年来，蛋鸡育雏多采用高温育雏法。高温育雏法有利于雏鸡体内蛋黄物质的吸收，雏鸡发育健壮，雏群生长整齐，并能有效地控制雏鸡白痢病的发生与蔓延，对提高育雏成活率效果明显。表 2-3 为两种育雏温度的差别。

表 2-3 育雏期的供温程序

日龄/d	常规育雏法温度/℃	高温育雏温度/℃
1~7	30~32	33~35
8~14	29~30	30~33
15~21	27~29	27~30
22~28	24~27	24~27
29~35	21~24	21~24
36~56	19~21	19~21

在整个过程中温度变化一定要平稳，衡量舍温以鸡背平行处温度为准。

②湿度：舍内湿度与鸡体内水分蒸发、体热散发和鸡舍清洁卫生密切相关。高温低湿时，鸡体内水分散失过多，易导致雏鸡脱水。由于干燥会引起舍内尘土飞扬，容易诱发雏鸡的呼吸道疾病。低温高湿时，舍内既冷又潮湿，雏鸡易感冒，引起垫料潮湿，易发生胃肠道疾病和球虫病。高温高湿时，雏鸡体内热量不易正常散发，易闷气，食欲下降，生长缓慢，抵抗力减弱。一般情况下，鸡舍应以保持干燥为宜，以防止细菌繁殖和感染，但相对湿度应不低于 40%。

适宜的相对湿度：10 日龄前为 60%~65%，10 日龄后为 50%~60%。湿度不足时，可在舍内走廊、地面、四周墙壁或烟道上洒水，也可在热源上放水盆蒸发水汽，以增加舍内湿度；湿度过高时，可在鸡舍地面铺设防潮层，适当提高鸡棚内的温度，加强通风换气，勤换垫料，及时清除舍内潮湿的粪便和垫料，防止引水器漏水等。有条件的鸡场最好安装喷雾设备。

③光照：合理的光照可以加强雏鸡的血液循环，加速新陈代谢，增进食欲，有助于消化，促进钙磷代谢和骨骼的发育，增强机体的免疫力，从而使雏鸡健康成长。

表2-4是某公司蛋鸡后备建议的光照程序。

表2-4　　　　　　　　　　　蛋鸡后备建议的光照程序

日龄/d	光照时间/h	光照度/lx
1~7	22	≥20
8~14	20	≥5
15~21	18	≥5
22~28	16	≥5
29~120	10~12	≥5

注：表中10~12h光照时间是指在密闭条件下。在开放式或半开放式舍内育雏，应以5~17周龄中最长的日照时间为固定光照时间，这样可使鸡只体成熟与性成熟同步进行，从而获得良好的生产性能。

④通风换气：经常保持育雏舍内空气新鲜，是雏鸡正常生长发育的重要条件之一。雏鸡生长快，代谢旺盛，呼吸频率高（35次/min），需氧量大，单位体重排出的二氧化碳比大家畜高出两倍以上。另外，禽类的消化道较短，雏鸡排出的粪便中还含有20%~50%的营养物质，这些营养物质在育雏室的温湿条件下，经微生物分解可产生大量的有害气体，如氨气、硫化氢和二氧化硫等。这些有害气体对雏鸡的生长和健康都很不利，尤其在饲养密度大，或用煤或煤气供暖时（一氧化碳易超标），更要注意通风换气。

通风换气的方法有自然通风和机械通风两种。密闭式鸡舍及笼养密度大的鸡舍通常采用机械通风，如安装风机、空气过滤器等装置，将净化过的空气引入舍内。开放式鸡舍基本上都依靠开窗进行自然通风。由于有些有害气体相对密度大，地面附近浓度大，故自然通风时还要注意开地窗。

但是育雏舍内的通风和保温常常是矛盾的，尤其是在冬季，生产上应在保温的前提下排出不新鲜的空气，如在通风之前先提高室温1~2℃，待通风完毕后基本上降到了原来的舍温，或通过一些装置处理后给育雏舍鼓入热空气等。寒冷天气通风的时间最好选择在晴天中午前后，气流速度不高于0.2m/s。自然通风时门窗的开启可从小到大最后呈半开状态，开窗顺序为：南上窗→北上窗→南下窗→北下窗→南北上下窗。不可让风对准鸡体直吹，并防止门窗不严出现的贼风。

⑤合适的密度：饲养密度是指育雏室内每平方米地面或笼底面积所容纳的雏鸡数。密度与育雏室内空气的质量以及鸡群啄癖的产生有着直接的关系。饲养密度过大，育雏室内空气污浊，二氧化碳浓度高，氨味浓，湿度大，易引发

疾病，雏鸡吃食和饮水拥挤，饥饱不均，生长发育不整齐，若室温偏高，容易引起雏鸡互啄癖。饲养密度过小时，房舍及设备的利用率降低，人力增加，育雏成本提高，经济效益下降，雏鸡的适宜密度见表2-5。

表2-5　　　　　　　　　各种饲养方式下雏鸡的饲养密度　　　　　　　单位：只/m²

周龄	地面平养	网上平养	立体笼养
1~2	30	40	60
3~4	25	30	40
5~6	20	25	30

注：笼养所指面积是笼底面积。

由表2-5可知，饲养密度随周龄和饲养方式的不同而异。此外，轻型品种的密度要比中型品种大些，每平方米可多养3~5只；冬天和早春天气寒冷，气候干燥，饲养密度可适当高一些；夏秋季节雨水多，气温高，饲养密度可适当低一些；弱雏经不起拥挤，饲养密度宜低些。鸡舍的结构若是通风条件不好，也应减少饲养密度。

（4）雏鸡的综合管理技术　　无论平养还是笼养，除了给予雏鸡适宜的环境条件外，育雏阶段还要做好以下几方面的工作。

①及时断喙：断喙的目的在于防止啄癖，尤其是在开放式鸡舍进行高密度饲养的雏鸡必须断喙，否则会造成啄趾、啄羽、啄肛等恶癖，使生产受到损失。断喙对早期生长有些影响，但对成年体重和产蛋无显著影响，并可避免鸡只扒损饲料，从而提高养鸡效益。

原则上断喙在开产前任何时候都可进行，但从方便操作，且对雏鸡的应激较小、重断率低等方面考虑，宜在7~10日龄进行。如果有断喙不成功的可在12周龄左右进行修整。

断喙前要先确保断喙器能正常工作，准备好足够的刀片，每3000只雏换一次刀片；刀片加热到暗樱桃红（约800℃）时，将雏鸡喙用手固定好放在断喙器两刀片间，用拇指将雏头稍向下按，食指轻压雏咽使其缩舌，将上喙切去1/2，下喙切去1/3，灼烧2s左右，以止血。注意：不能让上喙长于下喙，这样不方便采食。

②剪冠与截翅：剪冠的做法为许多养鸡场所采用，可以防止因斗架和啄癖而使鸡冠受伤，并可改善视力，也可减少冻伤和擦伤。剪冠一般在1日龄进行，用眼科剪在冠基部从前向后齐头顶剪去，该法出血很少。鸡冠有散热作用，一般较热地区不主张剪冠。鸡冠不太发达的蛋鸡也不主张剪冠。

截翅通常在1~2日龄进行，用剪子或其他工具在翅膀肘关节下段截断，然后用烧红的铁条烧烙伤口（用电烙铁亦可），一般不会出血。截翅能限制鸡的活动，使其不会乱飞，舍内环境安静，免去了翼羽的生长与脱换。因此，耗料量减少，产肉、产蛋量提高。有实验表明，截翅鸡比对照组产蛋量提高了7%～10%，饲料消耗量减少3%～5%，死亡率减少1%。

③加强日常看护：在雏鸡管理上，日常细致的观察与看护是一项比较重要的工作。

首先要检查采食，饮水位置是否够用，饮食高度是否适宜，采食量和饮水量的变化等，以了解雏鸡的健康状况。一般小鸡减食或不吃有以下几种情况：

a. 饲料质量下降，如发霉或有异味；

b. 饲料原料和喂料时间突然改变；

c. 育雏温度波动大，饮水不足或饲料长期缺乏沙粒等；

d. 鸡群发生疾病。如果鸡群饮水过多，常见于饲料中食盐或其它物质含量过高（如使用劣质咸鱼粉）；育雏温度过高或室内空气湿度过低；鸡群发生疾病（如球虫病、传染性法氏囊病等）。当鸡只有行动不便（如跛行）、神经症状（如扭脖）、精神不振等症状时，饮水量会下降，而且在采食量减少前1～2d下降。注意观察这些细微变化，有助于及早采取措施，减少损失。

饲养人员要经常观察雏鸡的精神状况，及时剔除鸡群中的病、弱雏。病、弱雏常表现出离群闭目呆立、羽毛蓬松不洁、翅膀下垂、呼吸带声等症状。

经常观察鸡群中有无啄癖及异食现象，检查有无瘫鸡、软脚鸡等，以便及时了解日粮中营养是否平衡。

④弱雏的护理：在育雏过程中，只要对弱雏给予精心的护理，一般都可成活，从而提高了育雏的成活率。可以从以下几个方面入手：

a. 单独饲养：由于弱雏体质差，反应迟钝，必须与壮雏隔离饲养，否则，其采食、饮水及活动都会受到限制，从而加速其死亡。

b. 较高温度：弱雏多由于胚胎发育滞后，出壳晚及卵黄吸收不良造成。所以育雏时要给予较高的温度，有利于促进胚胎进一步发育完全及卵黄的吸收。一般将弱雏的最初养育温度保持在34～37℃，只要雏鸡没有过热行为表现即可，以后每周逐渐下降1～3℃。

c. 补充体液：弱雏发育缓慢，生理机能差，加之育雏温度较高失水多，故必须及时补充体液。不能自饮者，应用滴管滴喂，每次4～5滴。饮水中加入5%的糖水及多维素、电解液等。

d. 合理饲喂：弱雏消化器官发育较差，加之卵黄吸收不完全，开食时间较壮雏要晚，并且第一次开食料要少，只要鸡会吃食就行。对个别不会吃食者，应进行人工饲喂。开食后，要少喂勤添，开始每天喂7～8次，以后喂5～6次。为促进弱雏的消化，可在饲料中添加酵母片或食母生，每千克饲料10～15片，连用3～5d；为加强弱雏营养，可按每100只雏每天添加3～5枚熟鸡蛋进行拌料，连用一周左右；为增强弱雏抵抗力，可及早交替使用抗菌素类药物，加强免疫接料工作，特别是要搞好环境清洁及消毒工作。

单元二　育成期的饲养管理

【学习目标】　了解育成鸡限制饲养的目的，掌握限制饲养方法，掌握育成鸡的饲养管理技术。

【技能目标】　通过本单元的学习，能正确做好育成鸡的饲养管理工作。

【课前思考】　育成鸡限制饲养的要点是什么？

1. 育成鸡的限制饲养

（1）限饲的目的和作用

①延迟性成熟：通过限饲可使性成熟适时化和同期化，抑制其性成熟，这是由于限饲首先控制了卵巢的发育和体重，个体间体重差异缩小，产蛋率上升快，到达5%产蛋率所需的日数。限制饲喂一般可以使性成熟延迟5～10d。

②降低产蛋期间的死亡率：在育成阶段的限制饲喂过程中，可能使鸡群死亡率增高，然而进入产蛋阶段的鸡群体质较强，死亡率则较低。原因是非健康鸡在限制饲喂期间因耐受性差而死亡，防止了多养不产蛋造成的浪费，提高了经济效益。

③节省饲料：在育成期进行限制饲喂，鸡的采食量比自由采食时食量减少，大约可节省10%～15%的饲料，从而降低了饲养成本。

④控制生长发育速度：可以防止母鸡过多的脂肪沉积，并使开产后小蛋数量减少。

（2）限饲方法

①限饲的常用方法：主要采用限制全价饲料的饲喂量的办法，如：

a. 每日限饲法：每天减少一定的饲喂量，一般是全天的饲料集中在上午一次性供给。

b. 隔日限饲法：将2d减少后的饲料集中在1d喂给，让其自由采食，可保证均匀度。

c. 三日限饲法：以3d为一段，连喂2d，停1d，将减少后的3d的饲喂量平均分配在2d内喂给。

d. 五二限饲法：在1周内，固定2d（如周三和周六）停喂，将减少后的7d的饲喂量平均分配给其余5d。

以上四种方法的限饲强度是逐渐递减的，可根据实际情况选择使用，一般接近性成熟时要用低强度的限饲方法过渡到正常采食。

②限饲的起止时间：蛋鸡一般从6～8周龄开始，到开产前3～4周结束，即在开始增加光照时间时结束（一般为18周龄）。必须强调的是，限饲必须与光照控制相一致，才能起到应有的效果。

（3）限饲注意事项

①限饲前要整理鸡群，挑出病弱鸡，清点鸡只数；

②给足食槽位置，至少保证80%的鸡能同时采食；

③每1~2周在固定时间随机抽取2%~5%的鸡只空腹称重；

④限饲的鸡群应经过断喙处理，以免发生互啄现象；

⑤限饲鸡群发病或处于接种疫苗等应激状态，应恢复自由采食；

⑥补充沙粒和钙。从7周龄开始，每周每100只鸡应给予500~1000g沙粒，撒于饲料面上，前期用量小且沙粒直径小，后期用量大且沙粒直径增大。这样，既可提高鸡的消化能力，又能避免肌胃逐渐缩小。从18周龄到产量率为5%的阶段，日粮中钙的含量应增加到2%。由于鸡的性成熟时间可能不一致，晚开产的鸡不宜过早增加钙量。因此，最好单独喂给1/2的粒状钙料，以满足每只鸡的需要，也可代替部分沙粒，改善食口性和增加钙质在消化道内的停留时间。

2. 育成鸡的管理

从育雏结束到转入产蛋鸡舍前这段时间称作育成期，即7~18周龄。育成鸡饲养的好坏直接影响到产蛋鸡生产性能的发挥，从而影响到鸡场的经济效益。

（1）适时转群　要提前准备好育成舍。主要包括育成舍的清洗、消毒、检修、空舍等。转群对于育成鸡是不可避免的，鸡群将产生应激。因为转群后给料、饮水器具一般都要发生改变，再加上惊吓，鸡群几天之后才能适应，鸡群出现采食量下降，继而导致体重、体质下降，性成熟推迟。在生产实践中要尽量减少应激。转群前后2~3d内增加多种维生素1~2倍或饮电解质溶液；转群前6h应停料；转群后，根据体重和骨骼发育情况逐渐更换饲料。

（2）育成鸡的日常管理

①饮水：保证饮水清洁充足，定期洗刷消毒水槽和饮水器。

②喂料：喂料要均匀，日喂三次，每天要净槽。

③环境控制。

a. 温度：育成鸡的最佳生长温度是21℃左右，一般控制在15~25℃。夏天要注意做好防暑降温工作，冬天注意做好保温工作。

b. 通风：尤其是深秋、冬季及初春的通风，一定要与温度协调起来。

c. 清粪：清粪一定要及时，每2~4d一次。因为鸡粪过多，会导致有害气体含量过高，从而诱发呼吸道疾病。

d. 光照：转群的当天连续光照24h，使鸡尽早熟悉新环境，尽早开始吃食和饮水。

④卫生预防：工作人员应按照推荐的免疫程序做好免疫工作。

⑤分群饲养：首先要将一些瘦弱的鸡挑出，单独饲喂提高其营养水平。平时将一些不合格的鸡检出，进行隔离饲养。有条件的鸡场最好在70~90日龄对鸡群进行一次整理，分出大、中、小三群，分别进行饲养管理。

（3）驱虫　地面养的雏鸡与育成鸡比较容易患蛔虫病与涤虫病，15～60日龄易患涤虫病，2～4月龄易患蛔虫病，应及时对这两种内寄生虫病进行预防，增强鸡只体质和改善饲料效率。

（4）接种疫苗　应根据各个地区、各个鸡场以及鸡的品种、年龄、免疫状态和污染情况的不同，因地制宜地制定本场的免疫计划，并切实按计划落实。

单元三　产蛋期的饲养管理

【学习目标】　了解产蛋鸡的生理特点和产蛋规律，掌握产蛋鸡的饲养管理技术。

【技能目标】　通过本单元的学习，能根据产蛋鸡的生理特点和产蛋规律，正确饲养管理。

【课前思考】　产蛋鸡的产蛋规律是什么？如何提高产蛋鸡的产蛋量？

1. 产蛋期的生理特点和产蛋规律

（1）生理特点

①开产后身体尚在发育：刚进入产蛋期的母鸡，虽然性已成熟，但身体仍在发育，体重继续增长，开产后24周，约达54周龄后生长发育基本停止，体重增长较少，54周龄后多为脂肪积蓄。

②产蛋鸡富有神经质，对于环境变化非常敏感：鸡产蛋期间，饲料配方的变化，饲喂设备的改换，环境温度、湿度、通风、光照、密度的改变，饲养人员和日常管理程序等的变换，鸡群发病、接种疫苗等应激因素等，都会对产蛋产生不利影响。

③不同时期对营养物质的利用率不同：刚到性成熟时期，母鸡身体贮存钙的能力明显增强。随着开产到产蛋高峰，鸡对营养物质的消化吸收能力增强，采食量持续增加。而到产蛋后期，其消化吸收能力减弱，脂肪沉积能力增强。

开产初期产蛋率上升快，蛋重逐渐增加，这时如果采食量跟不上产蛋的营养需要，那么会使鸡被迫动用育成期体内贮备的营养物质，结果体重增加缓慢，以致抵抗力降低，产蛋不稳定。

（2）产蛋规律　在蛋鸡饲养过程中，掌握其产蛋规律并根据其规律增减饲料的数量及营养成分，可以充分发挥鸡的生产性能，提高饲料利用率。鸡在产蛋年中，产蛋期一般可分为三个阶段：即始产期、主产期和终产期。

①始产期：从产第一个蛋到开始正常产蛋称为始产期，此期约为15d。在此期间，鸡产蛋无规律性，蛋往往不正常。常出现产蛋间隔时间长、产双黄蛋、产软壳蛋或产很小的蛋。

②主产期：此期产蛋模式趋于正常，每只蛋鸡均具有特有的产蛋模式，产蛋率逐渐提高，大约在35周龄，产蛋率达到高峰，然后逐渐下降。主产期是

蛋鸡产蛋年中最长的产蛋期，对产蛋量起着重要的作用。因此，在此期间，要增加蛋白质、矿物质和维生素饲料的喂量，并注意添加蛋氨酸、赖氨酸等添加剂，以满足蛋鸡大量产蛋的需要。

③终产期：此期时间相当短，鸡还能产一部分蛋，但由于其脑下垂体产生的促性腺激素减少，产蛋量迅速下降，直到不能形成卵子而结束产蛋。此期开始可进行维持饲养，在保证其身体健康的前提下，适当减少蛋白质、碳水化合物等精饲料的喂量，增加粗饲料的喂量，以达到降低饲养成本的目的。

2. 产蛋鸡的饲养

（1）产蛋鸡的营养与饲料　在产蛋高峰期，为满足蛋重的增加和鸡体生长发育的需要，必须要有较多的营养物质供应，如果营养物质供应不足，会影响产蛋高峰的上升和对产蛋高峰的维持。

对饲料的品质要求营养完善、混合均匀、适口性好、颗粒适中、消化率高、无污染。高峰期日粮中蛋白质、矿物质和维生素水平要高，各种营养素要全面平衡。日粮中蛋白质的含量为19%～20%，代谢能为11.5MJ/kg，钙为3.7%～3.9%，有效磷为0.65%～0.7%；要保证日粮中各种氨基酸比例的平衡，并含有足够量的复合维生素、矿物盐及酶类物质，否则难以保证在高峰期维持较长的时间。

（2）饮水与喂料　产蛋期要保证饮水供给和清洁卫生，产蛋期不可断水，水温一般为13～18℃，冬季不低于0℃，夏季不高于27℃。饮水用具需要勤清洗消毒。一般产蛋鸡的日喂料次数为3次，早晨开灯后第一次、中午前后第二次、傍晚于关灯前第三次。3次喂料量分别占全天喂料总量的35%、25%和40%，应特别重视早、晚两次喂料。喂料时料槽中的料要均匀。鸡的采食量与日粮的能量水平、鸡群健康、环境条件和喂料方法等因素有关，一般的耗料标准见表2-6。

表2-6　　　　　　　　　　产蛋鸡耗料参考标准

周龄	轻型鸡耗料量/g	中型鸡耗料量/g
20	95	100
21	100	105
22	108	113
23	112	117
24 周以后	118	122

生产中，喂料量的多少应根据鸡群的采食情况来确定。每天早上检查料槽，槽底有很薄的料末，说明前天的喂料量是适宜的。如果槽底很干净，说明喂料量不足；如果槽底有余料，说明喂料量多。当鸡群产蛋率到一定高度不再

上升时，为了检验是否由于营养供应问题而影响产蛋率上升，可以采用探索性增料技术来促使产蛋率上升。具体操作是：每只鸡增加 2～3g 饲料，饲喂 1 周，观察产蛋率是否上升，若没有上升，说明不是营养问题，恢复到原先的喂料量；若有上升，再增加 1～2g 料，观察 1 周，如果产蛋率不上升，停止增加饲料。经过几次增料试探，可以保证鸡群不会因为营养问题而影响产蛋率上升。

3. 产蛋鸡的管理

（1）产蛋鸡的环境管理 进入产蛋期的鸡对环境要求较为严格，其中影响较大的环境因素主要有光照、温度、通风、湿度等。

①温度：温度是鸡的饲养管理最重要的环境因素之一，保持鸡舍适宜的温度能维持高而平稳的产蛋率和节省饲料。产蛋鸡的适宜温度为 15～24℃，当 21～24℃时饲料转化率最高。10～27℃范围内能表现出良好的生产性能。当环境温度高于 30℃时就会影响鸡的产蛋量、蛋重等，出现热应激导致采食量和产蛋率将明显下降，蛋重变小，蛋壳变薄，破蛋率增加。因此，蛋鸡舍冬季要注意保温，夏季要注意降温。

②光照：光照对鸡的开产日龄、产蛋率等尤为重要。正常情况下，鸡群在 18 周开始进行产蛋前的光刺激，如光照能持续刺激到产蛋高峰效果最好，这时应增加 1h 光照或增加至最少 13h 光照，每周或每两周增加 15min 或 30min 直至光照时间达到 16h 或 17h，以后一直保持光照时间固定不变。

③湿度：一般产蛋鸡可在 40%～72% 的相对湿度范围内，保持正常的产蛋量，过高或过低的湿度不利于鸡的健康和产蛋。湿度过低，易造成产蛋鸡饮水量增加而影响消化，使舍内粉尘飞扬，诱发呼吸道疾病等；湿度过高影响鸡体热量的散失，易使霉菌滋生，尤其在炎热季节，还会加剧热应激的危害程度，而寒冷的冬季湿度高时也会加剧热量的散失，给鸡体带来不利影响。

④通风换气：鸡舍空气的质量也是重要的环境因素。适宜的通风可排出有害气体，降低舍内粉尘、稀释病原微生物浓度，保持舍内良好的空气质量，满足产蛋鸡健康、高产的需要。若鸡舍空气不流通，会导致氧气不足，二氧化碳、氨气和硫化氢等有害气体大量聚集而对鸡体产生强烈的应激，长时间作用会损伤鸡的呼吸道黏膜，使其患呼吸道疾病。因此，一年四季都要注意鸡舍的卫生和通风，及时清除粪便和尘埃。在冬季给鸡舍保温时要注意通风换气。

（2）产蛋鸡的日常管理

①观察鸡群：观察鸡群能及时掌握鸡群的动态，便于采取有效的措施，保证鸡群的生产稳定性。一般早晨开灯后观察鸡群精神状态和粪便情况是否正常、料槽和水槽的结构和数量是否合适等，及时挑出有啄癖、脱肛的鸡，及时挑选和淘汰 7 月龄左右未开产的鸡和开产后不久就换羽的鸡。

②饲养员要按时完成各项工作：照明灯泡的启闭、上水、喂料、捡蛋、清粪、消毒等日常工作都要按规定保质保量地完成。

③保证鸡群安静，减少各种应激：产蛋鸡对环境的变化非常敏感，尤其是轻型鸡更为神经质。任何环境条件的突然改变都能引起强烈的应激反应，如大声喊叫、车辆鸣号、放鞭炮、改变工作程序、参观拍照、抓鸡转群、免疫断喙、换料停水、改变光照制度、新奇颜色和飞鸟走兽的蹿入等都能引起鸡群的惊恐而发生强烈的应激反应。其突出的表现是食欲不振、产蛋下降、产软蛋、神经质、到处乱窜、引起内脏出血而死亡。一般应激反应发生后就需要数日或数周才能恢复正常；有时还会引起其它一些疾病。因此，必须尽可能地减少应激，维持鸡群有个安全良好的生产环境。

④做好记录工作：对日常管理活动中的死亡数、产蛋量、产蛋率、蛋重、耗料、舍温、饮水以及防疫等实际情况要认真记录，通过它可以了解生产、指导生产。另外，对每批鸡生产情况的汇总，绘制成各种图表与以往生产情况对比或与该品种的生产标准对比，从中找出差距，以免在以后的生产中再出同样的问题。

⑤产蛋鸡挑选：挑选低产蛋鸡和停产蛋鸡是蛋鸡饲养日常管理工作中的一项重要工作。不仅能节约饲料，降低成本，还能提高笼位利用率。表2-7、表2-8是产蛋鸡与停产鸡、高产鸡与低产鸡的区别。

表2-7　　　　　　　　　　产蛋鸡与停产鸡的区别

项目	产蛋鸡	停产鸡
冠、肉垂	大而鲜红、丰满、温润、椭圆形	小而皮皱，色淡或暗红色、干燥无温暖感
肛门	大而丰满、温润、椭圆形	小而皱缩、干燥、圆形
触摸品质	皮肤柔软细腻，趾骨端薄而有弹性	皮肤和耻骨硬，无弹性
腹部容积	大	小
换羽	未换羽	已换或正在换
颜色	肛门、喙和胫等已褪色	肛门、喙和胫为黄色

表2-8　　　　　　　　　　高产鸡与低产鸡的区别

项目	高产鸡	低产鸡
头部	大小适中，清秀，头顶宽	粗大、面部有较多脂肪沉积，头过长或短
喙	粗稍短，略弯曲	细长无力或过于弯曲，形似鹰嘴
头饰	大、细致、红润、温暖	小、粗糙、苍白、发凉
胸部	宽而深、向前突出，胸骨长而直	发育欠佳，胸骨短而弯曲
体躯	背长而平，腰宽，腹部容积大	背短、腰窄，腹部容积小
尾	尾羽开展，不下垂	尾羽不正，过高、过平或下垂
皮肤	柔软有弹性，稍糙，手感良好	厚而粗，脂肪过多，发紫发硬
耻骨间的距离	大，可容3~4指以上	小，3指以下

续表

项目	高产鸡	低产鸡
胸、耻骨间的距离	大，可容4～5指以上	小，3指或3指以下
换羽	换羽开始迟，延续时间短	换羽开始早，延续时间长
性能	活泼而不野，易管理	动作迟缓或过野，难以管理
各部位的配合	匀称	不匀称
觅食力	强，嗉囊经常饱满	弱，嗉囊不饱满
羽毛	表现较陈旧	整齐清洁

4. 提高产蛋量措施

（1）选择优质的蛋鸡品种　不同的蛋鸡品种生产性能不同，对疾病的抵抗力和对气候、饲料的要求也不同。在购买鸡苗时，要到正规的大型种鸡场购买，根据当地的实际情况选择抗病力强、饲料消耗适中的纯正蛋鸡品种。

（2）养好后备鸡群　要使产蛋高峰期长久持续、产蛋率居高不下，必须把蛋鸡的各项生理功能调整到最佳状态。在开产前有重点地调养那些体质较弱的鸡，把弱鸡变强，提高鸡群发育的整齐度，使鸡群总体的体成熟时间、性成熟时间、开产时间一致，才能为蛋鸡生产潜力的充分发挥打下坚实的基础。

（3）抓好产蛋期间的管理　产蛋高峰期间，应注重营养的补充特别是氨基酸、钙质和维生素的补充。强化日常饲养管理，保障最适宜的温度范围，保持舍内通风换气良好，制定合理的光照方案，制订详细实际的免疫程序以保障综合卫生防疫措施的顺利实施，尽量减少环境条件的突然变化带来的应激等。

（4）选择优质蛋鸡饲料　蛋鸡必须摄入足够的营养，在保证自身需求的前提下才能将剩余的营养转化成鸡蛋，所以饲料的选择尤为关键。在日常饲养管理中应注意按饲养标准喂给全价的配合料，禁用霉变饲料和劣质添加剂，生产中在面对温度变化和阶段饲养等因素影响时，要适时调整饲粮营养成分，所有饲粮成分的调整都必须逐步进行，切忌骤变。

（5）要科学合理用药　产蛋期应加强饲养管理，防止疾病的产生，尽量不用药。一旦发病须谨慎用药，在日常饲养过程中，可以定期适当地在饲料中添加一些具有抗菌、抗病毒作用的中草药，如大青叶、板蓝根等，这样既不影响产蛋，又能起到增强机体抵抗力、预防疾病的作用。

单元四　蛋种鸡的饲养管理

【学习目标】　了解后备种鸡的饲养管理技术，掌握蛋种母鸡的饲养管理要点。

【技能目标】　能正确进行饲养后备种鸡，科学合理地进行公鸡的选择、确定合理的公母比例。

【课前思考】 后备种鸡为什么要进行公母分群饲养？提高种蛋合格率和受精率的措施有哪些？

1. 后备种鸡的饲养管理

（1）育雏期饲养管理 我国蛋种鸡的饲养大多采用笼养方式，育雏期（0～6周龄）采用四层重叠式育雏笼，育雏期（7～20周龄）采用三层或两层育成笼。后备鸡质量的优劣决定着产蛋期鸡的生产性能及最终的经济效益，所以这个时期必须做好以下几方面的工作。

①育雏前的准备工作：育雏室需先清洗和打扫干净，再用消毒液喷雾消毒1～2次，最后再用甲醛进行熏蒸消毒。熏蒸时要密闭鸡舍，使鸡舍温度达25℃以上，同时增加湿度。在进雏鸡2～3d前鸡舍开始生火预热。

②雏鸡的选择和运输：要选择消毒、防疫做得好的，历年来雏鸡成活率高、信誉好的种鸡场购买雏鸡；运输雏鸡时纸箱或运雏箱底部应放置干净的垫草、四周应开通气孔。运输途中应尽量保温，但也应注意防止盖得过严而使鸡闷死或出汗脱水。

③饮水：雏鸡运回后先放在育雏室内休息1h，然后给予5%的葡萄糖或普通糖水。应对雏鸡实行全群强制饮水，饮水器中不要断水。第1～2周龄饮凉开水，但水不要过凉，也不能过热。水中可加速补18或速补20，并连续在水中加恩诺沙星或环丙沙星1～2个疗程。饮水器应每天用清水或高锰酸钾水清洗一次。

④喂料：饮水后休息1～2h就可喂料，前3d可使用半熟的小米或玉米粉拌入少量全价配合料，以后配合料逐渐增多，到第4天可全部饲喂全价料。前3周可用雏鸡前期料，4～8周龄用雏鸡后期料，8周或10周龄后用育成料。

⑤温度、湿度：温度是决定雏鸡成活率高低的关键措施。育雏前几天应高温高湿（1～3日龄，温度33～35℃，相对湿度65%～70%，以后每天降0.5～2℃，相对湿度50%～60%），如果温度太高会影响采食量而造成鸡生长发育迟缓体质差；若温度低则部分营养用于体能消耗，生长也会变缓慢从而影响生长发育。

⑥光照：育雏、育成期要有合理的光照，前3d连续强光照有利于雏鸡的采食和饮水，为早期达到目标发育打下基础，以后每天减少0.5～10h或自然光照，光照强度也变弱但不影响采食为宜，因为光照时间和强度对性成熟影响大，防止性早熟。

⑦换气通风：前3～4d通风量不需很大，可不予考虑，但也不应封闭过严；5日龄后在保持舍温合适的情况下尽量通风，做到既要保温又要空气新鲜。

⑧断喙：时间在7～10日龄进行，断喙长度应切去上喙1/2、下喙1/3，若切去太多会导致应激太大并影响采食量，若断去太少，喙再长出造成啄癖和饲料浪费。为了减少断喙造成的应激和出血，断喙前3d在饲料中加入维生素

K_3，断后几天料槽内要有一定厚度的饲料，以便采食。

（2）育成期饲养管理 7～20周龄的这段时间称为育成期。育成期的管理直接着影响产蛋鸡的生产性能。

①饲料与营养：育成期日粮中各种营养成分的含量要相应少一些，特别是粗蛋白和能量水平随着鸡体重的不断增加要日益降低，以免引起鸡体过肥，体重超标，导致饲料报酬下降和以后产蛋量降低。可以采用限制饲养来控制其生长。把育成期分为7～12周龄和13～20周龄两个阶段。前一阶段日粮CP为16%，ME为11.8MJ/kg；后一阶段日粮CP为14%，ME为11.5MJ/kg。饲料更换要有1周的过渡阶段，以使鸡群有一个逐步适应的过程。

②分群与体重管理：为保证鸡群生长发育平衡，应在转群时按公母、大小、强弱进行分群。首先进行公母分群，这是因为公鸡比母鸡体质强壮，能抢食，性成熟早，且喜欢打斗和追逐母鸡，干扰母鸡的正常采食和休息，继而影响母鸡的正常生长发育。故应先按公母分群，再将公母鸡群按大小、强弱进行分群。

体重是育成鸡发育好坏的最重要标志。为把鸡体重控制在品种标准要求范围内，提高均匀度和使之适时性成熟，每周末要称重一次，称重鸡的数量不能少于全群鸡数的5%（每次称重一般在下午3：00～4：00）。对低于标准体重的鸡，应适当增加饲料，而对超过标准体重的鸡，依然按原标准喂养。

③限制饲喂，提高均匀度：育成鸡管理的重点是限制饲喂，防止脂肪积蓄，使生长略受抑制；防止过早成熟，适当控制体重增长，维持该品种的标准体重，以达到集中适时开产的目的。一般蛋用型种鸡群最经济开产周龄（50%开产）轻型鸡以24～25周龄、中型鸡以25～26周龄为最好。否则，会直接影响以后的蛋重、产蛋率及种蛋合格率。

④光照管理：在整个育成鸡的饲养管理阶段，不能增加光照时间和光照强度。因为过长过强的光照会使各器官系统在未发育成熟的情况下，生殖器官过早的发育，造成性成熟过早。对于密闭式鸡舍育成鸡的光照管理常采用渐减光照法和间歇光照法。

⑤密度要适宜：为使育成鸡群个体发育均匀，要依据鸡舍的容纳标准饲养，切忌过度拥挤。在平养条件下，7～18周龄的育成鸡以养10只/m² 为宜；笼养，以每只鸡占笼位270～280cm² 为宜。要注意通风换气，保持空气新鲜和适当的活动空间，对锻炼和加强育成鸡的心、肺、肌肉和骨骼系统的发育十分重要。

⑥加强免疫：本场要有合理的计划免疫程序，使免疫接种程序化。要在严格执行综合配套防疫程序的基础上，把免疫接种作为重点来抓，从而有效地控制鸡场疫病的发生和流行，确保鸡群的健康生长发育。

2. 产蛋期种母鸡的饲养管理

（1）合理光照：产蛋期初期饲养的光照程序如下：1～3日龄，24h光照；3 日龄~7 周龄，自然光照；8~21 周龄，8h 光照；21~23 周龄，14h 光照；24~25 周龄，15h 光照；26 周龄至淘汰，16h 光照。在产蛋期，光照刺激的时间和强度的增加要循序渐进，如果过度刺激会造成脱肛、抱窝、输卵管过度膨大、双黄蛋增多等现象。光照刺激时要注意鸡群的均匀度，如果均匀度较差则宜采用延后加光的方法，以减少脱肛等现象的发生，从而减少死亡。

（2）减少应激　产蛋期种母鸡对应激表现十分敏感，有异常的噪声或者有惊群现象都会影响产蛋。免疫和鸡舍内的环境因素也会造成应激。根据抗体监测的一般规律，在 40 周龄要注射 1 次新城疫疫苗，或者根据需要补充免疫 1 次流感疫苗。在免疫前要提前投喂抗应激药物，比如电解多维、维生素 C 等；产蛋鸡可在晚上借助手电筒的微光进行操作，产蛋鸡对暗光不敏感，容易抓鸡，不会造成惊群；疫苗注射前要用 20℃ 温水浸泡。炎热季节要尽一切力量防止热应激，夏季鸡舍温度高于 27℃ 就应该打开降温系统。如果超过 30℃，产蛋会明显下降，严重时会造成鸡的大量死亡。

（3）环境监控与降低成本　产蛋鸡对温度的要求比育成期更为敏感，特别注意在冬季要防寒、夏季要防暑。在冬季由于保暖的因素，鸡舍内的通风量要比夏季小的多，鸡舍内有害气体（氨气等）的浓度要比夏季高出许多。对温度和有害气体的控制是冬季环境控制的主要方面。应加强饲养管理，减少有害气体的产生；在温度许可的范围内加大通风量，可利用有害气体检测设备，根据有害气体的浓度决定通风量，还可以同时配合温度共同控制通风量，这样比单纯利用温度控制通风量对于环境的控制效果会要好；搞好环境消毒、饮水消毒和带鸡消毒，同时对主要的常发疾病进行抗体监测，发现问题及时处理。各项措施一定要严格执行落到实处，努力保证鸡只的健康。

3. 种公鸡的饲养管理

（1）公母分群饲养　自然交配鸡群公母分开培育可至 6 周龄。公母雏鸡分开饲养，有利于各自的生长发育和公鸡的挑选。6 周龄后经选择，挑选发育良好、体重达标的公鸡和母鸡混合饲养。混合饲养有利于及早建立群体的"群序"，减少性成熟时因斗殴影响产蛋量和受精率造成的损失。

（2）饲养设备和饲养密度　种公鸡与母鸡相比，应有较大的生活空间及饲养设备，饲养密度一般为 3~5 只/m²，饲槽长度为 20cm/只。人工受精的种公鸡须单笼饲养。

（3）公鸡的选择和公母比例　6~8 周龄时进行第一次选择，淘汰残、弱、脚垫、腿和趾有毛病以及打其它缺陷的小公鸡。褐壳蛋鸡母鸡和公鸡在这个年龄段不容易从外观上区分，所以淘汰公鸡时一定要仔细鉴定。公鸡的第二次选择是在 20 周龄左右。在由育成鸡舍转到成鸡舍时，选留体重符合品系标准的公鸡，根据种鸡饲养方式留足公鸡。自然交配公母比例为 1:8~1:10，人工受精为1:15～1:20。

单笼饲养公鸡在20周龄至采精阶段因死淘率较高，所以此时留种公鸡应较多。实际人工受精时公鸡比例为1:25～1:30就可满足需要。

（4）公鸡的营养需要

①育雏育成阶段的营养需要：蛋种公鸡育雏育成期的营养需要和蛋鸡无大的区别，代谢能为11.3～12.1MJ/kg，蛋白质在育雏期为16%～18%，育成期为12%～14%才能满足生长期的需要。

②繁殖期的营养需要：目前国内在蛋种鸡饲养过程中，公鸡大多采用和母鸡同样的日粮，对受精率和孵化率无显著影响。种公鸡对蛋白质和钙磷的需要低于母鸡的需要量，饲料蛋白质含量为12%～14%，每日采食10.9～14.8g蛋白质就能满足需要；钙需要量为79.8mg/kg体重，磷需要量不高于110mg/（只·d）。平养自然交配时采用分开的饲喂系统或笼养人工受精时对公鸡单笼饲养，公鸡使用单独的公鸡日粮，有助于长久保持其繁殖性能。

4. 提高种蛋合格率和受精率的措施

要提高种蛋合格率和受精率，首先要培育优良的种鸡。种鸡群体的质量和科学的管理对种蛋合格率和受精率的提高非常重要。

（1）控制环境温度　种鸡群生产较适宜的温度是20～25℃，过高或过低对精液的生产和品质都有不良影响，从而使受精率下降。

（2）注重日粮质量　营养缺乏会导致种鸡繁殖力降低，受精率下降。在种鸡饲料中，应满足其能量、蛋白质、维生素、矿物质，特别是钙、维生素A、维生素E、维生素D等营养的需要，每千克饲料中维生素A应含1万～2万IU，维生素E应含20～40mg，维生素D应达到2000IU。从18周龄起，应给母鸡饲喂种鸡全价料；在母鸡产蛋高峰前，每只鸡每天补钙3.3g，高峰后期每只鸡每天补钙3.8～4g，以提高种蛋产量；在配种旺季，应给种公鸡相对增加蛋白质供给量，以提高精液品质。种鸡饲料要保持新鲜，不喂给鸡群发霉变质饲料。

（3）掌握受精规律　公鸡精液的生产因季节不同而变化。春季因生长环境适宜，公鸡精液数量较多，夏末和秋初因气温、蚊虫及病原微生物等综合因素影响，精液数量较少。当公鸡感染沙门菌时，会导致睾丸和输精管产生病灶，细菌可通过精液传给母鸡，尽管采用人工受精，但经过3～5个月仍会造成母鸡生殖系统被细菌感染，导致卵巢发生病变，受精率下降。因此，春季是种蛋受精率最高的季节。

（4）精液品质测定　每月坚持两次定期检查精液品质。正常精液为乳白色的黏稠状液体，一次射精量为0.5～0.7mL。一般在采精后20min内进行测定。取一滴精液，置于载玻片上，在37℃条件下，用400倍显微镜检查，精子呈直线运动的才有受精能力，做圆周运动或摆动的精子都没有受精能力。密度用肉眼估测，有效精子在 20 亿个以上时品质较好。

（5）正确采精和输精　公、母种鸡的比例控制在 1:20 ~ 1:25。隔天采精 1 次或 1 周内连续采精 3 ~ 5 次，休息 2d。采精前应给公鸡断食 3h，以免排粪影响精液质量。精液在 25 ~ 30℃ 环境中应在 30min 内用完，在 2 ~ 5℃ 环境中应在 2h 内用完，避免阳光直接照射。输精前用氨苄青霉素冲洗母鸡输卵管，可提高受精率和降低死胎率。输精一般在下午 3 ~ 6 点进行，第 2 天重复输精 1 次，可提高受精率。输精时，翻开泄殖腔，用注射器吸取精液，输入母鸡阴道口内 2 ~ 3cm 深处，输入原精 0.03mL，隔 5 ~ 7d 重复 1 次。

（6）种蛋消毒存放　种蛋在采集后放入熏蒸间消毒，每立方米用 14g 高锰酸钾和 28mL 甲醛溶液，密闭熏蒸 20 ~ 30min，然后放入种蛋库存放 5 ~ 7d。种蛋库温度应为 13 ~ 18℃，相对湿度 60% 左右。种蛋用纸蛋盘存放，底层的蛋盘应用木板或其它材料垫起，保证种蛋透气，对提高受精率大有好处。

（7）做好疫病防治　根据种鸡场推荐免疫程序，搞好鸡新城疫、禽流感、传染性支气管炎、禽霍乱、大肠杆菌病、沙门菌病、减蛋综合征、法氏囊病等的预防免疫。做好鸡输卵管炎、卵黄性腹膜炎、泄殖腔炎的防制。严格控制磺胺类、四环素类及驱虫药物的使用，减少药物残留，提高受精率。

（8）加强种鸡管理　公鸡光照时间控制在 14 ~ 16h，母鸡控制在 16h。适当延迟开产日期，可提高初产蛋的合格率。公鸡实行单笼饲养，母鸡每笼不超过 3 只，尽量减少因高温、低温、噪声、不当光照、换料、防疫等应激因素而诱发的其它疾病，提高受精率。保证每只种鸡每天 200 ~ 300mL 的饮水，水质符合卫生质量标准，加强通风换气，做好防暑降温、防寒保温和场地、工具的定期消毒工作，及时清除粪便，消灭病原。

【情境小结】

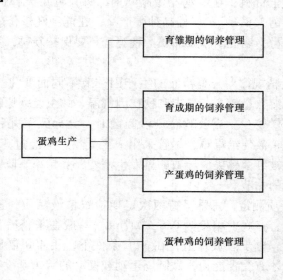

【情境测试】

1. 雏鸡的日常管理要点有哪些。
2. 育成鸡常用的限饲方法有哪些。
3. 如何提高产蛋鸡的产蛋量？
4. 提高种蛋合格率和受精率的措施有哪些。

情境五 | 肉鸡生产

单元一　肉用仔鸡的饲养管理

【学习目标】　了解肉用仔鸡常见的饲养方式，掌握肉用仔鸡公母分群饲养的主要管理措施。

【技能目标】　能够熟练、正确进行肉用仔鸡日常饲养管理工作。

【课前思考】　肉用仔鸡公母分群饲养的优点是什么？

1. 肉用仔鸡生产前准备

（1）饲养方式选择

①地面散养：地面散养是目前最普遍使用的方式。垫料的方式可采用经常松动垫料，必要时更换垫草的方式，或者采用厚垫草饲养法，即不更换垫料，根据垫料的污染程度，连续加厚，待仔鸡出售时一次出清的方法。地面饲养的优点是投资少，设备简单，残次品少。缺点是占地面积多，需要大量垫料，并容易通过粪便传染疾病。

②网上平养：网上平养是将鸡养在特制的网床上，网床由床架、底网及围网构成。网眼的大小以使鸡爪不进入而又可落下鸡粪为宜。如果采用金属网床，即可采用 12~14 号镀锌铁丝制成。网眼大小为 1.15cm×1.25cm。底网离地面 50~60cm。网床大小可根据鸡舍面积具体安排，但应留足够的走道，以便操作。采用网上平养，每平方米容纳鸡数比地面散养多 0.5~1 倍。网上平养管理方便，劳动强度小，鸡群与鸡粪接触少，可大大减少白痢病和球虫病的发病率。

③笼养：笼养又称立体化养鸡。从出壳至出售都在笼中饲养。随日龄和体重的增大，一般可采用转层、转笼的方法饲养。肉用仔鸡笼养便于机械化、自动化管理，鸡舍利用率高、燃料、垫料、劳力都可节约，还可以有效控制球虫病、白痢病的蔓延等，但笼养肉用仔鸡第一次投资大，特别是胸囊肿的发生率高，如果饲养不当，还会出现胸骨弯曲和软腿病等，目前不能普及。

（2）肉鸡舍准备　饲养肉用仔鸡前应做好以下准备工作：

①饲养人员的配备：要求饲养人员责任心强，能吃苦，具备一定的养鸡专业知识和饲养管理经验。

②鸡舍、用具的准备与消毒：进鸡前要对鸡舍进行全面检修，平养肉鸡必须提供适宜的温度、通风和足够的饲养面积，满足鸡生长的需要。在冬季鸡舍要保温，能适当调节空气；夏季要便于通风透气，并能保持干燥。

肉用仔鸡舍每批鸡出场后，要彻底清洗消毒，鸡群转出后最好能空闲 2~

3周。鸡舍可用甲醛溶液熏蒸（每立方米用甲醛溶液15mL，高锰酸钾7.5g）24～48h，然后换新鲜空气，关闭待用。在进雏前1～2d开始升温，升到适当温度，并保持稳定。水槽、料槽等可分别用生石灰粉和1%烧碱水消毒，然后用水冲洗干净，在阳光下晒干即可使用。水槽：每只鸡需保证拥有2cm长的水槽。料槽：每只鸡需保证拥有25cm食槽。

（3）饲料和药品准备　根据肉鸡营养需要和雏鸡日粮配方，准备好各种饲料，特别是各种饲料添加剂、矿物质饲料和动物性蛋白质饲料。要准备一些常用的消毒药、抗白痢、球虫药、防疫用疫苗等。建立和健全记录制度。准备好必要的饲养记录。

2. 肉用仔鸡的饲养原则

（1）适时地"开水"、"开食"　适时开食有助于雏鸡体内卵黄充分吸收和胎粪的排出，对雏鸡早期生长有利。开食时间在开水后或同时进行。

①开食：给初生雏鸡第一次喂料称作开食。开食的时间不宜过早，因为过早胃肠黏膜还很脆弱，易引起消化不良。另外，还影响卵黄吸收，开食也不宜过晚，过晚会使雏鸡体内残留的卵黄消耗过多，使之虚弱而影响发育。5日龄前的雏鸡可将饲料撒在深色的厚纸或塑料布上，也可放在浅盘中，增加照明，以诱导雏鸡自由啄食。5日龄后改用料槽饲喂，随着鸡的生长，保持槽边高度与鸡背平齐，使每只鸡有2～4cm长的槽位。雏鸡开食可直接用全价料，少给勤添，自由采食。

②开水：初生雏鸡第一次饮水称为"开水"。开水最好在出壳后24h内进行。雏鸡运到育雏舍后，要尽快使其饮上水，适时饮水可补充雏鸡生理所需水分，有利于促进胃肠蠕动、吸收残留卵粪、排卵胎粪、增进食欲、利于开食。有助于促进食欲和对饲料的消化吸收。饮水最好在雏鸡出壳后12～24h内进行，最长不超过36h，且在开食前进行。初饮时可先人工辅助使雏鸡学会饮水，将饮水器均匀摆放在料槽之间，并保证每只雏鸡有1～2cm的槽位。饮水温度应与舍温接近，保持在20℃左右，最好在饮水中加入适量青霉素（2000IU／只）、维生素C（0.2mg／只）和5%～8%葡萄糖或白糖。最初几天还可在饮水中加入0.01%的高锰酸钾，可消毒饮水、清洗胃肠和促进胎粪排出，有助于增强雏鸡体质，提高雏鸡成活率。另外，要做到自由饮水，并保持饮水清洁卫生。随着肉仔鸡日龄的增加，及时调整饮水器的高度，使饮水器边缘与鸡背相近。

（2）"全进全出"制　"全进全出制"是指在同一栋鸡舍同一时间内只饲养同一日龄的雏鸡，经过一个饲养期后，又在同一天（或大致相同的时间内）全部出栏。

这种饲养制度有利于切断病原的循环感染，便于饲养管理，有利于机械化作业，提高劳动效率；"全进全出制"鸡舍便于管理技术和防疫措施等的统一，也有利于新技术的实施；在第一批出售、下一批尚未进雏的1～2周为休整期，鸡舍内的设备和用具可进行彻底打扫、清洗、消毒与维修，能有效消灭舍内的病原体，切断病原的循环感染，也提高了鸡舍的利用率。这种"全进全出制"的饲养制度与在同一栋鸡舍里饲养几种不同日龄的鸡相比，具有增重快、耗料少、死亡率低的优点。

（3）公母分群饲养　公鸡与母鸡因生理基础不同，生长速度、羽毛生长速度和营养需要不同，为提高经济效益，生产上应分群饲养。分群饲养按性别的差异分别配制饲料，提高了饲料利用率，减少了浪费；使整个群体均匀整齐度提高，有利于批量上市和机械化屠宰加工，可提高产品的规范化水平，使鸡群的发病率、死淘率都大大低于混养方式，胸囊肿等缺陷率下降。

公母分群饲养的主要管理措施：

①根据营养需要的不同，确定饲喂方式：按性别的不同调整日粮的营养水平，以满足不同的鸡群在不同的饲养阶段所需要的不同营养。在饲养前期，公雏日粮的蛋白质含量可达24%～25%，母雏则只需要21%，为降低饲养成本，在优质饲料不足的情况下，应尽量使用质量较好的饲料来喂公鸡。

②根据生长发育需要选择适宜的环境：公母鸡羽毛生长速度不同，公雏羽毛生长速度慢，保温能力差，育雏时温度宜高一些，公雏1日龄35～36℃，母雏33～34℃，以后每天降低0.5℃，每周降3℃，直至四周龄时，温度降至21～24℃，以后维持此温度不变。如果遇到如防疫接种等应激反应大的情况，可将温度适当提高1～2℃，夜间温度应比白天高0.5℃。要保持温度相对稳定，同时注意相对湿度的适宜性，以保证最少的耗料、最大的饲料报酬。

③根据市场需要确定出栏时间：一般肉用仔鸡在7周龄以后，母鸡增重速度相对下降，饲料消耗急剧增加，此时如已经达到了上市体重即可提前出栏，而公鸡要到9周龄以后增重速度才会下降，因而公鸡可到9周龄时上市，临近出栏前1周要掌握市场行情，抓住有利时机，集中一天将同一房舍的鸡出售完毕，尽量避免零卖。

（4）提高均匀度措施

①抓好防疫工作，合理搭配饲料：根据本场的实际情况，及时准确地接种疫苗；预防性地投药；加强饲养管理中的各个环境，使鸡群健康状态良好。在饲料方面要保证原料的质量，同时稳定配方中的营养成分，给营养方面奠定基础。

②精确的断喙：精确的断喙可防制啄癖、节约饲料和提高均匀度。断喙好，鸡群个体采食速度和采食量相接近，限量采食中获得的饲料量基本相等，生长期速度一致。断喙不良的鸡群，会使许多鸡只采食困难或采食速度较慢，采食量减少，造成体重偏轻，甚至营养不良。因此，肉用种鸡在7～10日龄要实施精确的断喙。

③开产前整群：鸡群在开产前要进行整群（22～24周），将过度消瘦、超重及发育不良的鸡只选出淘汰，比例一般不超过1%。

④定期称重，合理调群：在 3~24 周内要做到每周称重 6 次，每天调整部分鸡群，18 周前一般每隔 4 周全舍分群 1 次，逐一称重，全群调整，均匀度较好可适当减少分群次数，降低应激反应。18 周龄后是性腺发育的重要阶段，一般不集中分群，除非均匀度低于 80%。

每周称重不但要计算全群平均体重和均匀度，每个栏也要单独计算各自的平均体重和均匀度，以此决定下一周的饲喂方案和每栏的具体投料量，同时还要评估平时调群、分群工作的好坏程度。3~24 周龄均匀度应保持上升态势。在 3~12 周龄上升较快，13~24 周龄上升较慢。13 周龄前，要采取严格的饲养手段，尽快地将均匀度提高到 85% 以上，不可太迟。因为 13 周龄以后性腺开始发育，过严的饲喂方案，会对性腺发育造成影响，为顾及性腺发育不致受阻，而采取温和的饲喂方案，致使均匀度的提高受到影响，甚至达不到较好的水平。另外，由于体重的增大，也会给称重、分群带来不便。如在某一周龄测得的均匀度比前一周低，那么就需要对允许群重新称量，扩大抽样率以得到准确的数值，不可盲目改变饲喂方案。

3. 肉用仔鸡的日常管理

（1）适宜的环境条件　现代肉鸡的早期生长速度很快，科学合理地做好育雏工作，使雏鸡有一个良好的开端，对肉鸡生产具有极其重要的意义。

在肉用仔鸡饲养的早期，应保持较高的湿度和温度，使雏鸡对外界环境有一个适应过程。鸡舍内的相对湿度可保持在 70% 左右。低湿度（育雏阶段低于 50% 的相对湿度）将导致鸡只脱水，对鸡只的生产性能产生负面影响。

要注重舍内的空气质量。通风可减少舍内有害气体量，增加氧气量，使鸡处于健康的正常代谢之中；通风还能降低舍内湿度，保持垫料干燥，减少病原繁殖。通过合理的通风换气，使温度和湿度保持在适当的水平，将有害气体排出舍外。在生产中，一般第 1~2 周以保温为主，适当注意通风，第 3 周开始则要适当增加通风量和通风时间，第 4 周以后除非冬季，则应以通风为主。特别是夏季，通风不仅能给鸡群提供充足的氧气，同时还能降低舍内温度，提高采食量与生长速度。

（2）适当的密度　饲养密度对肉用仔鸡的生长发育有着重大影响。密度应根据禽舍的结构、通风条件，饲养管理条件及品种来决定。密度过大，鸡的活动受到限制，空气污浊，湿度增加，会导致鸡只生长缓慢，群体整齐度差，易感染疾病，死亡率升高，且易养成啄肛、啄羽等恶癖，降低肉用仔鸡品质；密度过小，则浪费空间，饲养定额少，成本增加。随着雏鸡的日益长大，每只鸡所占的地面面积也应增加。

（3）加强卫生管理，严格防疫　搞好肉用仔鸡鸡舍环境卫生做好肉用仔鸡的疫苗接种及药物防制工作，是养好肉用仔鸡的重要保证。鸡舍的入口处要设消毒槽；垫草要保持干燥，饲喂用具要经常刷洗，并定期用 0.2% 的高锰酸钾溶液浸泡消毒。

①环境卫生：环境卫生包括舍内卫生、场区卫生等。舍内垫料不宜过脏、过湿，灰尘不宜过多，用具安置应有序不乱，要消灭舍内蚊、蝇、鼠。对场区要铲除杂草，不能乱放死鸡、垃圾等，保持经常性良好的卫生状况。

②消毒：场区门口和鸡舍门口要设有烧碱消毒池，并经常保持烧碱的有效浓度，进出场区或鸡舍要脚踩消毒池，杀灭由鞋底带来的病菌。鸡舍应限制外人参观，不准运鸡车进入生产区。应有固定鸡舍使用的饲养用具，对其它用具每5d进行一次喷雾消毒。

③疫苗接种：根据当地疫病流行情况，按免疫程序要求及时接种各类疫苗。肉用仔鸡接种疫苗的方法主要有滴鼻点眼法、气雾法、饮水法和肌肉或皮下注射法等。

（4）密切观察鸡群　在肉用仔鸡生产中，在搞好日常管理的同时，饲养人员要经常深入鸡舍，耐心细致地查看鸡群状况，确保鸡群的健康，防止疫病的发生。

①采食观察：饲养肉用仔鸡，采用自由采食，其采食量应逐日递增，若发现异常变化，应及时分析原因，找出解决的办法。

②饮水观察：检查饮水是否干净，饮水器或槽是否清洁，水流有无不出水或水流过大而外溢的现象，看鸡的饮水量是否适当，要防止不足或过量。

③精神状态观察：健康鸡眼睛明亮有神，精神饱满，活泼好动，羽毛整洁，尾翘立，冠红，爪光亮；病鸡则表现为冠发紫或苍白，眼睛混浊、无神，精神不振，呆立在鸡舍一角，低头垂翅，羽毛蓬乱，不愿活动。

④啄癖观察：若发现鸡群中有啄肛、啄趾、啄羽、啄尾等啄癖现象，应及时查找原因，采取有效措施。

⑤粪便观察：在刚清完粪时观察鸡粪的形状、颜色、干稀、有无寄生虫等，以此确定鸡群的健康状况。如雏鸡拉白色稀粪并有糊尾现象，则可疑为鸡白痢；血便可疑为球虫病；绿色粪便可疑为伤寒、霍乱等；稀便可疑为消化不良、大肠杆菌病等。发现异常情况要及时诊治。

⑥计算死亡率：正常情况下第一周死亡率不超过3%，以后平均日死亡率在0.05%左右。发现死亡率突然增加，要及时进行剖检，查明原因，以便及时治疗。

（5）做好日常记录　生产上要做好日常统计工作，填写记录表格。生产记录包括饲料消耗量、存活鸡数、死淘只数、舍内温度、湿度、鸡群状态等内容。每7d抽样称重1次，以及疫苗接种、用药时间和剂量等。

单元二　优质肉鸡的饲养管理

【学习目标】　掌握优质肉鸡的饲养管理要点。

【技能目标】　能够熟练、正确进行肉鸡的饲养管理工作。

【课前思考】　优质肉鸡饲养管理技术要点有哪些？

优质商品肉鸡生产的目的是提供达到市场要求的体重且整齐一致的肉鸡。优质肉鸡新陈代谢旺盛，生长速度较快，必须供给高蛋白、高能量的全面配合饲料，才能满足机体维持生命和进行生长的需要。优质肉鸡的整个生长过程均应采取自由采食，才能提高饲料利用率，提高经济效益。

1. 饲喂方案和饲喂方式

生产中优质肉鸡通常有两种饲喂方案：一种是使用两种日粮方案，即将优质肉鸡的生长分为两个阶段进行饲养，即 0 ~ 35 日龄（0 ~ 5 周龄）的幼雏阶段，36 日龄至上市（或 6 周龄至上市）的中雏、肥育阶段。这两个阶段分别采用幼雏日粮和中雏日粮，这种喂养方案可称为"2 阶段制饲养"。另一种是使用 3 种日粮方案，即将优质肉鸡的生长分为 3 个阶段，即 0 ~ 35 日龄的幼雏阶段，36 ~ 56 日龄的中雏阶段，57 日龄至上市的肥育阶段。这 3 个阶段分别采用幼雏日粮、中雏日粮、肥育日粮进行饲养，这种喂养方案可称为"三阶段制饲养"。

饲喂方式可分为两种：一种是定时定量，就是根据鸡日龄大小和生长发育的要求，把饲料按规定的时间分为若干次投给的饲喂方式，一般在 4 周龄以前每日喂 4 ~ 6 次，从早上 6 点至晚上 11 点分隔数次投料，投喂的饲料量以在下次投料前半小时能食完为准。这种方式有利于提高饲料的利用率；另一种是自由采食的方式，就是把饲料放在饲料槽内任鸡随时分食。一般每天加料 1 ~ 2 次，终日保持饲料器内有饲料。这种方式较多采用，不仅鸡的生产速度较快，还可以避免饲喂时鸡群抢食、挤压和弱鸡争不到饲料的现象，使鸡群都能比较均匀地采食饲料，生长发育也比较均匀，减少因饥饿感引起的啄癖现象。

2. 饲养管理

（1）光照管理　光照可延长肉鸡采食的时间，使其快速生长。光照时间通常为每天 23h 光照、1h 黑暗，光照强度不可过大，否则会引起啄癖现象。开放式鸡舍白天可通过遮盖部分窗户采取限制部分自然光照。随着鸡的日龄增加，光照强度则由强变弱。1 ~ 2 周龄时，每平方米应有 2.7W 的光量（灯距离地面 2m）；从第 3 周龄开始，改用每平方米 1.3W；4 周龄后，改用弱光可使鸡群安静，有利于生长。

（2）防止啄癖　优质肉鸡活泼好动，喜好追逐打斗，易引起啄癖。啄癖不仅会导致鸡的死亡，而且影响以后的商品外观，给生产者带来经济损失。

引起啄癖现象的原因很多，如饲养密度过大、舍内光线过强、饲料中缺乏某种氨基酸或氨基酸比例不平衡、粗纤维含量过低等。在生产中，一旦发现啄癖现象，需将被啄的鸡只捉出栏外，隔离饲养，啄伤的部位涂以紫药水或鱼石脂等带颜色的消毒药；检查饲养管理工作是否符合要求，如管理不善应及时纠正；饮水中应添加 0.1% 的氯化钠；饲料中增加矿物质添加剂和多种复合维生素。如采用上述方法鸡群仍继续发生啄癖现象以及在啄癖现象很严重时，应对鸡群进行断喙。

单元三　肉用种鸡的饲养管理

【学习目标】　掌握肉用种鸡限制饲养的方法。

【技能目标】　能够熟练、正确进行肉用种鸡产蛋期饲养管理。

【课前思考】　肉用种鸡如何限制饲养？

1. 饲养方式

传统饲养肉种鸡一般采用全垫料地面方式，但由于密度小，舍内易潮湿和窝外蛋较多等原因，当今很少采用。目前，采用比较普遍的肉用种鸡饲养方式有以下三种。

（1）漏缝地板　有木条、硬塑网和金属网等类漏缝地板，均高于地面约60cm。金属网地板须用大量金属支撑材料，但地板仍难平整，因而配种受精率不理想。硬塑网地板平整，对鸡脚很少伤害，也便于冲洗消毒，但成本较高。目前，多采用木条或竹条的板条地板，地板造价低，但应注意刨光表面和棱角，以防扎伤鸡爪而造成较高的趾瘤发生率。木（竹）条宽2.5～5.1cm，间隙为2.5cm。板条的走向应与鸡舍的长轴平行。这类地板在平养中饲养密度最高，每平方米可饲养种鸡4.8只。

（2）混合地面　漏缝结构地面与垫料地面之比通常为3:2或2:1。舍内布局常见在中央部位铺放垫料，靠墙两侧安装木（竹）条地板，产蛋箱在木条地板的外缘，排向与舍的长轴垂直，一端架在本条地板的边缘，一端吊在垫料地面的上方，这便于鸡只进出产蛋箱，减少占地面积。混合地面的优点是：种鸡交配大多在垫料上比较自然，有时也撒些谷粒，让鸡爬找，促其运动和配种。在两侧木板或其它漏缝结构的地面上均匀安放料槽与自流式饮水器。鸡粪落到漏缝地板下面，使垫料少积粪和少沾水。这类混合地面的受精率要高于全漏缝结构地面，饲养密度稍低一些，每平方米养种鸡4.3只。

（3）笼养　近年来肉用种鸡饲养多用笼养方式。使用每笼养两只种母鸡的单笼，采用人工受精，既提高了饲养密度，又获得了较高而稳定的受精率。肉用种母鸡每只占笼底面积720～800cm^2。一般笼架上只装两层鸡笼，便于抓鸡与输精，喂料与捡蛋。

肉用种鸡笼养增加了饲养密度，节约饲料，提高了种公鸡的利用率，孵化率高和劳动效率提高，可大大提高经济效益。

2. 肉种鸡的限制饲养

（1）限制饲养的方法　肉用种鸡限制饲养的限饲技术运用得当，能充分发挥种用肉鸡的优良生产特性和获得较好的养鸡经济效益。肉用种鸡饲料限饲常用方法有：

①限制饲粮营养水平：此方法不限制饲喂量。主要降低配合日粮蛋白质和

能量水平，但对钙、磷等微量元素和维生素做到充分供给，这样会有利于种鸡骨骼和肌肉的生长发育。

②限制饲粮的饲喂量：鸡的日粮限量一般从 3 周龄开始。可采用每天限饲，即按一天的需要量采取一次喂给，切不可多次喂；或隔日限饲，即采用隔天喂 1 次，将 2d 的饲料采取一次喂给；或一个星期停喂两天：如以周三、周五为限饲日，周日一次喂一天量，周二喂两天量，周三不喂料，周四喂两天量，周五不喂料，周末晚间随机抽样 2% ～5%，称个体重，做详细记录与标准体重进行比较，计算均匀度。

（2）饲料限饲应注意的问题　在应用限制饲喂程序时，应注意在任何一个喂料日，其喂料量均不可超过产蛋高峰期的料量。限制饲喂一定要有足够的料槽、饮水器和合理的鸡舍面积，使每只鸡都能均等地采食、饮水和活动。限喂的主要目的是限制摄取能量饲料，而维生素、常量元素和微量元素含量要满足鸡的营养需要。限制饲喂会引起饥饿应激，容易诱发恶癖，所以应在限饲前（7～10 日龄）对母鸡进行正确的断喙，公鸡还需断内趾。限制饲喂时应密切注意鸡群健康状况。鸡群在患病、接种疫苗、转群等应激状态时要酌量增加饲料或临时恢复自由采食，并要增喂抗应激的维生素 C 和维生素 E。在育成期，为了更好地控制体重，公母鸡最好分开饲养。停饲日不可喂沙粒。平养的育成鸡可按每周每 100 只鸡投放中等粒度的不溶性沙粒 300g 作垫料。

3. 肉用种鸡的管理

（1）开产前的管理　肉用种鸡的适时开产及开产时种鸡体重的达标与否，关系到种鸡产蛋高峰期的来临、产蛋高峰持续时间的长短和种蛋品质的优劣。因而，对肉用种鸡开产前的管理影响着种鸡的终生生产性能。开产前种鸡的管理主要有以下几项工作：

①适时转群：为使种母鸡有足够的时间来熟悉新的环境，种鸡在开产前 2～4 周应转入产蛋鸡舍。在 20 周龄左右转群，如转群时间过迟，种鸡已经开产，在育成舍内随地产蛋，种蛋破损增加，合格率下降。转群前产蛋舍的笼具、饮水器等每件物品都应经过认真的检查、维修与消毒。转群前几天饲料中可加一些抗生素或抗应激的多种维生素等。夏季转群最好在傍晚进行，应尽量避开白天高温时段。冬季转群最好在天气较好的中午进行。转群的同时还应淘汰瘦弱、病残等无种用价值的鸡。

②进行预防免疫注射：为保证后代雏鸡的健康，使种鸡在产蛋期不受疾病侵袭，一般按防疫程序都在产蛋前进行一系列疫苗注射。免疫程序可按各品种的情况具体制定。

③增加光照：为了控制种鸡的性成熟，生长阶段一般都采取限制光照的措施，但要求自 18 周龄开始，每周增加 20～30min，逐渐增加 15～16h 为止。在产蛋期内保持这一光照不再改变。

（2）产蛋期的管理

①产蛋期营养与饲料：产蛋料应使用高蛋白质含量配方，17～19周龄为母鸡性成熟的关键时期，产蛋饲料应按标准增加蛋白质和钙的含量。同时根据产蛋率的高低，适时地调整饲料配方。尤其是蛋白质和钙的含量应有不同的指标要求。产蛋率在80%以上时，蛋白质含量为18%，钙为3.5%；产蛋率在65%～85%时，蛋白质含量为17%，钙为3.25%；产蛋率小于65%时，蛋白质含量为15.5%，钙为3%。这样既能有高产蛋率，又能充分发挥鸡的生产潜能而不浪费饲料。

在生产中当产蛋高峰过后，产蛋量开始缓慢下降时，应注意不能过快降低营养水平，应维持原来的营养水平1～2周，让鸡消除疲劳。然后再适当降低蛋白质和能量水平。如果天气炎热，采食量下降，此时钙的水平不宜降低过快，以便保持蛋壳质量。

②温度：鸡舍内最适宜的温度是18～23℃，最低不应低于7℃，最高不超过30℃。相对湿度保持在60%～75%。如超过此温度范围则会严重影响采食和产蛋量，当环境温度达27℃时，每上升1℃，鸡的采食量会下降1.2%。为了保持最佳湿度，平时应注意增加通风，改善舍内空气环境，但当舍内温度低于18℃时应以保温为主，减少通风，舍内温度高于27℃时则以降温为主，可加大通风量。

③饮水：产蛋鸡饮用水应清洁、卫生。应随时保证有充足的干净饮用水供鸡饮用，水温以13～18℃为宜，冬天不能低于10℃，夏天不能高于27℃。如限制饮水，一天可饮水4次，每次饮用时间可根据气温高低调整在15～30min，应注意养鸡密度，保证每只鸡都能同时饮到水。

平时应观察和记录每天的饮水量。突然增加或陡然减少都是不正常的，这种情况往往预示着鸡体健康问题或饲料问题，应提前诊断和仔细检查，以便及时发现问题，解决问题，减少生产中的产蛋损失。

④光照：光照对成年种鸡产蛋的作用是直接的，一是通过对神经、体液的调节促进性腺的生长发育，并控制开产日龄和产蛋量；二是对整个鸡体的所有机能的内因性调节，通过明暗光周期调控排卵和产蛋时间。生产中光照方案应遵守产蛋期每日光照强度和长度决不可减弱和缩短的原则。

在执行光照程序时应严格按照制定好的光照程序进行，防止忘记开灯或停电时无光照情况发生，否则会连续影响好几天的产蛋量，使产蛋率下降。

⑤防止产蛋鸡啄癖：产蛋鸡啄肛、啄羽等啄癖的发生是生产中常见的现象。啄癖会影响鸡的健康，增加应激，影响产蛋，严重时还会造成鸡的死亡，增加死亡率。因此，应尽量防止发生啄癖现象。防止措施是进行断喙，断喙可有效防止发生啄癖现象和减少啄癖现象的发生。

【情境小结】

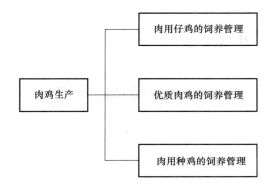

【情境测试】

1. 如何提高肉用仔鸡均匀度？
2. 肉用仔鸡公母分养有何优点？
3. 肉用种鸡采用什么限制饲养方法？
4. 肉用种鸡光照管理为何很重要？

情境六 │ 水禽生产

单元一　鸭的饲养管理

【学习目标】　掌握蛋鸭、肉鸭育雏期、育成期和产蛋期的饲养管理技术。掌握鹅的饲养管理要点。

【技能目标】　能科学饲养和管理不同阶段的蛋鸭和肉鸭。

【课前思考】　蛋鸭产蛋期的饲养管理技术有哪些？怎样对肉仔鸭育肥？

1. 蛋鸭的饲养管理

（1）雏鸭的饲养管理

①育雏室温度：雏鸭的适宜温度为：1 日龄 26～28℃，2～7 日龄 22～26℃，第 2 周 18～22℃，第 3 周 16～18℃。要保持室温相对稳定，否则雏鸭容易受凉感冒，导致疾病的发生。到 3～4 周时，需适时脱温，然后过渡到完全放牧。

②"开水"与"开食"：雏鸭第一次饮水称开水，又称潮水，开水的时间多在出雏后 24h 左右进行，为了减少运输造成的应激，可在饮水中加入少量的电解多维、维生素 C。雏鸭第一次采食称为"开食"，开水以后进行开食。开食的饲料可用粉状全价雏鸭料。开食时只吃七成饱，以后逐渐增加喂量，以防采食过多造成消化不良。开食以后，可饲喂高蛋白质（20%～22%）、高能量（10～13MJ/kg），多种氨基酸和维生素等混合的全价料。饲喂次数为：前两周每 3h 喂 1 次，昼夜饲喂，两周后改为 4h/次，20 日龄以后为 6h/次，间隔时间均等，昼夜饲喂，每次喂料后都要饮水 1 次。

③适时"开青"、"开荤"："开青"即开始喂给青饲料。在工厂化规模饲养情况下，饲养主要采用全舍饲或半舍饲，青饲料和天然动物性饲料较少，可完全用全价配合饲料。有条件的养殖场，可适当补饲青饲料和动物性饲料。雏鸭到 3～5 日龄开始补饲青饲料，可防止维生素缺乏。到 20 日龄左右，青饲料占饲料总量可达 40%。"开荤"是给雏鸭饲喂动物性饲料，可促进其生长发育。雏鸭从 4 日龄起补喂些小鱼、小虾、蚯蚓、泥鳅、螺丝、蛆虫等动物性饲料。

④放水：放水要与"开水"结合起来，逐渐由室内转到室外，水逐渐加深。一般 5 日龄后就可训练雏鸭下水活动，但雏鸭全身的绒毛容易被水浸湿下沉，体弱者还会被溺死。因此，要有专人守护，加以调教，戏水片刻要及时上岸休息。开始时可以引 3～5 只雏鸭先下水，每次放水 5min，一周后，每次放水 10min，然后逐步扩大下水鸭群，以达到全部自然下水，千万不能硬赶下水。下水的雏鸭上岸后，要让其在无风而温暖的地方理毛，使身上的湿毛干燥

后进育雏室休息，千万不能让湿毛雏鸭进育雏室休息。天气寒冷可停止放水。

⑤及时分群：雏鸭分群是提高成活率的重要环节。同一批雏鸭，要按其大小、强弱等不同分为若干小群，以每群300～500只为宜。以后每隔一周调整一次，将那些最大、最强的和最小、最弱的雏鸭挑出，然后将各群的强大者合为一群，弱小者合为另一群。这样各种不同类型的鸭都能得到合适的饲养条件和环境，可保持正常的生长发育。

同时，要查看是否有疾病原因等，对有病的要对症采取措施，将病雏单独饲养或淘汰。以后根据雏鸭的体重来分群，每周随机抽取5%～10%的雏鸭称重，未达到标准的要适当增加饲喂量，超过标准的要适当减少饲喂量。

⑥建立稳定的管理程序：蛋鸭具有群居的生活习性，合群性很强，神经类型较敏感，每天要有固定的管理程序，如饮水、吃料、下水游泳、上滩理毛、入圈歇息等习惯，不要轻易改变。饲料品种和调制方法的改变也是如此，如频繁地改变饲料和生活秩序，不仅影响生长，而且会造成疾病，降低育雏率。要做好饲料消耗和死亡记录。定期在水中加入抗菌药物，1日龄肌注鸭病毒性肝炎高免蛋黄抗体0.5mL/只；5～15日龄首免禽流感灭活疫苗（0.3～0.5mL/只）；20日龄注射鸭瘟弱毒疫苗，严格按瓶签标明的剂量接种，用生理盐水稀释疫苗，每只鸭肌注0.2mL。

（2）育成鸭的饲养管理

①饲料与营养：为使育成鸭得到充分锻炼，长好骨架，育成鸭的营养水平宜低不宜高，饲料宜粗不宜精。代谢能为11.30～11.51MJ/kg，蛋白质为15%～18%。尽量用青绿饲料代替精饲料和维生素添加剂，青绿饲料占整个饲料量的30%～50%。

②限制饲喂：圈养和半圈养鸭要限制饲喂。限制饲喂一般从8周龄开始，到16～18周龄结束。当鸭的体重符合本品种的各阶段体重时，可不需要限喂。限喂前必须称重，每两周抽样称重一次，整个限制饲喂过程是由称重—分群—调节喂料量（营养需要）三个环节组成，最后将体重控制在标准范围之内。加强运动，促进骨骼和肌肉的发育，防止过肥。每天定时赶鸭在舍内做转圈运动，5～10min/次，2～4次/d。

③光照：光照是控制性成熟的方法之一。育成鸭的光照时间宜短不宜长。有条件的鸭场，育成于8周龄起，每天光照8～10h，光照强度为5lx。

④放牧：早春在浅水塘、小河、小港放牧，让鸭觅食螺蛳、鱼虾、草根等水生物。以后可在稻田、麦田放牧。由于鸭在稻田中觅食害虫，不但节省了饲料，还增加了野生动物性蛋白的摄取量。放牧鸭群要用固定的信号和动作进行训练，使鸭群建立起听指挥的条件反射。

⑤做好疾病防治工作，育成鸭阶段主要预防鸭瘟和禽霍乱。具体免疫程序是：60～70日龄注射一次禽霍乱菌苗，70～80日龄注射一次鸭瘟弱毒苗，100日龄前后再注射一次禽霍乱菌苗。

（3）产蛋鸭的饲养管理

①饲料与营养：从产蛋开始直到被淘汰称为产蛋鸭。蛋鸭进入产蛋后，对营养物质的需求比以前阶段都高，除用于维持生命活动必需的营养物质外，更需要大量产蛋所必需的营养物质。合理饲养，提供营养平衡的日粮，是提高产蛋鸭生产能力的关键技术，为长期产蛋打好基础，有条件的地方最好实行放牧。圈养与散养的母鸭也要注意放水运动。在产蛋初期、中期和盛期应适时调整饲料配方，以满足蛋鸭不同生理阶段的营养需要。

②光照：进入产蛋期的光照原则是：只宜逐渐延长直至达到每昼夜光照16h，不能缩短，不可忽照忽停、忽早忽晚；光照度不可时强时弱，只许渐强，直至 $8lx/m^2$（$2W/m^2$）。

③鸭群观察：在产蛋季节要经常观察鸭群动态，观察鸭群精神、粪便和采食量。应注意掌握在早放晚关时的鸭群状态，如发现异常应马上查明原因加以解决。鸭群在夜间 2~3 点产蛋时，由于产蛋后口渴、饥饿，要在产蛋鸭舍放入一定量的饲料和饮水。注意料槽和饮水器要固定地方，不要随意更换。

（4）蛋种鸭产蛋期的饲养管理

为了得到高质量的可以孵化后代的种蛋，饲养种鸭要求更高，不但要养好母鸭，还要养好公鸭，才能提高受精率。

①养好公鸭：为提高种蛋受精率，要求公鸭体质强壮，性器官发达健全，性欲旺盛，精子活力好、健康。所选公鸭要比母鸭早 1~2 个月，在母鸭产蛋前，公鸭已达到性成熟。在青年鸭阶段，公母最好分群饲养，采用以放牧为主的方法，充分采食野生饲料，多锻炼，多活动。性开始成熟但未到配种期的公鸭，尽量放旱地，少下水活动，以减少公鸭之间相互嬉戏，形成恶癖。

②公母配比合理：蛋用型麻鸭品种，公鸭的配种性能都很好，公母的配比较大，受精率很高。如绍鸭，早春季节气温较低时，100 只母鸭群放 5 只公鸭，公母配比为 1:20；夏秋季节气温高，100 只母鸭群只放 3~4 只公鸭，公母配比为 1:25~1:33。

③增加营养：除了按母鸭的产蛋率高低给予必需的营养物质外，要多喂维生素、青绿饲料，特别是要适当增加维生素 E，因为维生素 E 能提高种蛋的受精率和孵化率，日粮中维生素 E 含量为 25mg/kg，不低于 20mg/kg。蛋白质饲料的比例，也要比平常略高些，色氨酸在饼粕类饲料中含量较高，配制蛋白质饲料时，饼粕和鱼粉都不可缺少，并添加干净的贝壳粒让鸭自由采食，以满足种鸭对矿物质的需要。禁止喂发霉变质饲料。

④鸭舍要清洁卫生：舍内要通风良好，外界温度高时，要加强通风换气，但不能在舍内地面上洒水；舍内的垫草必须保持干燥、清洁，尤其是产蛋的地方。对于初开产的新母鸭，可在鸭舍一角或沿墙一侧多垫干草做成蛋窝，再放几个蛋，引诱新母鸭集中产蛋。运动场要流水畅通，不能积有污水，保持鸭体干燥清洁；要及时收集种蛋，防止种蛋受潮、暴晒、被粪便污染。

2. 肉鸭的饲养管理

（1）肉用雏鸭的饲养管理　肉用雏鸭的饲养管理分两个阶段：0～3周的雏鸭管理阶段；4～8周（也有7周为止的）育肥管理阶段。肉鸭的早期生长速度很快，抓好雏鸭的饲养管理，有利于群体生长发育，可获得较高的饲料报酬。

①温度：0～3周的雏鸭，因绒毛保温效果差，体温调节机能不健全，所以要保持适当高的环境温度。开始育雏时，温度应在33～35℃，（冬季可稍高，夏季可稍低，幅度为1～2℃），48h后，可适当降温，每周降3～5℃，直至自然温度。当温度适中时，雏鸭散开活动，三五成群，躺卧舒展（伸颈展翅伏于平面），食后休息静卧无声。当3周龄末时，舍温以18～21℃为宜。

②湿度：育雏的前期，舍内温度较高，水分蒸发快，要求相对湿度要高一些（1周龄以60%～70%为宜，2周龄以50%～60%为宜）。湿度过低，雏鸭易出现脚趾干瘪、精神不振等轻度脱水症状，影响生长。如果湿度过高，形成高温高湿的环境，会导致雏鸭体热散发受阻，使雏鸭食欲减退，利于霉菌的繁殖和易导致球虫病的发生。

③通风：雏鸭排泄物会使舍内变得潮湿，积聚氨气和硫化氢等有害气体。所以在育雏保湿时，还要注重通风。如在冬季，可先提高舍温2～3℃，再打开门窗，几分钟后关闭。反复几次，既保证了新鲜空气的补充，又可维持住舍温。密度过大，鸭群拥挤，也会引起空气污浊，鸭群发育不齐，易患各种传染病。1～7日龄地面平养20～25只/m²，网上育雏25～30只/m²；8～14日龄地面平养10～15只/m²，网上育雏15～20只/m²；15～21日龄地面平养7～10只/m²，网上育雏10～15只/m²。对于中成鸭地面平养2～3只/m²，网上饲养3～5只/m²为佳。

④光照：育雏的头3d，连续光照，以后每天23h光照，8d以后，每天减1h光照，直至自然光。保持一定时间的黑暗和弱光，不仅使鸭群适应突然断电的变化，防止受惊、集堆、挤压死亡，还有利于充分的休息和生长，持续的强光不利于雏鸭生长。光照度以白炽灯5W/m²，距地面2～2.5m为宜（理论上以lx计，按10lx＝5W/m²，距地面2～2.5m换算），到4日龄以后，可不必昼夜开灯，利用自然光加早晚补光即可。

（2）肉鸭育成期的饲养管理　从21d后到出栏为肉鸭的育成期，此阶段是饲养肉鸭的关键时期，重点是促进肉鸭快速增长。

①营养需要与换料：从4周龄开始，育雏鸭饲料转换为育成鸭饲料，饲料的转换逐渐进行，一般育成期料与雏鸭料的使用比例是第1天为1:2，第2天为1:1，第3天为2:1，至第5天完全换料。

②温度、湿度和光照：肉鸭最适宜的环境温度为15～20℃。温度若超过26℃，采食量降低；低于10℃时，用于维持的饲料消耗增加。湿度应控制在50%～55%，垫料要干燥，并勤更换。光照强度以能看到采食即可，每平方米用5W白炽灯。白天利用自然光，早晚加料时开灯。

③饮水和饲喂：育成期采用自由饮水方式，水槽标准是每200只鸭合用一个2m长的水槽。饲喂次数白天3次，晚上1次。

④适时上市：选择7周龄为上市日龄。如是生产分割产品，8周龄上市为宜。首先要对鸭群进行分栏饲养，每栏饲养200只左右，3~4只/m²，公母鸭要分开饲养，弱小鸭要挑出单独饲养。经常打扫鸭舍，保持清洁、干燥。此外，还应增加全价饲料供给，并补充青绿饲料。育肥到公鸭重3.5kg左右，母鸭2kg左右就可以上市。由于此阶段开始换羽，易出现啄癖现象，应注意断缘和遮光。肉鸳鸯有旱鸭之称，大群饲养也只需用人造水池或水盆供其饮水，但一定要注意饮水的清洁卫生和持续供应。

（3）肉种鸭产蛋期的饲养管理　进入产蛋期的母鸭性情温顺，代谢旺盛，觅食能力强，生活和产蛋很有规律。产蛋期饲养主要是提供适宜的饲养管理条件和营养水平来获得较高的产蛋量和种蛋的受精率和孵化率。

①营养需要：种鸭开产以后，采用自由采食方式，日采食量大大增加，饲料的代谢能可控制在10.88~11.30MJ/kg，就可满足维持体重和产蛋的需要。但日粮蛋白质水平应分阶段进行控制。产蛋初期（产蛋率50%前）日粮蛋白质水平一般为19.5%即可满足产蛋的需要；进入产蛋高峰期（产蛋率50%以上至淘汰）时，日粮蛋白质水平应增加至20%~21%；同时，应注意日粮中钙、磷的含量以及钙、磷之间的比例。

②喂料、喂水：当产蛋率达到5%时，逐日增加饲喂量，直至自由采食。日采食量达250g左右，可分成两次（早上和下午各1次）饲喂。产蛋鸭可喂粉料或颗粒料。要常刷洗饲槽，常备清洁的饮水，水槽内水深必须没过鼻孔，以供鸭洗涤鼻孔。

③环境要求：

a. 温度：要创造保温条件，冬天舍内不低于0℃，夏天不高于25℃，温度高于25℃时要放水洗浴或进行淋浴。舍内地面的垫料要保持干燥。

b. 光照：产蛋期每天光照要达到16~17h，光照时间要固定。补光时，早上开灯时间定在4点最好。光照强度为每平方米鸭舍地面5W。灯高2m，宜加灯伞，灯安在铁管上，以防风吹动使种鸭惊群。停电时，要点灯照明，或自备发电设备，否则鸭蛋破损率和脏污蛋将增加。

c. 通风：在不影响舍温的原则下，要尽量通风，排出舍内有害气体和水分，保证舍内空气新鲜和舍内干燥。

d. 密度：种鸭的饲养密度小于肉鸭，一般2~3只/m²。如果有户外运动场，舍内饲养密度可以加大到3.5~4只/m²。户外运动场的面积一般为舍内面积的2~2.5倍。鸭群的规模不宜过大。一般每群以240只为宜，其中公鸭40只，母鸭200只。

④种蛋收集：鸭习惯于凌晨3~4点产蛋，早晨应尽早收集种蛋，初产母鸭可在早上5点捡蛋。饲养管理正常，通常母鸭在早上7点以前产完蛋。而产

蛋后期，产蛋时间可能集中在6~8点。应根据不同的产蛋时间固定每天早晨收集种蛋的时间。要保持蛋壳清洁，蛋壳脏污的蛋要应单捡单放，被污染的蛋不宜作种用。炎热季节种蛋要放凉后再入库。种蛋必须当天入库。凡不合格作种蛋的，不得入库。

（4）肉仔鸭的育肥　肉仔鸭生长迅速，饲料报酬高。8周龄体重可达3.2~3.5kg，甚至6~7周龄即可上市出售。一般饲养至8周龄上市，全程耗料比为1:3左右，饲养7周龄上市，全程耗料比降到1:2.6~2.7。因此，肉用仔鸭的生产要尽量利用早期生长速度快、饲料报酬高的特点。肉用仔鸭由于早期生长特别快，饲养期为6~8周。因此，资金周转很快，对集约化的经营十分有利。

肉用仔鸭育肥的目的是使肉仔鸭在短时期内迅速长肉，沉积脂肪，增加体重，改善肉的品质，提高经济效益。生产上可采用人工强制吞食大量高能量饲料，使其在短期内快速增重和积聚脂肪的方法育肥。填肥期一般为2周左右。

①填肥技术：当鸭子的体重达到1.5~1.75kg时开始填肥，填肥期一般为两周左右。由于雏鸭早期生长发育需要较高的蛋白质，后期则需要较高的能量来增加体脂、使后期的增重速度加快，所以前期料中蛋白质和粗纤维含量高；而后期料中粗蛋白质含量低，粗纤维略低，但能量却高于前期料。填肥开始前，先将鸭子按公母、体重分群，以便于掌握填喂量。一般每天填喂3~4次，每次的时间间隔相等，前后期料各喂1周左右。

②填喂方法：填喂前，先将填料用水调成干糊状，用手搓成长约5cm，粗约1.5cm，重25g的剂子。填喂时，填喂人员用腿夹住鸭体两翅以下部分，左手抓住鸭的头，大拇指和食指将鸭嘴上下喙撑开，中指压住舌的前端，右手拿剂子，用水蘸一下送入鸭子的食道，并用手由上向下滑挤，使剂子进入食道的膨大部，每天填3~4次，每次填4~5个剂子，以后则逐步增多，后期每次可填8~10个剂子。也可采用填料机填喂，填喂前3~4h将填料用清水拌成半流体浆状，水与料的比例为6:4。使饲料软化，一般每天填喂4次，每次填湿料量为：第1天填150~160g，第2~3天填175g，第4~5天填200g，第6~7天填225g，第8~9天填275g，第10~11天填325g，第12~13天填400g，第14天填450g，如果鸭的食欲好则可多填，应根据情况灵活掌握。填喂时把浆状的饲料装入填料机的料桶中，填喂员左手捉鸭，以掌心抵住鸭的后脑，用拇指和食指撑开鸭的上下喙，中指压住鸭舌的前端，右手轻握食道的膨大部，将鸭嘴送向填食的胶管，并将胶管送入鸭的咽下部，使胶管与鸭体在同一条直线上，这样才不会损伤食道。插好管子后，用左脚踏离合器，机器自动将饲料压进食道，料填好后，放松开关，将胶管从鸭喙里退出。填喂时鸭体要平，开嘴要快，压舌要准，插管适宜，进食要慢，撒鸭要快。填食虽定时定量，但也要视填喂后的消化情况而定，并注意观察。一般在填食前1h填鸭的食道膨大部出现凹沟为消化正常，早于填食前1h出现，表明填食过少。

③填肥期的管理：每次填喂后适当放水活动，清洁鸭体，或每隔 2 ~ 3h 赶鸭走动 1 次，帮助其消化，但不能粗暴地驱赶；舍内和运动场的地面要平整，以防鸭跌倒受伤；舍内保持干燥，夏天在运动场上搭建凉棚注意防暑降温；每天供给清洁充足的饮水；白天少填食，晚上要多填，可让鸭在运动场上露宿；鸭群的饲养密度前期为 2.5 ~ 3 只/m^2，后期 2 ~ 2.5 只/m^2；鸭舍始终要保持环境的安静，减少应激；一般填肥期 2 周左右，体重在 2.5kg 以上便可上市出售。

单元二　鹅的饲养管理

【学习目标】　掌握鹅的饲养管理要点。

【技能目标】　能科学饲养和管理不同阶段的鹅生产。

【课前思考】　雏鹅的饲养管理技术有哪些？如何生产鹅肥肝？

1. 雏鹅的饲养管理

雏鹅是指孵化出壳后到 4 周龄或 1 月龄内的鹅，其生长发育快，消化能力弱，调节体温和对外界环境适应性都较差。雏鹅饲养管理的好坏，将会直接影响到雏鹅的生长发育和成活率的高低，继而还影响到育成鹅的生产性能。

（1）育雏前的准备

①育雏舍：育雏前应做好舍内及周围环境的清扫消毒工作，备好火炉，做好保暖工作，门口设有消毒槽。准备育雏用具，如圈栏板、食槽、水盆等，围栏垫草要干燥、松软、无腐烂。

②备好育雏用药品：如禽力宝、葡萄糖、维生素 C、青霉素、痢特灵、驱虫药等。

③育雏饲料用雏鹅专用料、玉米面。

④疫苗：小鹅瘟血清、小鹅瘟弱毒疫苗。

（2）日常管理

①饮水：又称潮口，饮水要用温开水（25℃左右），要预防下痢。做到每只雏鹅都要喝到水，自由饮用，水盆水面水位以 3cm 为宜。1 ~ 7 日龄用禽力宝水溶液，最好在水中加入痢特灵或庆大霉素或高锰酸钾等可防止下痢，供水要充足，防止暴饮造成水中毒，并做好饮水用具的勤洗、勤换、勤消毒。

②开食：一般在出壳后 24 ~ 36h 开食，即雏鹅进舍饮完潮口水后 1h 左右即可开食。饲喂中药提供优质配合饲料与青饲料。

③防疫：要搞好环境消毒与卫生，做好预防工作，防止疫病发生。在重疫区雏鹅在 10 日龄注射小鹅瘟弱毒疫苗，每只雏鹅皮下注射 0.2mL（股内侧或胸部）；非疫区可不注射小鹅瘟疫苗。

④防应激：5 日龄喂食后，要给予 10 ~ 15min 室内活动，育雏舍内勿大声喧哗或粗暴操作，灯光不要太亮，在放牧时不要让狗或其它动物靠近鹅群。

2. 后备鹅的饲养管理

在后备鹅培育的前期，鹅的生长发育仍比较快，如果补饲日粮的蛋白质较高，会加速鹅的发育，导致体重过大过肥；并促其早熟，而鹅此时骨骼尚未得到充分的发育，致使种鹅骨骼发育纤细，体型较小，提早产蛋，往往产几个蛋后又停产换羽。所以在开始阶段应做好补充精料的工作，一般在第二次换羽完成后，逐步转入粗饲阶段。粗饲的目的是控制母鹅的性成熟期，适当控制体重，特别是防止过肥，培育鹅的耐粗能力，锻炼消化机能，降低生产成本；使母鹅开产一致，便于管理和提高产蛋性能，后备母鹅的控料应在 17~18 周龄开始，在开产前 50~60d 结束。控料阶段为 60~70d。

后备期应逐渐减少补饲日粮的饲喂量和补饲次数，锻炼其以放牧食草为主的粗放饲养，保持较低的补饲日粮的蛋白质水平，有利于骨骼、羽毛和生殖器官的充分发育。由于减少了补饲日粮的饲喂量，既节约饲料，又不致使鹅体过肥、体重太大，保持健壮结实的体格。

3. 种鹅的饲养管理

（1）育成鹅饲养　种鹅的育成期指的是 70~80 日龄至开产前阶段，主要对种鹅进行限制饲养，以达到适时的性成熟为目的。饲养管理分为生长阶段、控料阶段和恢复饲养阶段。

①生长阶段：生长阶段指 80~120 日龄这一时期，中鹅处于生长发育时期，需要较多的营养物质，不宜过早进行控制饲养，应逐渐减少喂饲的次数，并逐步降低日粮的营养水平，逐步过渡到控制饲养阶段。

②控制饲养阶段：从 120 日龄开始至开产前 50~60d 结束。控制饲养方法主要有两种：一是实行定量饲喂，日平均饲料用量一般比生长阶段减少 50%~60%；二是降低日粮的营养水平，饲料中可添加较多的填充粗料（如米糠、曲酒糟、啤酒糟等）。但要根据鹅的体质，灵活掌握饲料配比和喂料量，能维持鹅的正常体质。控料要有过渡期，逐步减少喂量，或逐渐降低饲料营养水平。要注意观察鹅群动态，对弱小鹅要单独饲喂和护理。搞好鹅场的清洁卫生，及时换铺垫草，保持舍内干燥。

③恢复饲养阶段：控制饲养的种鹅在开产前 50~60d 进入恢复饲养阶段（种鹅开产一般 220 日龄左右），应逐步提高补饲日粮的营养水平，并增加喂料量和饲喂次数。日粮蛋白质水平控制在 15%~17% 为宜。经 20d 左右的饲养，种鹅的体重可恢复到限制饲养前的水平。这阶段种鹅开始陆续换羽，为了使种鹅换羽整齐和缩短换羽的时间，可在种鹅体重恢复后进行人工强制换羽，即人工拔除主翼羽和副主翼羽。拔羽后应加强饲养管理、适当增加喂料量。公鹅的拔羽期可比母鹅早 2 周左右进行，使鹅能整齐一致地进入产蛋期。

（2）产蛋鹅饲养

①适时调整日粮营养水平：种鹅饲养到 26 周龄，或在开产前 1 个月时，改用产蛋鹅料。每周增加喂料量 25g/d，用 4 周时间逐渐过渡到自由采食，每日喂料量不超过 200g。参考配方（%）：玉米 52、豆粕 20、麦麸或优质干草

粉（叶粉）20、鱼粉3、贝壳粉5、食盐少量。

②饲喂：由于种鹅连续产蛋的需要，消耗蛋白质、钙、磷等营养物质特别多，因此日粮中蛋白质水平应增加至17%～18%。以舍饲为主放牧为辅，全舍饲日喂3～4次，其中晚上饲喂1次，日喂精料150～200g，同时供给大量青料（先喂精料后喂青料）。放牧日补饲3次，其中晚上1次，日补喂精料120～150g，并加适量青料。

③控制光照：在自然光照条件下，母鹅每年只有1个产蛋周期。为了提高母鹅的产蛋量，采用控制光照的办法，可使母鹅1个产蛋年有两个产蛋周期。对后备种鹅采用可调节的光照制度能增加产蛋量。

④要适当的公母配比：群鹅的公母配种比例以1∶4～1∶6为宜。一般重型品种配比应低些，小型鹅种可高些；冬季的配比应低些，春季的可高些。选留阴茎发育良好，精液品质优良的公鹅配种，性比可提高到1∶8～1∶10。

⑤产蛋管理：母鹅的产蛋时间多在凌晨至上午9∶00之间。因此，种鹅应在上午产蛋基本结束时才开始出牧。对在窝内待产的母鹅不要强行驱赶出圈放牧，对出牧半途折返的母鹅则任其自便返回圈内产蛋。大群放牧饲养的种鹅群，为防止母鹅随处产蛋，最好在鹅棚附近搭些产蛋棚。一般长3.0m、宽1.0m、高1.2m的产蛋棚，每千只种鹅需搭2～3个。舍饲鹅群在圈内靠墙处应设有足够的产蛋箱，按每4～5只母鹅共用1个产蛋箱计算。

⑥种蛋收存：要勤捡蛋，钝端向下存放，蛋表面清洁（不能水洗）消毒，存放在温度10℃、相对湿度65%～75%的蛋库内。

4. 鹅肥肝生产

鹅肥肝是鹅经专门强制填饲育肥后产生的、重量增加几倍的产品。肝用鹅经30d育雏后再生长40d（即70日龄）就可进入肥肝生产的强制填饲阶段。

（1）雏鹅的饲养

①开水：即出壳后24～36h有2/3雏鹅欲吃食时的第1次饮水，把少量的雏鹅嘴多次按入水盆中饮水（可用5%～10%葡萄糖水，复合维生素B糖水或清洁饮用水），引导其它雏鹅跟着饮水，水温25℃为宜。

②开食：将配合饲料搭上切细的嫩青绿饲料撒在塑料布上或小料槽内，引诱雏鹅自由吃食。

③饲喂：雏鹅的饲料应满足其生长发育的需要，精饲料与青饲料的比例10日龄前为1∶2（先喂精料后青料或混合喂），10日龄后1∶4（先喂青料后精料或混合喂）。

（2）雏鹅的管理

①保温：1～5日龄26～28℃（相对湿度60%～65%），6～10日龄24～25℃（相对湿度60%～65%），11～15日龄21～23℃（相对湿度65%～70%）。

②密度：1～5日龄，20～25只/m²，6～10日龄15～20只/m²，11～15日龄，12～15只/m²，16～20日龄，8～12只/m²，20日龄后密度渐降。

③放牧：育雏室内外气温接近时，10 日龄后（冬季、早春 21 日龄后）可进行放牧。

（3）预饲期的管理　预饲期是正式填喂前的过渡阶段，一般在 5～30d。预饲期玉米粒是用量最大的饲料，可占 50%～70%，小麦、大麦、燕麦和稻谷等在日粮中不超过 40%；豆饼（或花生饼）占 15%～20%；鱼粉或肉粉占 5%～10%；在预饲期，应供给大量适口性好的新鲜青饲料，同时供给鹅大量的维生素。为了提高食欲，增加食料量，可将青饲料与混合料分开来饲喂，青饲料每天喂两次，混合料每天喂 3 次。其它成分，可加骨粉 3% 左右、食盐 0.5%、沙粒 1%～2%，这三者均可直接混入精料中喂给。

（4）填喂　以搅龙式填喂机填喂方法为例。填喂操作程序为：由助手将鹅固定，操作者先取数滴食油润滑填喂管外面，然后，用左手抓住鹅头，食指和拇指扣压在喙的基部，迫鹅开口，右手食指将口打开，并伸入口腔内将鹅舌头压向下方，然后两只手协作并与助手配合将鹅口移向填喂管，颈部拉直，小心将填喂管插入食道，直至膨大部。操作者右手轻轻握住鹅嘴，左手隔着鹅的皮肉握住位于膨大部的填喂管出口处，然后踏动搅龙式填鹅机的开关，饲料由管道进入食道，当左手感觉到有饲料进入时，很快地将饲料往下捋，同时使鹅头慢慢沿填喂管退出，直到饲料喂到比喉头低 1～2cm 时即可关机。其后，右手握住鹅颈部饲料的上方和喉头，很快将鹅嘴从填喂管取出。为了不使鹅吸气（否则会使玉米进入喉头，导致窒息），操作者应迅速用手闭住鹅嘴，并将颈部垂直地向上提，再以左手食指和拇指将饲料往下捋 3～4 次。填喂时部位和流量要掌握好，饲料不能过分结实地堵塞食道某处，否则易使食道破裂。

【情境小结】

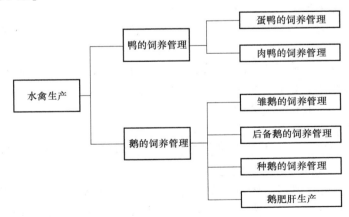

【情境测试】

1. 产蛋鸭的饲养管理要点有哪些？

2. 肉鸭的光照程序是什么？

3. 怎样对鹅进行填喂？

情境一 | 牛的外形鉴定

单元一 牛 的 品 种

【学习目标】 通过本单元的学习，掌握黄牛、奶牛、肉牛和兼用牛的品种，并了解各品种牛的外貌特征和生产性能。

【技能目标】 能对生产中牛的品种有清楚的认识，并了解各品种牛的外貌特点。

【课前思考】 牛品种很多，常见的黄牛有哪些品种？常见的奶牛有哪些品种？常见的肉牛有哪些品种？常见的兼用牛有哪些品种？常见的水牛有哪些品种？常见的牦牛有哪些品种？

1. 黄牛品种

（1）秦川牛 秦川牛是我国著名的黄牛品种之一，因原产于我国陕西省关中地区的"八百里秦川"而得名。

①外貌特征：秦川牛体格高大，骨骼粗壮，肌肉丰厚，体质强健，前躯发育良好，后躯较弱，具有役、肉兼用牛的体型。全身被毛细致光泽，多为红色，也有黄色。头部大小适中，公牛及阉牛的头较粗重，眼大，面平，鼻镜颇宽，眼圈及鼻镜一般呈肉红色，个别牛鼻镜呈黑色。角短，呈红色，多向外下方或后方稍弯。公牛颈粗短，颈峰隆起，垂皮发达。鬐甲高而宽，但无明显的肩峰。母牛鬐甲低，荐骨稍隆起，尾部长短适中，多斜尻。前肢相距较宽，后

肢飞节靠近，蹄质坚实，呈圆形。成年体重：公牛为 470～700kg，体高为 141.8cm，母牛为 320～450kg，体高 132.4cm。

②生产性能：在中等饲养水平下，饲养 325d，18 月龄时屠宰，平均屠宰率为 58.3%，净肉率 50.5%，胴体重为 282kg；肉质细，大理石纹明显，肉味鲜美，其肉骨比为 6.13:1、瘦肉率为 76.04%。成年母牛平均产奶（715.8±260.0）kg，乳脂率为 4.7%，乳蛋白率为 4.0%，干物质的总量为 16.05%，泌乳期 210d。

（2）南阳牛　南阳牛是我国著名的黄牛品种，产于河南省南阳地区的白河和唐河流域的平原区。南阳牛是当地的古老品种，当地养牛历来重视选择体格高大、结实均称、外貌良好的牛作种用。经过长期精心培育而形成了今日的南阳牛。

①外貌特征：南阳牛在我国黄牛品种中属大型役肉兼用品种。毛色多为黄色，另有红色或草白色。鼻镜多为肉色或红色带黑点，口部、四肢、腹下等处毛色较浅。南阳牛体格高大，骨骼结实，肌肉丰满，肩峰发达，肢势正直，蹄形圆大，行动敏捷。公牛以萝卜头角为多，母牛角细。颈短厚而多皱，鬐甲较高，肩部较突出，前胸较发达，背腰宽广匀称。

②生产性能：南阳牛按牛的体型分为高脚牛、矮脚牛和短脚牛（中间类型）。成年公牛体重 647.9kg，母牛为 411.9kg，公母牛体高分别为 144.9cm 和 126.3cm。役用性能好，最大挽力为体重的 64.8%～74.0%。以粗饲料为主进行一般肥育，公牛 1.5 岁时屠宰，其平均活重为 411.7kg，日增重 813g；屠宰率 55.6%，净肉率为 46.6%；3～5 岁阉牛肥育，屠宰率达 64.5%，净肉率达 56.8%，眼肌面积为 95.3cm^2。肉质细，味美，大理石纹明显。

（3）晋南牛　晋南牛是我国著名黄牛品种，产于我国山西省南部汾河下游的晋南盆地。

①外貌特征：晋南牛毛色枣红、鼻镜粉红、蹄壳粉红；体躯高大，骨骼结实，前躯较后躯发达，公牛头大，颈粗短而微弓，垂皮发达，母牛头清秀，鬐甲宽而稍隆起，胸深且宽，背腰平直，长短适中，尻部较窄，略有倾斜，四肢坚实，蹄圆大。公牛角为圆形，角根粗，母牛角多扁形，向前上方弯曲。乳房发育较差，乳头小。体态结实，表现胸围较大，背腰宽阔，具有役用牛体型特征。成年公牛体重为 607.4kg，体高 138.6cm，母牛为 339.4kg，体高 117.4cm。

②生产性能：晋南牛役用性能好，最大挽力平均为体重的 55%；成年牛肥育屠宰率平均为 52.3%，净肉率 43.4%；未经肥育的阉牛屠宰率为 41%。18 月龄晋南阉牛平均日增重为 688.5g，平均屠宰率为 53.9%，净肉率为 40.25%，胴体产肉率为 89.7%，肉骨比为 4.08:1，眼肌面积为 59.25cm^2。

（4）鲁西牛　产于我国山东省西南部的菏泽、济南两地区，是我国著名的黄牛品种。

①外貌特征：鲁西牛的毛色为浅黄色和红棕色，以黄色为多；眼圈、口轮、腹下及四肢内侧毛色淡。毛细而软，皮肤薄有弹性。体躯高大，略短，结构较为细致紧凑，肌肉发达，前躯较深，背腰宽广，侧望呈长方形，具有役肉兼用牛的体型。公牛头短宽，角粗，鼻骨隆起，母牛头稍窄长，角形不一。公牛颈部呈弓形，垂皮发达，前躯发育特别好，胸深而宽，肋骨拱圆。背腰平直，结合良好，腰尻肌肉丰满。四肢开阔，蹄大而圆；母牛蹄质较差，少数为剪刀蹄。

②生产性能：鲁西牛按体型有高轮型、抓地虎型、中间型三个类型。成年公牛体重为 644.4kg，母牛为 365.7kg。公母牛体高分别为 146.3cm 和 138.2cm。18 月龄平均屠宰率为 57.2%，净肉率为 49.0%，眼肌面积 89.1cm²。肉质细嫩，大理石纹明显。鲁西牛有抗结核病和抗焦虫病的特性。

（5）延边牛　延边牛产于我国吉林省延边朝鲜自治州的延吉、和龙、汪清、珲春及毗邻诸县。在当地自然条件下，经百余年的选优去劣、精心培育，并由当地牛与蒙古牛进行不同程度的杂交而成。

①外貌特征：延边牛的体质粗壮结实，结构匀称，胸部发达，骨骼坚实，肌腱发达，蹄圆大、坚实，皮肤较厚，富弹性，被毛长而密，多呈黄色，鼻镜呈淡褐色。角形多为一字形或倒八字形，头大小适中，额宽而平。公牛角粗短，颈峰发达，颈比背线稍高；母牛角细而长，颈比背线稍低，颈垂大，鬐甲高而宽，胸部宽，前胸突出，背腰平直，尻多尖斜，前肢正直，后肢多呈"X"肢势。

②生产性能：成年公牛体重 465.5kg，母牛 365.5kg，公母牛体高分别为30.6cm 和 121.8cm。公牛最大挽力为体重的 84%，母牛为 67%，挽车速度为每秒 1.1m。经 180d 肥育而于 18 月龄屠宰的公牛胴体重 265.8kg，屠宰率为57.7%，净肉率 47.2%，平均日增重 813g，眼肌面积为 75.8cm²。

2. 乳用牛

世界上的奶牛品种主要有：荷斯坦牛、娟姗牛、更赛牛（毛色为淡黄色带白斑）、爱尔夏牛（毛色为白色与桃红、褐色相间）、瑞士褐牛（全身毛色浅褐或深褐）。我国的奶牛品种主要有荷斯坦牛，有的是纯种的，有的是改良牛。

（1）荷斯坦牛　荷斯坦牛原称荷兰牛，毛色为黑白花或红白花。黑白花牛原产于荷兰滨海地区的北荷兰和西弗里生两省，分布全国乃至法国北部和东至德国的荷斯坦省。最近几个世纪，流传到世界各地。

①外貌特征：乳用型黑白花牛的特点是体格高大，结构匀称，皮薄骨细，皮下脂肪少，被毛细短，乳房特别大，乳静脉明显，后躯较前躯发达，侧视整个牛呈楔形，具有明显的乳用牛的外貌特征。成年公牛体重为 900～1200kg，母牛为 650～750kg，犊牛初生期重 40～50kg。公牛平均体高 145cm，体长190cm，胸围 226cm，管围 23cm。母牛体高为 135cm，体长 170cm，胸围

195cm，管围 19cm。

②生产性能：乳用型黑白花牛的产奶量为奶牛品种之首。一般母牛年平均产奶量为 6000 ~ 8000kg，乳脂率为 3.4% ~ 3.7%。到目前，美国牛的单产是世界上公认最高的，平均产奶量已超过 8500kg，并有 305d 产奶量超过 30000kg 的纪录。

风土驯化能力：乳用型黑白花牛由于生产性能很高，因此对饲料条件要求也较高。耐寒、耐热性能稍差，适合在温带及寒温带地区饲养，在中国的广大地区均可以饲养。

（2）娟姗牛　原产于英国的娟姗岛，育成历史悠久，是古老的奶牛品种之一。由于娟姗岛自然环境条件适合于养殖奶牛，加之当地牧民的选育和良好的饲养条件，因而育成了性情温顺、体型轻小、高乳脂率的奶牛品种。近两个世纪，娟姗牛被广泛引种到世界各地。19 世纪引入中国，由于该品种适应炎热的气候，所以在我国南方分布较广。

①外貌特征：娟姗牛为小型的乳用型牛，有细致紧凑的体质，头小而轻，额部凹陷，两眼突出，明亮有神，头部轮廓清晰，角中等大小，琥珀色，角尖黑，向前弯曲。颈细长，有皱褶，颈垂发达。鬐甲狭长。胸深宽，背腰平直，尾长细，尾帚发达，尻部宽平，四肢端正。乳房形状美观，质地柔软，发育匀称，乳头略小，乳静脉粗大而弯曲，和黑白花牛相似，后躯较前躯发达，身体呈楔形。被毛粗短而有光泽，毛色呈灰褐、浅褐及深褐色，以浅褐色为最多。尾帚为黑色。

娟姗牛体格较黑白花牛小，一般成年公牛活重为 650 ~ 750kg，母牛为 340 ~ 450kg，犊牛初生期重为 23 ~ 27kg。成年母牛体高为 113.5cm，体长 133cm，胸围 154cm，管围 15cm。

②生产性能：娟姗牛一般年平均产奶量在 3500 ~ 4000kg。美国记录娟姗牛产量在 20 世纪 80 年代为 4500kg 左右。英国有过最高产量达到 18000kg 的记录。娟姗牛牛奶的突出特点是乳质浓厚，乳脂率在 5.5% ~ 6.0%，最高可以达到 8%，乳脂球大，容易分离制作奶油，乳色黄，风味浓，其鲜乳及乳制品备受欢迎。

（3）中国荷斯坦牛　我国的黑白花奶牛是从国外引进的黑白花奶牛进行纯种繁育，或与本地黄牛（主要是蒙古牛）进行级进杂交经长期选育而形成的。1987 年我国的黑白花牛被农业部命名为"中国黑白花奶牛"，1992 年由农业部更名为"中国荷斯坦牛"。

①外貌特征：中国黑白花奶牛毛色黑白相间，花片分明。额部多有白斑，腹下、乳房、四肢腕关节和跗关节以下及尾端均为白色。角由两侧向前向内弯曲，角体蜡色，角尖黑色。体型有大、中、小三种类型，大型主要是从美国、加拿大引进的种公牛或冻精与本地母牛杂交形成的，成母牛体高 136cm 以上；中型奶牛主要是从德国、日本引进的种公牛或冻精与本地母牛杂交或横交形成

的，成母牛体高133cm左右；小型奶牛主要是从荷兰等国引进的种公牛或冻精与本地母牛杂交或横交形成的，成母牛体高130cm左右。据中国奶牛协会1981年调查28个省市区成年牛体尺、体重资料，83头成年公牛平均体高为150cm，平均体重为1020kg，近1万头成母牛三胎时平均体高133cm，平均体重575kg。

②生产性能：1985年调查29省市区50.5万头成母牛平均头年单产4358kg，1994年调查23省市区84万头成母牛平均头年单产4450kg。一些大中城市郊区的奶牛生产水平较高，如北京1994年3.5万头成母牛头年单产6860kg，其中国有奶牛场1.8万头母牛头年产奶7370kg。

3. 肉用牛

（1）夏洛来牛　夏洛来牛原产于法国的中西部到东南部的夏洛来及毗邻省区。原来的夏洛来牛为役用，后经长期选育成了举世闻名的大型肉用牛品种。1920年后，夏洛来牛成为专门化的肉用牛品种，先后输往50多个国家和地区。我国于1964年和1974年两次直接从法国引进此牛。

夏洛来牛体大力强，全身毛色乳白，或枯草黄色；头小而短宽，嘴端宽方；角圆而较长，并向前方伸展，角质蜡黄；颈粗短；胸宽深，肋骨拱圆，背宽肉厚，体躯呈圆桶形，肌肉丰满；后臀肌肉很发达，并向后和侧面突出。公牛常见有双鬐甲和凹背者；蹄色为蜡黄色。成年公牛体重为950～1200kg，母牛为600～800kg。以生长速度快、瘦肉产量高而著称。在良好饲养条件下，哺乳期平均日增重：公犊为1296g，母犊为1062g。该牛屠宰率一般为65%～70%，胴体产肉率为80%～85%。

夏洛来牛与我国黄牛杂交，可取得体格明显增大，增长速度明显加快的效果。

（2）利木赞牛　利木赞牛原产于法国中部利木赞高原，体形较大，早熟。被毛黄红色，但深浅不一。角细为白色，蹄为红褐色。头角较短，全身肌肉丰满。前肢肌肉特别发大，胸宽肋圆，四肢强健而细致。公牛体重为1000～1100kg，母牛为600～800kg。屠宰率为63%～71%，瘦肉多达80%～85%。主要优点是早熟，耐粗，生长迅速，出肉率高，母牛难产率低及寿命长等。

利木赞牛的肉用性能好，生长快，尤其是幼龄期，8月龄小牛就可生产出具有大理石纹的牛肉，而且肉质好，肉嫩，瘦肉含量高。利木赞牛具有较好的泌乳能力，成年母牛平均泌乳达1200kg，含脂率为5%，个别母牛产奶量可达4000kg。1974年，我国首次从法国引入利木赞牛，用与我国本地黄牛杂交，杂交效果与夏洛来牛相似。杂交后代对饲养水平要求较高。

（3）海福特牛　海福特牛原产于英格兰岛，以该岛西部的威尔士地区的海福特县及牛津县等地最为集中。我国曾在1913年有引入，1965年后又陆续从英国引进，现已分布于我国东北、西北广大地区。

海福特牛体格较小，骨骼纤细，具有典型的肉用体型，头短，额宽，角向两侧平展。且微向前下方弯曲，母牛角前端也有向下弯曲的，颈粗短，垂肉发达。躯干呈矩形，四肢短，毛色主要为浓淡不同的红色，并具有"六白"（即头、四肢下部、腹下部、颈下、鬐甲和尾帚出现白色）的品种特征。角呈蜡黄色。成年公牛体重为 850~1100kg，母牛为 600~700kg。日增重可达 1000g 以上，屠宰率为 60%~65%，具有生长快，饲料报酬高，适应性强的特点。

（4）安格斯牛　安格斯牛属于古老的小型肉牛品种。原产于英国的阿伯丁、安格斯和金卡丁等郡，并因地得名。安格斯牛呈黑色，无角，体较低，成长方形，体躯宽平，大理石纹特别好，是肉质最好的肉牛。公母牛均性成熟早，母牛泌乳能力强，成年公牛体重为 700~900kg，母牛为 500~600kg，屠宰率可达 60%~70%，日增重可达 850~1000g。具有易产，生长快，早熟和肉质好的特点。

4. 兼用牛

（1）西门塔尔牛　西门塔尔牛原产于瑞士的阿尔卑斯山区及德、法、奥地利等地，由于中心产区在伯尔尼的西门河谷而得名。早在 18 世纪，西门塔尔牛就以其良好的乳、肉、役三用性能突出而驰名。现有 30 多个国家饲养，已成为世界第二大牛品种。我国的西门塔尔牛有的是从国外直接引进的。西门塔尔牛毛色为黄白花或红白花，大部分是白头。西门塔尔牛的产奶性能仅次于黑白花奶牛，成母牛平均头年单产 4037kg，良种母牛平均胎次产奶量达 5000kg 以上，乳脂率在 4.1% 以上。

（2）三河牛　三河牛是中国培育的第一个乳肉兼用牛品种，原产于内蒙古呼伦贝尔草原，因集中分布在额尔古纳右旗三河地区而得名。三河牛的杂交群体比较复杂，种公牛多为西门塔尔牛，母牛多为西伯利亚改良牛。三河牛逐步形成一个耐寒、耐粗饲、易放牧的新品种。

三河牛毛色以红白花或黄白花为主，在放牧条件下平均年产奶 2000kg，在良好的饲养管理条件下一般年产奶 3600kg，乳脂率 4.1% 以上。

（3）短角牛　短角牛原产于英格兰的达勒姆、约克等地，有肉用和乳肉兼用两种类型。兼用型短角牛由肉用型短角牛群中选育而成，其头短宽，颈短粗，胸宽且深，肋骨开张良好。鬐甲宽平，腹部呈圆桶形，背腰宽直。尻部方正丰满，四肢短。骨细，肢间距离宽。角细短，由额部向前伸展，角尖向上做半圆形弯曲，呈蜡黄色，角尖黑。鼻镜为肉色。毛色多为深红色或酱红色，少数为红白沙毛或白色。兼用型短角牛在外形上的突出特点是乳用特征较为明显，乳房发达，后躯较好，整个体型较大。

兼用型短角牛的生产性能：产奶量平均为 2800~3500kg，含脂率为 3.5%~4.2%；在美国产奶量平均为 4632kg，含脂率为 3.53%；成年公牛体重为 800~1000kg，体高 142.8cm，母牛体重为 600~750kg，体高 130.4cm。

5. 水牛

水牛是热带和亚热带地区特有的牛种，分亚洲水牛和非洲水牛两个种；亚洲水牛又分沼泽型水牛和江河型水牛两个亚种。

沼泽型水牛以役用为主，挽力大，适于水田耕作，产奶量为500～700kg，产肉性能较差，肉质较粗。我国水牛全部属于沼泽型。河流型水牛以产奶为主，产奶量可达1500～2000kg，印度的摩拉水牛为其优秀代表。

水牛体形大，生长慢，成熟晚，利用年限长，适应热带和亚热带自然条件。水牛奶干物质含量高，同时脂肪含量也高。

6. 牦牛及犏牛

牦牛是生活在海拔3000m以上高山地区的特有牛种，主要分布于青藏高原及毗邻地区。牦牛对高山草原地区具有独特的适应性，体躯强壮，被毛粗长，尾短毛长似马；上唇薄而灵活，能采食矮草；腹侧及躯干下部丛生密而长的被毛，形似围裙，故卧于雪地而不受寒；蹄底部有坚硬似蹄铁状的突起边缘，故能在崎岖的山路行走自如；毛色以黑居多。产于甘肃省天祝藏族自治县的天祝白牦牛和产于四川省阿坝州红原县的麦洼牦牛质量较好。

牦牛具有驮、乘、役、产奶、产肉、产毛等多种用途，但牦牛体格小，晚熟，生产性能低，生产方向非专门化，需要进行进一步杂交改良。

牦牛与普通牛杂交的后代称犏牛，但雄性犏牛均具有不育的特性。

单元二　牛的外形鉴定

【学习目标】　通过本单元的学习，掌握不同牛的外貌特征，并了解牛外形鉴定的方法，比较各种鉴定法之间的优缺点。

【技能目标】　牛的外形和牛的生产性能之间有必然的联系。为了解牛的生产性能，必须掌握生产中乳用牛、肉牛和役用牛的外形特点，并掌握牛外形鉴定的方法。

【课前思考】　生产中乳用牛、肉牛和役用牛的外形特点有哪些？如何对牛的外形进行鉴定？

1. 乳、肉、役用牛的外形

研究牛的外貌，主要是探究牛的外部形态，包括整体结构和局部外貌特征，以揭示其与生产性能的相互关系，从而探索其中的内在联系与变化规律，为通过外貌来间接选择生产性能提供科学依据。

（1）奶牛　奶牛的体型呈三角形。从侧面看：后躯深，前躯浅，背线和腹线向前伸延相交，呈三角形；从前面看：以鬐甲为起点，顺两侧肩部，向下引两条直线，两条线距离越往下越宽，呈三角形；从上面看：后躯宽，前躯窄，两条侧线在前方相交，呈三角形。

奶牛的外貌：外貌清秀，皮薄骨细，血管显露，毛细短而有光泽，肌肉不发达，皮下脂肪少，棱角分明，颈薄而长，颈侧有纵行皱纹，尾细长。属于细致紧凑型体质。

（2）肉牛　肉牛的外形反映了产肉性能，外形呈长方形。体躯低垂，前后躯发育良好而中躯较短，颈短，宽厚，鬐甲平，前胸饱满，肋骨直立，弯曲度大，间隙小；背腰宽广、平坦，腹线平直；尻部宽、长、平、直，腰角丰圆，臀端间距宽，四肢短，左右肢间距宽，丰满多肉。

肉牛的外貌：皮薄骨细，全身肌肉丰满，皮下脂肪发达，被毛细而有光泽，疏松而匀称。属于细致疏松型体质。

（3）役用牛　肉牛体型侧望呈倒梯形。鬐甲高、长而圆，肩宽、长、厚，并适当倾斜，胸宽深；背腰平、直、宽阔，腰短；尻长、宽，有适当斜度，大腿宽厚，间距不宜太宽；前肢正直，后肢稍弓，长短适中，四肢骨骼健壮，粗糙，筋腱明显有力，关节强健，肌肉发达，蹄圆大，蹄叉紧。

役用牛的外貌：皮厚骨粗，肌肉强大结实，富于线条，皮下脂肪不发达，属于粗糙紧凑型体质。

2. 牛的外形鉴定方法

（1）肉眼鉴别法

①一般观察：鉴定人员应站在离牛 5 ~ 8m 远的地方。对整个牛体观看一周，以便对牛体形成一个总体的印象，掌握牛体各部位发育是否匀称，然后站在牛的前面、侧面和后面分别进行观察。

②局部观察：

a. 前面观察：主要观察牛头部的结构，胸和背部的宽度，肋骨扩展程度和前肢的姿势等。

b. 侧面观察：主要观察牛胸部的深度，整个体型，肩和尻的倾斜度，颈、背、腰、尻等部的长度，乳房发育情况及各部位是否匀称。

c. 后面观察：主要观察体躯的容积和尻部的发育情况。

以上肉眼观察完后，再用手触摸，了解皮肤、皮下脂肪、肌肉、骨骼和乳房等的发育情况。最后让牛自由行走，观察四肢的姿势和步态。

③肉眼鉴别法的特点：简单易行，但鉴定人员必须具有丰富的经验，才能取得较好的结果。

（2）测量鉴别法

①体尺测量：体尺测量是牛外貌鉴定的重要方法之一，是计算体尺指数和估测活重的基础工作，它能准确反映牛的主要部位的发育情况，以弥补肉眼鉴定的不足。体尺测量常用用具有：尺杖、圆形测定仪、卷尺、测角计。测量体尺一般在初生期、6 月龄（断奶）、周岁、1.5 岁、2 岁、3 岁和成年时进行。

牛的体测量部位应依据被测定的目的而定。如估测牛的活重时的测定部位有：体斜长和胸围两个项目；如为了检查在生产条件下的生长发育情况时的测量部位有 5 个（体高、体斜长、坐骨端宽、腰角宽、前管围）到 8 个（体高、臀高、体斜长、胸围、前管围、胸宽、胸深、腰角宽）；如为了研究牛的生长规律，除了上述部位外，还有头长、额宽、要高、臀长等部位。

②体尺测量指标：

a. 体高：又称鬐甲高。是从鬐甲最高点到地面垂直距离（用测杖测量）。

b. 体斜长：从肩胛前缘（肱骨突）到同侧坐骨结节后缘间的距离（用测杖测量）。

c. 体直长：从肩胛前缘（肱骨突）到同侧坐骨结节后缘间的水平距离（用测杖测量）。

d. 胸围：肩胛后缘处胸部的垂直周径（用卷尺量）。

e. 胸深：肩胛后缘，从鬐甲至胸骨间的垂直距离（用测杖测量）。

f. 前管围：前肢管部上 1/3 处（最细处）的周长（用卷尺测量）。

g. 腿围：从一侧后膝前缘，绕臀后至对侧后膝前缘突起的水平半周长（用卷尺测量）。

h. 胸宽：肩胛后缘胸部最宽处左、右两侧间的距离（用卡尺或测杖量）。

i. 尻高：荐骨最高点至地面的距离（用测杖测量）。

j. 腰角宽：两腰角外缘间的直线距离（用卡尺或测杖量）。

k. 坐骨端宽：两坐骨结节间的宽度（用圆形测定器测量）。

③体尺指数的计算：所谓体尺指数，就是指牛体某一部位体尺对另一部位体尺的百分比。

为了进一步明确牛体各部在发育上是否匀称，不同部位间的比例是否符合品种特征，以及为了更明确地判断某些部位是否发育正常，在体尺测量后，再计算体尺指数。

a. 体长指数：体躯的长度对鬐甲高度的比例。即体长指数 =（体斜长/鬐甲高）×100。

一般乳用牛体长指数（120.8）小于肉用牛（122.5）指数。一般生长发育不全的牛，体长指数低。

b. 体躯指数：表明牛体体躯容量发育情况的一种指标。即体躯指数 =（胸围/体斜长）×100。

一般肉用牛（132.5）、役用牛（121.7）的体躯指数比乳用牛大。

c. 尻宽指数：是指坐骨结节间的宽度对两腰角间宽度的比例，即尻宽指数 =（坐骨端宽/腰角宽）×100。

一般奶牛（67.8）、肉牛（69）的尻宽指数大于役用牛（57.61）。尻宽指数对奶牛的意义大，指数越大，说明泌乳系统越发达，指数大于68%为宽尻，小于50%为尖尻。

d. 管围指数：是指前管围对鬐甲部高度的比例。它可判断牛骨骼的相对发育情况，一般役用牛（14.6）管围指数最大，奶牛（13.52）次之，肉牛（13.9）最小。

e. 肥育度指数：肥育度指数利用活牛体重和体高的比例关系来确定。即肥育度指数 = ［体重（kg）/体高（cm）］×100。指数越大，肥育度越好。

（3）体况评分鉴别

体况评分鉴定，是检查牛只膘情最简单、最有效的办法之一。

根据目测和触摸尾根、尻角（坐骨结节）、腰角（髋结节）、脊椎（主要是椎骨棘突和腰椎横突）及肋骨等关键骨骼部位的皮下脂肪蓄积情况而进行直接的评分。

①评分标准：奶牛体况评分标准应本着标准、实用、简明、易操作的原则加以制定。先主要介绍国内奶牛体况评分标准。本标准采用 5 分制。

1 分：过瘦，呈皮包骨样，尾根和尻角凹陷很深，呈 V 形的窝，皮下没有脂肪，骨盆容易触摸到，各脊椎骨清晰可辨，棘突呈屋脊状，腰角和尻角之间深度凹陷，肋骨根根可见。

2 分：瘦，皮与骨之间稍有些肉脂，整体呈消瘦样。尾根和尻角周围的皮下稍有些脂肪，但仍凹陷呈 U 字形，骨盆容易触摸到，腰角与尻角之间有明显凹陷，肋骨清晰易数，沿着脊背用肉眼不易区分椎骨节，触摸时能区分横突和棘突，但棱角不分明。

3 分：中等，体况一般，营养中等。尾根和尻角周围仅有微弱下陷或平滑。在尻部可明显感觉有脂肪沉积，需轻轻按压才能触摸到骨盆，腰角与尻角之间稍有凹陷，背脊呈圆形稍隆起，椎骨节已不可见，用力按压才能感觉到椎骨横突和棘突。

4 分：肥，从整体看，有脂肪沉积。尾根周围和腰角部有明显的脂肪沉积，腰角和尻角之间以及两腰角之间较平坦，尻角稍圆，脊椎呈圆形且平滑，需较重按压才能触摸到骨盆，肋骨已经触摸不到。

5 分：过肥，牛体的骨架结构不明显，躯体呈短粗的圆筒状，尾根和腰角骨几乎完全埋在脂肪里，肋骨和大腿部明显沉积大量脂肪，腰角和尻角丰满呈圆形。

②评分时期及适宜体况：后备母牛自 6 月龄开始，若有条件最好隔 1 个月或 2 个月进行一次体况评定，至少应在下列时期进行评定。

产犊时，此时的体况应在 3～3.5 分，过于瘦弱的母牛会影响繁殖率。

产后 21～40d 的泌乳高峰期，奶牛最大的能量负平衡一般发生在产后 2～3 周，产后 60d 奶牛将达到能量正平衡，如在产后前 4 周，体况降至 2 分，应检查奶牛的健康、食欲、日粮能量和蛋白质水平及饲养策略。

产后 90～120d 的泌乳中期，牛只体况在 3～3.5 分。但产奶高峰期产奶并不多的牛只，应检查日粮蛋白质和微量元素含量，以及饮水量等。

干乳前 60～100d 的泌乳后期，此期的体况应在 3.5 分左右，否则应抓紧时间调整奶牛的体况，使其在干乳前达到 3.5 分。

干乳期，此时的体况应在 3.5 分，否则会影响产后的产奶量。奶牛适宜的体况评分表见表 3－1。

表 3 −1   奶牛适宜的体况评分表

奶牛种类	评分时间	理性分值	可变范围
产奶牛	产犊	3.5	3.0 ~ 4.0
	产奶高峰	2.5	2.0 ~ 3.0
	产奶中期	3.0	2.5 ~ 3.5
	干乳期	3.5	3.0 ~ 4.0
青年牛	6 月龄	2.5	2.0 ~ 3.0
	配种	2.5	2.0 ~ 3.0
	产犊	3.5	3.0 ~ 4.0

单元三　牛的体重测定及年龄鉴定

【学习目标】　通过本单元的学习，掌握活体牛体重测定的方法和牛的年龄鉴定方法。

【技能目标】　牛的体重和年龄与牛的采食量存在一定的比例关系，而采食量和奶牛饲料配制及营养物质的摄取有必然的联系。因此，必须掌握牛活体重的估测方法及牛年龄的鉴定方法。

【课前思考】　生产中牛活体重的测定方法有哪些？如何对牛的年龄进行鉴定？

1. 牛的活体测定方法

（1）实测法（又称称重法）　就是用地磅过秤，获得牛的实际重量，这是一种最好的方法。每次称重时应在饲喂前或放牧前进行（最好早晨），连续称重 2d（每天在同一时间内称重），然后求其平均数，以求精确。

（2）估测法　在没有地磅的情况下，可进行体重估测。估测的方法很多，但都是根据活重与体积之间的关系计算出来的，一般估测与实际重量相差不超过 5%，即认为效果良好，如果超过 5%，则不能应用。体重估测的常用公式有：

①适用于（18 月龄）奶牛和乳肉兼用牛：

$$体重(kg) = 胸围(m^2) \times 体斜长(m) \times 87.5$$

②适用于肉牛：

$$体重(kg) = 胸围(m^2) \times 体直长(m) \times 100$$

③适用于黄牛：

$$体重(kg) = 胸围(cm^2) \times 体斜长(cm)/11420$$

④适用于水牛公式：

$$体重(kg) = 胸围(m^2) \times 体斜长(m) \times 80 + 50$$

体重测定时间：犊牛应每月称重 1 次，育成牛每 3 个月称重 1 次，成年牛应在母牛产后第一、第三、第五胎产后 30～50d 各测 1 次体重。

2. 牛的年龄鉴定

年龄是评定牛经济价值和种用价值的重要指标，也是采取不同饲养管理措施的依据。一般情况下，根据产犊记录确定牛年龄是最准确的方法，在缺乏记录的情况下，可根据牛门齿的变化或角轮的观察和外貌的表现鉴别其年龄。

（1）根据外貌鉴定

①老年牛外貌特征：消瘦，皮肤粗硬无弹性，被毛粗乱，缺乏光泽，眼窝下陷，目光无神，黑色牛眼角周围开始出现白毛，面部多皱纹；行动迟缓，塌腰，弓背。颈部、躯干部、体躯内侧、四肢及头部被毛变浅或变深，毛的密度变稀。

②壮年牛外貌特征：皮肤柔软，富有弹性，被毛细软而有光泽，精力充沛，举动活泼。

③幼年牛外貌特征：头短而宽，眼睛活泼有伸，眼皮较薄，被毛光润，体躯浅窄，四肢较高，后躯高于前躯。嘴细，脸部干净。

以上方法只能判断出牛的老幼，无法确定其确切的年龄，只能作为鉴定年龄时的参考。

（2）根据角轮鉴定

①按角的生长速度判断：犊牛出生后 2 个月即出现角，此时长度为 1cm 左右，以后直到 20 月龄为止，每个月大约生长 1cm。因此，沿着角的外缘测量从角根到角尖的厘米数加 1，即为该牛的大致月龄。在 20 月龄以后，角的生长速度变慢，大约每月生长 0.25cm，再根据角的长度判断牛的年龄就不很准确。但角的生长速度受品种、营养及个体遗传因素的影响，所以，此法并不完全可靠。

②按角轮判断：角轮的形成，是在母牛妊娠和泌乳期间由于营养不足，角基部周围组织未能充分发育，表面陷落，在角的基部生长点处变细，形成的一个环形的凹陷，称为角轮（母牛一般年产一犊），所以可根据角轮的数目判断牛的年龄。其计算方法是：母牛年龄 = 第一次产犊年龄 +（角轮数目 - 1）。但这种方法也不十分可靠，因为由于母牛流产、饲料不足、空怀间隔长、疾病等原因，角轮的深浅、宽窄都不一样。

（3）根据牙齿鉴定牛的年龄　牛初生期时有乳齿，随着牛的生长发育，乳齿脱落，更换为永久齿，永久齿在采食咀嚼过程中不断磨损，根据乳齿与永久齿的更换、永久齿的磨损程度，可判断牛的年龄。

①牛牙齿的种类、数目、排列方式：

a. 种类：根据牛牙齿出生的先后顺序，可分为乳齿与永久齿（恒齿）。最先出生的是乳齿，随着年龄的增长，逐渐脱落换为永久齿。乳齿与永久齿的区别见表 3 - 2。

表 3 - 2 乳齿与永久齿的区别

项目	乳齿	永久齿
色泽	白色	乳黄色
齿颈	明显	不明显
齿根	插入齿槽较浅，附着不稳	插入齿槽较深，附着很稳定
大小	小而薄，有齿间隙	大而厚，无齿间隙
生长部位	齿根插入齿槽较浅	齿根插入齿槽较深
排列情况	排列不够整齐，齿间空隙大	排列整齐，紧密而无空隙

b. 数目：成年牛的牙齿共 32 枚，其中门齿 8 枚，臼齿 24 枚。门齿又称切齿，生于下颚前方；上颚无门齿，仅有角质形成的齿垫。牛下颚 8 枚门齿是年龄鉴别的依据。

c. 排列顺序：8 枚齿的最中间 1 对称为钳齿，又称第一对门齿。紧挨钳齿左右的 1 对称为内中间齿，紧挨内中间齿左右的第 1 对为外中间齿，最外边 1 对称为隅齿。牛的下颚门齿排列情况见图 3 - 1。

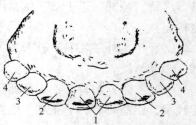

图 3 - 1 牛的下颚门齿排列情况
1—钳齿 2—内中间齿
3—外中间齿 4—隅齿

②牛牙齿鉴别年龄的方法：牛牙齿年龄鉴别见表 3 - 3，牛的齿式排列见图 3 - 2。

表 3 - 3 牛牙齿年龄的鉴别

犊牛出生	具有 1~3 对乳门齿
0.5~1 月龄	乳隅齿生出
1~3 月龄	乳门齿磨损不明显
3~4 月龄	乳钳齿与内中间齿前缘磨损
5~6 月龄	乳外中间齿前缘磨损
6~9 月龄	乳隅齿前缘磨损
10~12 月龄	乳门齿磨面扩大
13~18 月龄	乳钳齿与内中间齿齿冠磨平
18~20 月龄	乳外中间齿齿冠磨平
2 岁	换成 1 对永久钳齿（对牙）
3 岁	内中间齿换成永久齿（4 牙）
4 岁	外中间齿换成永久齿（6 牙）
5 岁	隅齿换成永久齿，全部门齿更换完，并且全部长齐（齐口）
6 岁	钳齿和内中间齿磨损，呈长方形
7 岁	钳齿和内中间齿磨损，呈三角形
8 岁	全部门齿都磨损，呈长方形
9 岁	钳齿中部磨损，呈珠形圆点
10 岁	内中间齿、外中间齿中部磨损，呈珠形圆点
11~12 岁	全部门齿中部磨损，呈珠形圆点

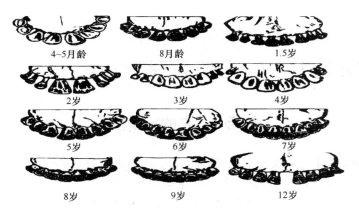

图 3 - 2　牛的齿式排列

【情境小结】

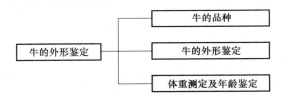

【情境测试】

1. 常见黄牛、乳用牛和肉牛品种有哪些，其外貌特征是什么？
2. 牛外形鉴定常用的方法有哪些？
3. 体尺测量指标有哪些？
4. 奶牛适宜的体况评分值和范围应是什么？
5. 牛活体重的测定方法有哪些？
6. 牛年龄鉴定的方法有哪些？生产中常用的方法是什么？

情境二 | 牛的饲养管理

单元一 牛的一般管理

【学习目标】 通过本单元的学习，掌握牛胃的组成和功能、牛的消化生理特点、牛的行为、牛舍的模式与设备等知识。

【技能目标】 清楚牛胃的特殊结构以及牛的生理特点，了解常用牛舍的模式与设备，为生产中牛的饲养管理提供技术支持和服务。

【课前思考】 牛是多胃动物，牛胃的组成和功能有哪些？牛具有哪些消化生理现象？牛的行为是什么？牛舍常用模式和设备有哪些？

1. 牛的生物学特性

（1）消化生理特点

①牛胃的组成与功能

a. 瘤胃：容积达 90 多升，占整个胃容积的 80%，是细菌发酵饲料的主要场所。

b. 网胃：网胃又称蜂巢胃，帮助食团逆吐反刍和嗳气。

c. 瓣胃：瓣胃的功能是榨干食糜中的水分和吸收少量营养。

d. 真胃：真胃又称皱胃，能产生蛋白酶及胃酸，功能与单胃动物的胃相同。

②牛的特殊消化生理现象

a. 反刍：由逆吐呕、重咀嚼、混合唾液、吞咽四个过程构成。通过反刍，粗饲料可两次或两次以上被咀嚼，从而提高粗料的消化率。牛通常食后 1~2h 开始反刍，每次反刍持续时间 40~50min，然后间歇一段时间再开始第二次反刍，这样一昼夜可进行 6~8 次（6~8h）。犊牛出生后，逐渐开始采食草料，到 3~6 周龄时，瘤胃内开始出现正常的微生物活动并逐渐开始反刍，随着瘤胃内微生物的生长发育，到 3~4 月龄开始正常反刍。6 月龄时基本建立完全的复胃消化功能。

b. 瘤胃发酵与嗳气：牛的瘤胃中寄生着大量的厌氧性纤毛虫、细菌和真菌。为了让微生物能更好地发酵和分解饲料中的营养物质，必须给瘤胃微生物提供适宜的生存环境：

● 食物和水分相对稳定地进入瘤胃，供给微生物繁殖所需要的营养物质；

● 瘤胃的节律性运动将内容物混合，并使未消化的食物残渣和微生物均匀地排入消化道后段；

● 瘤胃内容物的渗透压维持在接近血浆的水平；

● 瘤胃内的温度通常高达 39 ~ 41℃；

● 瘤胃内 pH 变动范围是 5.5 ~ 7.5. 饲料发酵产生的大量酸类，被随唾液进入的大量碳酸氢盐所中和；

● 瘤胃内高度缺氧。

c. 瘤胃中的微生物：

● 可分解和利用碳水化合物，主要将饲料中的粗纤维通过逐级分解，最终产生挥发性脂肪酸（包括乙酸、丙酸、丁酸）和少量脂肪酸，奶牛瘤胃吸收的乙酸约有40%可被奶牛利用；将饲料中淀粉、葡萄糖和其它可溶性糖类，分解为二氧化碳、甲烷和单糖等，葡萄糖成为牛体葡萄糖的来源。

● 分解和合成蛋白质，瘤胃微生物能将饲料中的蛋白质分解为氨基酸，还能利用饲料中含氮化合物，将其分解产生的 NH_3 再合成微生物蛋白质。

● 瘤胃微生物能以饲料中的某些物质为原料合成某些 B 族维生素，其中包括：维生素 B_1、维生素 B_2、维生素 B_3、维生素 B_6、维生素 B_7、维生素 B_{12} 及维生素 K。这就是瘤胃的发酵。发酵产生的气体通过不断地嗳气排出体外，如不能及时排出，就会发生瘤胃胀气。

d. 唾液分泌与氮素循环：每天每头牛唾液分泌量为100 ~ 200L，唾液的分泌有助于消化饲料和形成食团。唾液中含有碳酸盐和磷酸盐等缓冲物质和尿素等，它们对维持瘤胃内环境和内源性氮的重吸收和利用起着重要的作用。唾液分泌量的多少受牛采食行为、饲料的物理性质和水分含量、日粮的适口性等因素的影响。牛需要分泌大量的唾液才能维持瘤胃内容物的糜状物顺利地随瘤胃蠕动而翻转，经过反刍、发酵，然后将糜状物向后面的瓣胃、真胃转移。

微生物分解蛋白质和氨化物时，会产生大量的氨气，瘤胃内氨除了被微生物利用外，其余部分被吸收进入肝脏，在肝脏内经鸟氨酸循环转变为尿素。这种内源尿素一部分经血液分泌于唾液中，随唾液重新进入瘤胃，又可被微生物利用，称为尿素再循环。因此，在低蛋白质日粮的情况下，反刍动物靠"尿素再循环"以减少氮的消耗，保证瘤胃内适宜的氨浓度，以利于微生物蛋白质的合成。

e. 食道沟反射：在哺乳期的犊牛，通过吸吮乳汁，会使部分瘤胃和网胃收缩出现闭合，形成管或沟状，使乳直接进入瓣胃和真胃，这种现象称为食道沟反射。食道沟反射可避免乳进入瘤胃中，被细菌发酵。一般在哺乳期结束后食道沟反射逐渐消失。

（2）牛的行为

牛的行为主要有：争斗行为，合群行为，好静性，好奇行为，护子行为等。

①争斗行为：公牛争斗性较强，母牛一般比较温顺。但在某些情况下，有的母牛在牛群中也好斗，特别是在采食、饮水和进出牛舍时以强欺弱，对这样的牛，应将角尖锯平，对特别好斗，比较凶猛的牛最好从牛群中挑出去。

②合群行为：若干母牛在一起组成一个牛群时，开始会有相互顶撞的现象，但一周后就能合群。母牛在运动场上往往三五头在一起成帮结队，但又不是紧靠在一起，而是保持一定距离。

③好静性：奶牛比较好静，不喜欢嘈杂的环境，强烈的噪声会使奶牛产生应激反应，导致产奶量下降或产生低酸度的酒精阳性乳。轻柔的音乐有利于泌乳的性能发挥。

④好奇行为：牛不怕生人，不但不怕还表现出好奇性，当你经过牛舍饲槽前，它会立即抬头观望，甚至伸头与你接近，好像表示欢迎。当你站在运动场边，发出吆喝声或敲打铁栏杆发出声响时，运动场内的母牛往往会迅速跑过来围观，年龄越小的牛好奇性越强。有时当兽医在运动场内给牛治病时，其它牛也往往跑过来围观。

⑤护子行为：与其它家畜一样，母牛也有护子行为，母牛有时在运动场产犊后，往往会驱赶欲靠近犊牛的其它母牛，当饲养员抬走犊牛时，母牛往往会追赶，但不会攻击人。

⑥对环境的适应性：牛的适宜环境温度为 10～21℃（犊牛为 10～24℃），最适宜的环境温度为 10～15℃（犊牛为 17℃），耐受范围为 -15～26℃。牛对寒冷的耐受性强，对高温的耐受性差，当温度超过 27℃时，会影响牛的食欲和增重，即使环境温度在 0℃以下，在保证饲料供应的情况下，也不会对牛产生大的影响。

未经改良的某些牛（如牦牛），只适应在海拔 3000m 以上的高寒地带生活。水牛则比较能适应潮湿、低洼地区，它的汗腺不发达，夏季一般需要下水散热；又因被毛稀疏，不能适应北方寒冷气候。所以，水牛在我国只分布于秦岭、淮河以南。一般来说大部分的牛散热机能都不发达，较耐寒、不耐热。

2. 牛的一般管理

（1）牛舍的模式

①全开放式牛舍：指外围护结构开放的畜舍，这种畜舍只能克服或缓和某些不良环境因素的影响，如挡风、避雨雪、遮阳等，不能形成稳定的小气候。但其结构简单、施工方便、造价低廉，利用的越来越广泛。

②半开放式牛舍：这种牛舍在南方地区常见，通过单侧或三侧封闭并加装窗户。夏季开放，能良好地通风降温；冬季封闭窗户，可保持舍内温度。

③全封闭式牛舍：全封闭式牛舍应用最为广泛，尤其是西北及东北地区。冬天舍内可以保持 10℃以上，夏天借助开窗自然通风和风扇等物理送风降温。另外，按屋顶结构的不同，奶牛舍可分为钟楼式、半钟楼式、双坡式和单坡式等。按牛舍内奶牛排列方式，可将奶牛舍分为单列式和双列式两种。

a. 钟楼式：通风良好，但构造比较复杂，耗料多，造价高，不便于管理。

b. 半钟楼式：通风较好，但夏天牛舍背侧较热，构造也复杂。

c. 双坡式：加大门窗面积可增强通风换气，冬季关闭门窗有利于保温，牛舍造价低，可利用面积大，易施工，适用性强。

d. 单列式：典型的单列式牛舍有三面围墙和房顶盖瓦，敞开面与休息场即舍外拴牛处相通。舍内有走廊、食槽与牛床；喂料时牛头朝里，这种形式的房舍可以低矮些，且适于冬、春较冷，风较大的地区。房舍造价低廉，但占用土地较多。

e. 双列式：双列式牛舍有头对头与尾对尾两种形式。头对头式：中央为运料通道，通道两侧为食槽，两侧牛槽可同时上草料，便于饲喂，牛采食时两列牛头相对，不会互相干扰。尾对尾式：中央通道较宽，用于清扫排泄物，两侧有喂料的走道和食槽，牛呈双列背向。双列式牛棚可四周为墙或只有两面墙。四周有墙的牛舍保温性能好，但房舍建筑费用高。由于肉牛多拴养，因此牵牛到室外休息场比较费力，可在长的两面墙上多开门。多数牛场使用只修两面墙的双列式，这两面墙随地区冬季风向而定，一般为牛舍长的两面没有围墙，便于清扫和牵牛进出。冬季寒冷时可用玉米秸秆编成篱笆墙来挡风，这种牛舍成本低些。

（2）牛舍内的设备　牛舍内的主要设施有牛床、饲槽、饮水设备、颈枷、喂料通道、清粪通道、粪沟等。

①牛床、牛栏：牛床是每头牛在牛舍中占有的面积；牛栏是两牛床之间的隔离栏。牛床的设置要有利于牛体的健康，有利于饲养管理操作。要求牛床长、宽适中，牛床过宽、过长，牛的活动范围太大，牛的粪尿易排在牛床上，影响牛体卫生；过短、过窄，会使牛体后驱卧入粪尿沟且影响挤奶操作。牛床应有1%～1.5%的坡度，便于排水。目前，广泛使用的是金属结构的隔栏牛床。牛床的尺寸见表3-4。

表 3 -4 　　　　　　　　　　　　　　牛床的尺寸　　　　　　　　　　单位：cm

牛种类	长度	宽度
成年牛	172～186	115～130
初孕牛	165～180	110～120
育成牛	155～170	90～110
发育牛	140～160	70～90
围产期牛	220～300	150～200

②饲槽：在牛床前面设置固定的通长饲槽，饲槽需坚固、光滑，不透水，稍带坡，以便清洁消毒。为适应牛舌采食的行为特点，槽底壁呈圆弧形为好，槽底高于牛床地面5～10cm。

③饮水设备：牛舍内的饮水设备包括运送管路和自动饮水器。饮水系统的装配应满足昼夜时间内全部需水量。在牧场还应考虑饮水槽的间隔距离和数量。奶牛舍经常使用阀门式自动饮水器，它由饮水杯、阀门机构、压板等组

成。饮水器安装在牛槽的支柱上，离地面0.6m。在隔栏散放牛舍内，如有舍内饲槽，可将饮水器安装在饲槽架上，以6~8头牛安装一个饮水器计算。

④喂料通道和清粪通道：喂料通道宽度一般为1.2~1.5m，便于手推车运送草料。牛舍内的清粪通道通常也是奶牛进出和挤奶员操作的通道，故要考虑挤奶工具（挤奶槽车和挤奶壶）的通行和停放，并不至于让牛粪溅污。双列对尾式牛舍：中间通道一般为1.6~2.0m，路面要有防滑槽线，以防牛出入时滑跌。双列对头式牛舍，清粪通道在牛舍的两边，宽度一般为1.2~1.5m，路面要向粪沟倾斜，坡度为1%。

⑤粪沟：粪沟一般设在牛床与通道之间，一般沟宽30~32cm，以铁锹放进沟内为宜，沟深3~10cm，沟底应有一定排水坡度。现代化奶牛场安装刮板式或其它形式的清粪机械装置，则可大幅度提高劳动生产率和减轻工人的劳动强度。

⑥颈枷：颈枷的作用是把牛固定在牛床上，便于起卧休息和采食，又不至于随意乱动，以免前肢踏入饲槽，后肢倒退至粪沟。颈枷要求坚固、轻便、光滑、操作方便。常见颈枷有以下两种：a. 直连式颈枷：这种颈枷由两条长短不一的铁链构成，长链长1.3~1.5m，下端固定在饲槽的前壁上，上端拴在一根横梁上。短铁链（皮链）长0.5m，两端用两个铁环穿在长铁链上，并能沿长铁链上下滑动，使牛有适当的活动空间，采食休息均较方便。b. 横链式颈枷：这种颈枷由长短不一的两条铁链组成，为主的是一条横挂着的长链，其两端有滑轮挂在两侧牛栏的立柱上，可自由上下滑动。用另一短链固定在横的长链上套住牛颈，牛只能自如地上下左右活动，而不致拉长铁链而导致抢食。

单元二　奶牛的饲养管理

【学习目标】　通过本单元的学习，掌握犊牛、育成牛、产奶牛、干奶牛的饲养管理方法。

【技能目标】　掌握科学的饲养管理方法，指导生产中奶牛养殖户提高奶牛养殖的效益。

【课前思考】　生产中犊牛、育成牛、产奶牛、干奶牛的饲养管理方法有哪些？

1. 犊牛的饲养与管理

犊牛是指从出生到6月龄的牛。根据犊牛的哺乳情况可分为初生犊牛、哺乳犊牛和断奶犊牛。犊牛出生后的头7d为初生期，称为初生犊牛。7~60日龄的犊牛，称为哺乳犊牛。2~6月龄的犊牛，称为断奶犊牛。

（1）犊牛的饲养

①补喂初乳：母牛分娩后3~7d内所产的牛奶称作初乳。初乳中含有比常乳更高的蛋白质、脂肪、维生素等营养成分，而且还含有大量的免疫球蛋白和

溶菌酶，能杀灭和抑制病菌。因此，要尽量早让犊牛食入初乳。由于犊牛生后4~6h 对初乳中的免疫球蛋白吸收最强，在犊牛生后 1h 左右喂给初乳，在 6~9h 第二次饲喂，喂量为 2kg。以后逐渐增加，持续 5~7d，喂量一般不超过犊牛体重的 5%，每日 3 次，温度为 36~38℃。

②饲喂常乳：犊牛出生 7d 以后的乳称作常乳。初乳期过后，便可饲喂犊牛常乳。目前，国内大部分乳用犊牛哺乳期为 2~3 个月，喂乳量为 300~400kg。少数个体大或高产的牛群仍哺乳 3~4 个月，哺乳量为 600~800kg。每日喂量按犊牛体重的 8%~12% 计算，日喂 3~4 次。

③饲喂犊牛开食料：开食料又称犊牛代乳料，是适用于犊牛早期断奶所使用的一种特殊饲料。根据犊牛营养需要精料配制。它的作用是促使犊牛由以乳为主向以完全采食植物性饲料过渡。饲料的形态可做成粉状或颗粒状，从犊牛出生后第 2 周可让其采食。其配方及营养成分见表 3-5。

表 3-5 犊牛开食料配方及营养成分

原料	配方比例/%	营养成分
玉米	40	产奶净能：8.19MJ/kg
豆粕	24	粗蛋白质（CP）：23.9%
燕麦	25	钙（Ca）：1.29%
进口鱼粉	8	磷（P）：0.74%
骨粉	1	粗纤维（CF）：5.21%
石粉	1	
食盐	1	

④早期犊牛饲喂植物性饲料

a. 干草：犊牛出生后 7d 开始训练采食干草，以促进瘤胃早期生长和发育，并可防止舔食脏物或污草。

b. 多汁饲料：出生后 20d 开始，在开食料中加入切碎的胡萝卜，开始少喂，2 月龄时可喂 1~1.5kg。60d 后可增加到 2kg 以上。犊牛出生 20~30d 就可在食槽撒少量青贮饲料。以后再逐渐增加，2 个月后每天可喂给 100~150g；3 月可喂到 1.5~2kg；4~6 月龄增至 4~5kg。

c. 充足的饮水：出生后 1 周开始，可在水中加适量牛奶，水温 35~38℃，10~15d 后饮用消毒常水，并注意水温应与奶温相同。15d 后，改用洁净温水。30d 后改用自来水。但应注意不要让犊牛饮冰水和不卫生的水，同时要防止犊牛暴饮。

⑤早期断奶

a. 意义：犊牛早期断奶对犊牛的生长发育和养殖均具有重要的意义，主要体现在以下几点：ⓐ能够降低培育成本，减少鲜奶用量。一般常期断奶消耗鲜奶量为 400~600kg，而早期断奶消耗鲜奶量仅为 150~200kg。ⓑ有利于犊牛瘤胃生长和发育，提高以后对粗饲料的消化利用能力。ⓒ在早期断奶过程中，通过补饲，可以弥补母体奶不足的营养量。

b. 方法：发育健康的犊牛可在 60 日龄进行早期断奶，具体方法是：断奶前半个月左右，开始增加精料和粗料的饲喂量，减少牛奶喂量。每天喂奶次数由 3 次改为 2 次，临断奶时由 2 次改为 1 次，然后停喂牛奶。也可采用向牛奶中掺水的办法，逐渐减少奶量，最后改为全部供水。一般认为断奶时精饲料用量为每天 1kg 左右。3 月龄精料增加到 1.5~2kg，在此期间可大量供给粗饲料。

（2）犊牛的管理　犊牛的组织器官尚未充分发育，消化道黏膜容易被细菌侵袭，皮肤保护机能差，神经系统反应不灵敏，瘤胃容积小，无淀粉酶（3 周内不反刍），抵抗力低，对外界环境适应能力弱。因此，容易受到病菌的侵袭而引起各种疾病，造成发育受阻，甚至死亡。所以，这一时期的饲养管理是关系到犊牛能否存活和正常生长发育的关键时期。

①清除口鼻腔的黏液：犊牛出生后，为避免黏液吸入气管和肺内影响犊牛的正常呼吸，必须立即清除口鼻腔的黏液。如果犊牛产出时已将黏液吸入而造成呼吸困难，应立即将后肢倒吊起来，拍打胸部，使之吐出黏液。

②断脐：通常情况下，犊牛的脐带自然扯断。未扯断时，用消毒剪刀在距腹部 8~10cm 处剪断脐带，将脐带中的血液挤净，用 5%~10% 碘酊药液浸泡 2~3min 即可，切记不要将药液灌入脐带内。断脐不要结扎，以自然脱落为好。

③哺乳卫生：目前多采用哺乳器喂奶，它能促使犊牛食道沟反射完全，闭合成管状而全部流入皱胃，也比较卫生。但应注意哺乳用具的卫生、消毒和乳的温度不能过高或过低。而用盆或桶喂奶会因吃奶过急，食道沟闭合不全，使乳汁容易进入瘤胃，由于异常发酵，造成犊牛死亡。喂乳结束后，须将犊牛嘴擦拭干净，以免互相吸吮乳头或脐带，引起发炎，也可防止舔食的牛毛在胃内形成毛球而影响健康。

④犊栏卫生：初生犊牛出生后 10~15d 内应单独饲养，以便个别照顾，防止感染疾病。15d 以后可合群饲养，每头犊牛应戴颈链，固定饲槽位置，以免互相吸吮和抢食。犊牛栏内要勤打扫，定期消毒，保持清洁干燥。

⑤去角：为了减少牛与牛之间的相互争斗造成的伤害，需在 7~10 日龄去角。常用的方法有三种：电烫法、苛性钠法和电动去角器。电烫法是用烧红的烙铁烧烙角基部 15~20s，直到角的生长点被破坏。苛性钠法是在角基部涂抹 40% 的苛性钠溶液，使角的生长点被破坏。电动去角器是用特制的电烙铁去角，电烙铁顶端做成杯状，大小与犊牛角的底部一致，通电加热后，烙铁的温度各部分一致，使用时将烙铁顶部放在犊牛角部，烙 15~20s，或者烙到犊牛角四周的组织变为古铜色为止。

⑥运动和调教：犊牛 1 周后，可在栏内自由运动，10d 后可让其在运动场上短时间运动 1~2 次，每次半小时。随着日龄增加，运动时间可适当增加。为了使犊牛养成良好的采食习惯，做到人牛亲和，饲料员应有意识接近它，抚摸它，刷它。在接近时应注意从正面接近，不要粗鲁对待犊牛。

⑦称重：在犊牛初生、2 月龄、4 月龄、6 月龄和断奶时分别称量体重，做好记录，以便掌握犊牛的生长发育情况，从而调整日粮。犊牛各阶段理想的体重和胸围见表 3-6。

表 3-6　　　　　　　　　　犊牛各阶段理想的体重和胸围

月龄	荷斯坦牛		娟姗牛	
	体重/kg	胸围/cm	体重/kg	胸围/cm
初生期	41	79	27	64
2	72	94	47	81
4	122	107	83	99
6	173	125	126	144

⑧保健护理：日常管理中要注意观察牛的精神状态、食欲、粪便、体温和行为有无异常。如发现犊牛轻度下痢，应减少喂乳量，乳中加 1~2 倍温水；下痢严重时，应暂停喂乳 1~2 次，可喂温开水并加少许 0.01% 的高锰酸钾溶液或 0.1%~0.2% 的碳酸氢钠溶液。

2. 育成牛和青年牛的饲养管理

育成牛是指 7~15 月龄育成阶段的牛，青年牛是指 16~24 月龄青年妊娠母牛。

（1）育成牛与青年牛的饲养

①育成牛的饲养：育成牛具有生长迅速、抵抗力强、发病率低、易管理等生长特点。在奶牛育成阶段，主要是通过合理的饲养使育成牛按时达到理想的体型、标准的体重和正常的性成熟。要求日增重 750~800g，体重达到 360~380kg。按时配种受胎，并为终身有一个较高的生产性能打下良好基础。在此阶段育成牛的瘤胃机能已发育完善，为达到以上的育成目的，必须让育成牛自由采食优质粗饲料，但由于整株玉米青贮含有较高能量，所以要限量饲喂，以防过肥。

②青年母牛的饲养：16~24 月龄为青年母牛妊娠阶段，在饲养上一般分以下两个阶段：

a. 妊娠前期阶段：指 16~21 月龄（6 个月），在此阶段仍按配种前日粮饲养。要求体重达到 392~446kg。生产中一般要求营养水平和日粮组成见表 3-7。

表3-7   青年牛妊娠前期营养水平和日粮组成

营养水平		日粮组成量/kg	
产奶净能/(MJ/kg)	7.35	优质粗料	劣质粗料
粗蛋白含量/%	14	精料：2.0~2.5	精料：2.7~3.6
钙含量/%	0.4	干草：9~10	干草：6~8
磷含量/%	0.3	青贮：10~15	青贮：10~15
中性洗涤纤维含量/%	42		

　　b. 妊娠后期阶段：指22~24月龄（3个月），在此阶段要求体重达到495~540kg。生产中一般要求营养水平和日粮组成见表3-8。

表3-8   青年牛妊娠后期营养水平和日粮组成

营养水平		日粮组成量/kg	
产奶净能/(MJ/kg)	5.7	优质粗料	劣质粗料
粗蛋白含量/%	12	精料：3.0~3.5	精料：3.5~4.5
钙含量/%	0.3	干草：3~5.5	干草：自由采食
磷含量/%	0.2	青贮：6	青贮：6
中性洗涤纤维含量/%	48		

　　对于妊娠后期青年牛来说，在产前2周可饲喂围产期低钙日粮，以预防产后瘫痪。精饲料应采用引导饲养法进行饲喂。所谓引导饲养法是指从母牛产前两周开始，除饲喂足够的粗饲料外，第一天饲喂1.8kg精补料，以后每天增加0.45kg，直到精料饲喂量达奶牛体重的1%为止。但在围产期应控制食盐和矿物质的饲喂量，以防止乳房水肿的发生。

　　（2）育成牛与青年牛的管理

　　①分群管理：育成牛应按性别、年龄、体重分群饲养。公母犊应在6月龄转群时分开管理。

　　②定期称重：定期对育成牛进行体重测量，以便掌握其生长的情况。一般育成母牛体重达到成年母牛体重的40%~50%时进入性成熟期；体重达到成年母牛体重的60%~70%（350kg以上）时才可以配种。

　　③调教训练：育成牛要训练拴系、定槽认位，以便于日后的挤奶管理，使牛养成温顺的习性。

　　④配种：育成母牛达15~16月龄，体重达350~380kg时进行配种。初配时间如果太早，母牛产后泌乳量少、增重速度慢；初配年龄如果过晚，会影响奶牛的终身产奶量。要想提高奶牛的受胎率，同时必须做好发情鉴定。

　　⑤修蹄：从10月龄开始，每年春秋两季各修蹄一次。以预防奶牛蹄病的发生，因为生产中奶牛的蹄病对奶牛养殖会造成较大的影响。

　　⑥按摩乳房和计算预产期。

a. 按摩乳房：从怀孕第 5~6 月开始到分娩前 15d 止。每天 1 次，每次 3~5min。按摩乳房，有利于改善乳房的血液循环，促进乳腺细胞的发育和生长，同时有利于激素的反馈分泌，使与产奶有关的激素在产犊后有较高的水平，有利于奶牛高产。

b. 计算预产期：方法是配种月份减 3，日数加 6。例如，2011 年 4 月 16 日配种，预产期为 2012 年 1 月 22 日产犊。

3. 泌乳母牛的饲养管理

（1）乳用牛一般管理技术

①饲喂技术：饲喂奶牛要定时定量，以使牛消化液的分泌形成规律，增强食欲和消化能力。每日饲喂次数与挤奶次数相同，一般为 3 次。每次饲喂要少喂勤添，由少到多。饲料类型的变换要逐渐进行。饲喂顺序一般是先粗后精，先干后湿，先喂后饮，以刺激牛胃肠活动，保持旺盛食欲。

②饮水：水是牛体不可缺少的营养物质，对产奶母牛特别重要。日产50kg 的奶牛每天需要饮水 50~75kg。因此，必须保证奶牛每天有足够的饮水，同时要注意饮水卫生。冬季水温不宜太低，夏季炎热应增加饮水次数。

③运动：运动有助于消化，增强体质，促进泌乳。运动不足，奶牛易肥胖，会降低泌乳性能和繁殖力，易发生肢蹄病，故应保证适当的运动。奶牛每天应保持 2~3h 的户外运动，晒太阳和呼吸新鲜空气。

④刷拭和护蹄：刷拭可保持牛体清洁卫生，增强皮肤新陈代谢，改善血液循环。刷拭方法：饲养员以左手持铁梳，右手拿软毛刷，由颈部开始，从前向后，从上向下，依次刷拭。中后躯刷完后再刷头部，最后刷四肢及尾部。刷拭时用软刷先逆毛后顺毛，刷一次在铁梳上刮掉污垢，每刷 2~3 次后随即敲落铁梳上积留的污垢。刷拭宜在挤乳前 30min 进行，以免尘土飞扬，污染牛奶。

奶牛肢蹄患病，会降低生产性能，减少利用年限。因此，应经常保持牛蹄壁及蹄叉清洁，清除附着的污物。为防止蹄壁破裂，可经常涂凡士林等。蹄尖过长要及时修整，修蹄一般在每年春秋定期进行。为保持牛蹄清洁，奶牛活动的场所应保持清洁干燥，不要让牛站在泥水中。

⑤防暑防寒：黑白花牛最适宜的外界环境温度为 12~15℃。夏季要特别注意搞好防暑工作，有条件的可在牛舍内安装电风扇。牛舍周围及运动场上，应植树遮阴。适当喂给青绿多汁饲料，增加饮水，消灭蚊蝇。冬季牛舍注意防风，保持干燥。不给牛饮冰碴水，水温最好保持在 12℃ 以上。

（2）泌乳期各阶段的饲养管理技术

①泌乳初期的饲养管理：乳用母牛产犊后的 15~20d 称泌乳初期，又称恢复期。

a. 生理特点：母牛产后气血亏损，消化机能弱，抗病力差，生殖器官处于恢复阶段；乳腺机能又发育旺盛，产奶量逐日上升。因此，要加强饲养管理，促其体质尽快恢复，并防止产后瘫痪等疾病的发生。

b. 饲养技术：母牛产后，应喂以优质干草和全价日粮饲养。根据其生理特点，产后 3d 内，可自由采食优质干草，并用温水拌麸皮饮用（一般用 0.5kg 麸皮）。产后 4~5d，可饲喂少量青草、青贮及块根饲料，以 4~5kg 为宜。以后随着乳房水肿的消除和产奶量的上升逐步增加喂量。6d 后，日粮中加入 0.5~1kg 精料，以后每隔 2~3d 增加 0.5~1kg。一般在产后 10~14d 便可按标准喂料。有的母牛产后乳房没有水肿现象，身体健康，食欲旺盛，可提早喂给精饲料和多汁饲料，6~7d 后便可达到标准喂量。增加喂料量应稳妥进行，增料的同时应随时观察牛的食欲、乳房状况、行为及粪便等，如有异常，要及时调整喂量。要注意控制多汁饲料和精饲料的喂量，不要急于催奶，以免加重乳房水肿。粗饲料尽量多喂，以保持牛的食欲，为日后高产创造条件。产后 1 周宜饮给 37~38℃温水，以后逐渐转为常温饮水。

c. 管理技术：母牛产犊后 30~60min 即可挤奶。为了促进体质恢复，及早消除乳房水肿，最初几天不要把乳汁全部挤净。具体做法是：产后第 1 天每次只挤 2kg 左右，够犊牛饮用即可，第 2 天挤产乳量的 1/3，第 3 天为 1/2，第 4 天为 3/4，第 5 天可全部挤净。为尽快消除乳房水肿，每次挤乳时要坚持用 50~60℃温水擦洗乳房，先用湿毛巾趁热温敷，然后按摩乳房。为防止压坏乳房，可多铺清洁干燥柔软的垫草。

②泌乳盛期的饲养管理：产犊后 15d 至 2 个月左右，高产牛可延续到 3 个月，这段期间称为泌乳盛期，即产奶高峰期。

a. 生理特点：这一时期的母牛体况恢复，代谢强度逐渐提高，泌乳机能逐渐增强，是创造奶牛泌乳高产的关键时期。通过加强饲养管理，既可提高本阶段的产乳量，又可提高整个泌乳期的产奶量。若在此期不能满足营养需要，奶牛就会掉膘减重，产奶量减少，体况下降，甚至患病，高产奶牛表现更为明显。

b. 饲养管理：饲养管理主要是为提高产奶量创造有利条件，供给充足的营养，以使奶牛产奶潜力充分发挥，使泌乳高峰持续时间延长。因此，每日除供给优质青贮饲料、块根饲料外，还应供给足够的混合精料。混合精料的种类及比例，可按当地饲料资源选择，一般配合的比例大致为：玉米或大麦 50%，糠谷类 20%~22%，豆饼 20%~25%，骨粉 3%，食盐 2%。在本阶段除按常规饲养管理程序安排生产外，为提高产奶量，又确保体质健康，可选择采用以下几种饲养方法。

c. 短期优势法：这是一种在泌乳盛期增加营养供给量、充分发挥母牛泌乳能力的饲养方法。具体做法是：从母牛产后 15~20d 开始，在满足维持需要和产奶需要的饲料基础上，再追加 1~2kg 混合精饲料，作为提高产奶量的"预支饲料"。加料后若产奶量持续上升，隔一周再调整一次，直至产奶量不再上升为止。以后则随着产奶量的下降，逐渐降低饲养标准。掌握的原则是，在优质干草和多汁饲料等喂量不变的基础上，多产奶就多喂精饲料。此法适用于中等产奶水平的母牛。

d. 引导饲养法：这是一种在一定时期内采用高能量、高蛋白日粮饲喂奶牛，以大幅度提高产奶量的饲养方法。具体做法是：从母牛产犊前两周开始，在喂给干乳期饲料的基础上，逐日增喂一定数量的精饲料。即第一天喂给1.8kg精饲料，以后每日增加0.45kg，直至平均每100kg体重采食1~1.5kg混合精饲料为止。整个引导期要保证粗饲料自由采食，饮水充足，尽量延长奶量增产的时间，如引导得法，可诱导母牛出现新的泌乳高峰，增产优势将持续于整个泌乳期。此法只应用于高产奶牛，中低产奶牛效果不佳，容易肥胖。

e. 更替饲养法：这种方法是定期改变日粮中各类饲料的比例，增加干草和多汁饲料的喂量，交替增减精饲料的喂量，以刺激母牛的食欲，增加采食量，从而达到提高饲料转化率和增加产奶量的目的。具体做法是：每7~10d改变一次日粮构成，主要是调整精饲料与粗饲料的比例，但日粮的总营养水平不变。

③泌乳中后期的饲养管理：泌乳盛期过后就进入泌乳中后期。此期的特点是泌乳量逐渐下降，逐月递减5%~7%。其饲养任务是减缓泌乳量的下降速度，为防止采食量过多而导致肥胖，应按饲养标准增加青粗饲料的比例，降低精饲料营养浓度，减少精饲料供给量。从母牛产后的5~6个月至干乳前，称为泌乳后期。这时母牛已接近妊娠后期，胎儿生长发育加快，产奶量急剧下降，直至干乳。因此，泌乳后期应按体重和产奶量每1~2周调整一次精饲料的喂量，同时应注意膘情，膘情过差、体质衰弱的母牛可适当增加一些精饲料的喂量，以满足母牛复膘和胎儿迅速生长的需要，为在干乳期保证胎儿生长发育和下胎次的高产打下基础。

4. 干乳期的饲养管理

（1）干乳的意义　奶牛干乳期是指泌乳母牛从妊娠后期停止泌乳到分娩的时期。母牛经过长时间的泌乳，尤其是妊娠后期胎儿生长发育加快，体内消耗了大量的营养物质。为使母牛恢复体力，积累一定量的营养物质，以备产犊后泌乳，同时也使胎儿能更好地生长发育，需要有一段停止泌乳进行休整的时间。干乳期间乳腺分泌活动停止，乳腺细胞可以得到修补和更换。适宜的干乳期结合科学的饲养管理，对于母牛产后泌乳性能的发挥，初生犊牛的健康具有重要的作用。

（2）干乳期的确定　奶牛干乳期一般为60d，范围45~75d。通常按奶牛的个体情况决定干乳期的长短。高产奶牛、初产奶牛、老龄牛、体质较弱和营养差的牛，干乳期可确定为60~75d，而低产奶牛、体质健壮和营养好的牛可确定为45~50d。生产实践证明，没有干乳期或干乳期太短，都会降低下胎次产奶量和犊牛初生体重，干乳期太长也没有必要。

（3）干乳的方法　母牛到规定的干乳时期，不论每天产奶量多少，都应采取果断措施及时停乳。常用的干乳方法有以下几种。

①逐渐干乳法：在 1 ~ 2 周内完成干乳。在计划干乳日前 10 ~ 20d，逐渐减少精饲料和多汁饲料的喂量，限制饮水，延长运动时间，减少挤乳次数，停止按摩乳房，改变挤乳时间，使日产乳量下降到 10kg 以下时，便停止挤乳。2 ~ 3d 后，如果乳房内的乳汁较多，可对乳房进行充分细致的擦洗和按摩，把乳汁彻底挤净。为防止感染可用 5% 的碘酊浸泡乳头。

②快速干乳法：这种干乳的方法较好。具体做法是：到干乳的日期，认真按摩乳房，将乳挤净后即可停乳。挤完乳后用 5% 的碘酊浸一浸乳头，预防感染。也可在每个乳头孔内注入金霉素眼药膏 1 支或青霉素 100 万 IU 和链霉素0.5g。乳头孔经封闭后即不再触动乳房，停止挤乳后 3 ~ 4d 内注意观察乳房的变化。开始乳房可能继续膨胀，只要不出现红肿、疼痛、发热等现象可继续观察。经 3 ~ 5d 后乳房内积的乳逐渐被吸收，10d 左右乳房松软收缩，干乳工作完成。如果停乳后乳房出现过分膨胀、红肿及从乳头向下滴乳时，可重新把乳挤净，按照上述方法消毒、封闭乳头。对曾患有乳房炎或正患乳房炎的奶牛不适宜用这种方法停乳。患乳房炎的奶牛应治愈后再行干乳。

（4）干乳期的饲养　每天精料给量 3 ~ 4kg，青贮 10 ~ 15kg，干草 3 ~5kg。干乳后 5 ~ 7d，乳房还没变软，喂料与干乳过程一样。乳房变软且干瘪时逐渐增加喂量，5 ~ 7d 后达到干乳牛的饲养标准。产前 4 ~ 7d 若乳房过度肿大，要减少精料。干乳母牛一般日喂 3 次，饮水 3 次，水温以 10 ~ 12℃ 为宜。若有条件，冬春可供给胡萝卜等块根饲料，以补充维生素 A。

（5）干乳期的管理　干乳后的奶牛在管理上，首先应注意观察乳房的变化和母牛的表现，发现异常要及时查明原因，对症治疗。其次，要加强卫生护理，注意圈舍清洁卫生；每日要有适当的运动，直至分娩前 2 ~ 3d 停止运动。第三，要做好保胎防流产工作。不要随意驱赶牛，以防相互碰撞，造成流产；不喂腐败变质与冰冻的饲料；不饮冰碴水；妊娠后期禁止饲喂酒糟、马铃薯、棉籽饼等，以防流产、难产或胎衣不下等疾病发生。

5. 高产牛的饲养管理技术

根据我国奶牛评定标准，所谓高产牛是指初产牛产奶量达 5000kg，成母牛达 7000kg 以上。高产奶牛的主要特点是产奶量高，需要的营养物质多，代谢强度大，饲料转化率高，对饲料及外界环境反应敏感。所以，高产牛的日粮应全价、适口性好，易于消化吸收。

高产奶牛的饲养管理要注意以下几点：

（1）加强干乳期的饲养　为了充分补偿前一泌乳期的营养消耗，贮备充分营养以供奶牛产后产乳量迅速增加的需要，使瘤胃微生物区系在产犊前得以调整以适应高精料日粮，干乳后期要增加精饲料喂量。这样能保证泌乳期奶牛在最需要能量的时候获得充足的能量，防止泌乳高峰期内过多分解体脂肪，发生代谢疾病而影响发育和健康。

（2）提高干物质的营养浓度　通常泌乳初期到高峰期是高产奶牛饲养管

理的关键时期。在泌乳初期及高峰期，受采食量、营养物质浓度消化率等方面的限制，不得不动用体内的营养物质以满足产奶的需要。一般高产奶牛在泌乳盛期过后，体重要降低 35～45kg，甚至更多。母牛体重下降是体蛋白质、脂肪和矿物质消耗的结果。如下降过多或下降持续日期较长，容易出现酮血症或机能障碍。所以，为了满足营养物质的需要，必须提高日粮干物质的营养浓度。

（3）保持日粮中适当的能量与蛋白比　高产牛产犊后，产奶量逐渐提高，此时常因片面强调蛋白质饲料供应量，忽视蛋白质与能量间的适当比例。奶牛产后产奶量迅速增加，需要很多能量，如日粮中作为能源的碳水化合物不足，蛋白质就得脱氨氧化供能，其含氮部分则由尿排出。在这种情况下，蛋白质不但没有发挥其自身持有的营养功能，并且从能量的利用率考虑也不经济。

（4）使高产牛保持旺盛的食欲　高产奶牛泌乳量上升速度比采食量上升速度早6～8周。母牛采食量大，饲料通过消化道的速度较快，降低了营养物质的消化率，日粮的营养浓度越高，消化利用的部分越少。因此，要保持母牛旺盛的食欲，注意提高其消化能力。粗饲料可让牛自由采食，精饲料日喂3次，产犊后精饲料增加不宜过快，否则容易影响食欲，每天增量以 0.5～1kg 为宜，精饲料给量一般每天不超过 10kg。

（5）合理搭配高产奶牛的日粮　高产奶牛日粮要求容易消化，容易发酵，并从每单位日粮中得到更多的营养物质。即日粮组成不仅考虑到营养需要，还应注意满足微生物的需要，促进饲料更快地消化和发酵，产生更多的挥发性脂肪酸。

单元三　肉用牛的饲养管理

【学习目标】　通过本单元的学习，掌握肉牛的饲养管理方法。

【技能目标】　掌握科学的饲养管理和育肥技术方法，为养殖户的发展提供技术支柱。

【课前思考】　生产中肉牛的饲养管理方法有哪些？

1. 肉用犊牛的饲养管理

（1）哺育技术　犊牛出生后，要尽早让犊牛吃足初乳。如果犊牛得不到初乳，需要用奶粉或常乳饲喂时，应添加维生素 A 和维生素 E。初乳的饲喂量为：犊牛出生后的第1天，饲喂 3～4L，出生后的2～3d，每天饲喂4L，分两次饲喂。肉用犊牛的哺乳方法一般采用随母哺育法，即犊牛出生后一直跟随母牛哺乳、采食和放牧。这种哺育法的优点是犊牛可以直接采食鲜奶，有效预防消化道疾病，并可以节约人力物力。其缺点是母牛产奶量无法统计，母牛疾病容易传染给犊牛，并可能造成犊牛的哺乳量不一致。

（2）供给优质的植物性饲料　为了促进瘤胃的发育，犊牛出生1周左右就可让其采食优质的干草。出生后 10d 可以饲喂开食料，最初几天 10~20g，2 月龄可达 1~1.5kg。出生后 60d 可以饲喂青贮饲料，最初每天 100g，3 月龄可达 1.5~2kg。犊牛饲料的变换不要太快，否则会造成犊牛的消化不良、瘤胃酸度过高和采食量下降，影响日增重。更换饲料的过渡时间一般以 4~5d 为宜。犊牛的理想采食量应占体重的 2.5% 左右。

（3）犊牛的育肥　犊牛育肥是肉牛持续育肥的生产方式之一。在 3 月龄时，因其消化机能完全发育，应提高犊牛日粮的营养水平，快速催肥，使其在 12 月龄时体重达到 450kg。

（4）犊牛的管理　在日常管理过程中，饲喂要做到定时定量，并保证充足的饮水；舍温应保持在 14~20℃，并保证牛舍通风良好；牛舍内每日清扫粪尿 1 次，并用清水冲洗地面，每周于室内消毒 1 次；牛床最好采用漏粪地板，防止牛与泥土接触，严格防止犊牛下痢。

2. 肉用育成牛的饲养管理

（1）育成牛的放牧饲养　放牧是育成牛首选的饲养方式。放牧的好处是能合理利用草地、草场，防止水土流失，使牛得到充分运动，从而增强其体质；节省青粗饲料的开支，降低饲料成本；减少舍饲时劳力和设备开支。放牧时，公母牛应分群放牧，分群轮牧。春天放牧，因牧草含水分较多，应补饲精料，保证提供充足的营养物质。同时，应提供充足的饮水。

（2）育成牛的舍饲　舍饲是在没有放牧场地或不放牧的季节，以及工场化、规模化肉牛生产中所采用的饲养方式。舍饲，可根据不同年龄阶段分群饲养。断奶至周岁的育成牛，要给予良好的饲养，即可获得最好的日增重。通常采用精料和粗料搭配的方式饲喂，粗料占 50%~60%，精料占 40%~50%。

（3）育成种公牛的饲养　育成公牛的生长比育成母牛快，因而需要的营养物质较多，尤其需要以补饲精料的形式提供营养，以促进其生长发育。对种用后备育成公牛的饲养，应在满足一定量精料供应的基础上，喂以优质青粗饲料，并控制饲喂量以免形成草腹；非种用后备牛不必控制青粗料喂量，以便在低精料下仍能获得较大日增重。

在育成种公牛的日粮中，精料与粗料的比例依粗料的质量而异。当以青草为主时，精料与粗料的干物质比例约为 55:45；当以青干草为主时，其比例为 60:40。育成种公牛的粗料不宜选用秸秆、多汁与渣糟类等，最好用优质苜精干草。青贮应少喂，6 月龄后日饲喂量应以月龄乘以 0.3~0.5kg 为准，周岁后日喂量限量为 3~5kg，成年为 4~6kg。另外，酒糟、粉渣、麦秸之类、菜籽饼等不宜饲喂育成种公牛。

（4）育成牛的管理

①分群：育成牛应公母分群饲养，同时应以育成母牛年龄分阶段饲养管理，并及时转群，一般在 12 月龄、18 月龄、定胎后分 3 次转群，同时称重并结合体尺测量，对生长发育不良的予以淘汰。育成种用公牛管理可参照乳用公

牛，如适当的运动、合理利用、定时刷拭、穿鼻和戴鼻环、定期驱虫、进行免疫注射等。

②定槽：围养拴系式管理的牛群，采用定槽是必不可少的，可使每头牛有自己的牛床和食槽。

单元四　种公牛的饲养管理

【学习目标】　通过本单元的学习，掌握种公牛的饲养管理方法。

【技能目标】　掌握种公牛科学的饲养管理技术，并了解种公牛的合理利用方法。

【课前思考】　生产中种公牛的饲养管理方法有哪些，如何合理利用种公牛？

1. 种公牛的饲养

日粮的营养水平，饲料的搭配及饲养方法等，是影响种公牛精液品质的重要因素之一。饲喂种公牛的饲料应营养全面。特别是饲料中应含有足够的蛋白质、矿物质和维生素。这些营养物质对精液的生成与提高精液的品质，以及对种公牛的健康均有良好的作用。给予蛋白质的生物学价值要高，若蛋白质不足会影响精液品质，但过多也会影响公牛的生殖力。据报道，公牛在蛋白质特别丰富的牧地上放牧（蛋白质占干物质的35%），反而会造成公牛不育。因此，喂给公牛的蛋白质量应适当。在配种任务繁重的季节，公牛日粮内钙、磷不足会使精液发育不良，活力不强的精子数量增加。成年公牛对钙、磷的需要量没有泌乳母牛多，特别是钙的给量过多会引起疾病，如给予公牛的钙超过需要量的3~5倍时，就会发生脊椎骨关节强硬和变性关节炎。公牛对磷的需要量也很大，若饲料中含磷少则必须补磷。食盐对促进公牛消化机能、增进食欲和正常代谢均很重要，但喂量不宜过多。维生素A对满足公牛的营养需要特别重要，若长期缺乏会引起睾丸上表皮细胞角质化。锰不足则会造成睾丸萎缩。因此，应保证维生素A、维生素D、维生素E和锰的供应。

为了保证种公牛的营养需要，日粮组成应多种多样，品质好，适口性强，易于消化。青、粗、精搭配要合理且全年均衡供应。精料喂量可占总营养的40%~50%。豆饼虽是饲喂公牛较好的精料，但不宜过多，过多会产生大量有机酸不利于精子的生成。碳水化合物含量高的饲料用量要少，以免造成种公牛的膘情过肥。种公牛的日粮中还应有一定量的动物性蛋白质，每日可喂鱼粉、血粉、生鸡蛋等50~400g，冬季饲喂胡萝卜3~4kg，小麦胚或大麦胚300~400g，以补充维生素。干草和青草是种公牛最好的粗料，一般按每日每100kg体重饲喂干草1kg，块根饲料1kg，青贮料0.5kg，精料0.5kg；或按每日每100kg体重喂给1kg干草，0.5kg混合精料。按规定定额饲养时，如见公牛过肥则应降低定额；反之，若公牛活重减轻，精液品质降低，应将饲养定额提高

10% ~ 15%。

育成公牛比同龄的育成母牛需要较多的营养物质，除给予充足的精料外，还应让其自由采食干草。10 月龄时可将干草、青草、青贮料作为日粮的主要部分，精料喂量应依据粗料质量而定。对 1 周岁的育成公牛，在饲喂优质粗料的情况下，精料中蛋白质含量以 12% 为宜。

给予种公牛的饲料容积不能过大，以免腹部增大有碍配种及导致精液排泄不尽。每日青草喂量应在 30kg 以内，块根或青贮料的日喂量不能超过 10kg。特别是青贮料含有大量有机酸，喂饲过多不利于精子的生成。糖渣类含水分多，亦不宜大量饲喂。用大量秸秆喂公牛易引起便秘，抑制公牛的性活动。此外，也不能用腐败变质的饲料喂公牛。

公牛饮水应充足，冬季日喂水 3 次，夏季 4 ~ 5 次，水要清洁。饮水应在喂饲料和工作前给予，工作和配种后不能立即饮水。

2. 种公牛的管理

（1）拴系与牵引　公犊在断奶前戴上笼头牵引，10 ~ 12 月龄应穿鼻戴上鼻环。自小就应每天做牵引运动，多加接近，使小公牛早期性情温顺。

（2）运动　如果公牛运动不足或长期拴系，会使公牛变肥，性情变坏，精液品质下降，以及产生消化道和四肢疾病。公牛运动量一般每日上下午各 1 次，每次 1.5 ~ 2h，行走距离约 4 公里。

（3）刷拭　每日应刷拭两次，角间、头颈、额顶等必须细致刷拭，因这些部位易积尘土，使皮肤发痒，容易形成顶人恶习癖。在夏季应进行洗浴。

（4）护蹄　公牛蹄形不正，不但影响健康，甚至影响交配。因此，必须定期修建、矫正蹄形，经常保持牛舍、运动场及牛蹄的清洁干燥。

（5）性情调教　种公牛性情的好坏，直接影响其利用效果。针对公牛记忆力强、有较强的自卫性等生理特性，调教公牛宜从幼牛开始。饲养员可通过抚摸、刷拭等活动与其建立感情，不要鞭打，不要随便更换饲养员。

（6）定期采精　如果采精不规律或长期不采精，种公牛的性格会变坏，易形成顶撞人的恶癖。因此，一定要定期采精。

（7）消毒防疫和疾病防制　坚持防重于制的原则，定期对牛舍进行消毒。并对牛只定期注射疫苗，防止传染病的发生。勤观察牛只的健康状况，做到早发现早治疗，保证牛的健康。

（8）驱蚊灭蝇　夏季是蚊蝇繁衍的季节，蚊蝇叮咬不仅会影响牛的休息，还会引起传染病的发生。

3. 种公牛的合理利用

（1）采精前的准备　种公牛的性功能差异很大，为获得高质量的精液，在采精前尽可能使用能促进其性反射活动的有效方法。采用不同的牛台和不同的位置和场地来适应不同习性的公牛，提高其性欲，获得高质量的精液。

（2）采精的制度

①正确的采精方法：假阴道温度应控制在 38～40℃，可根据每头牛对温度的敏感性不同而调整。润滑剂涂抹要均匀，压力大小应适宜。采精时，饲养员和采精员要配合，采精员应熟悉每头牛的性情，尤其每头牛对采精温度、压力等的要求，积极采用相应的措施去满足，以保证精液的品质和数量。

②适宜的采精频率：根据种公牛的年龄、体况和季节，合理安排采精频率。成年公牛每次采精两次、射精两次，两次射精时间间隔应在 20min 以上。青年公牛 14 月龄可开始采精，每隔 15d 采精 1 次，18 月龄每周采精 1 次，24 月龄每周采精 2 次。

因此，科学、合理地利用种公牛，对维持正常的性机能，最大限度地采集优质精液，延长种公牛的使用年限，提高终身产量是十分重要的。

【情境小结】

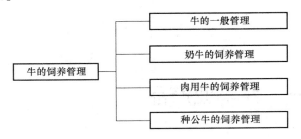

【情境测试】

1. 牛胃的组成和功能有哪些？

2. 牛具有哪些消化生理现象？

3. 犊牛的饲养管理要点有哪些？

4. 母牛泌乳期应划分为几个阶段？若没阶段，如何饲养管理？

5. 什么是干乳期？其意义是什么？

6. 高产奶牛的饲养管理方法有哪些？

7. 肉用育成牛如何进行饲养管理？

8. 种公牛饲养管理要点有哪些？

情境一 | 养羊业产品

单元一 羊 毛

【学习目标】 解释毛干、毛根、毛球、鳞片层的概念，了解羊毛的形态学结构，明确羊毛组织学结构，提供资源时能观察并识别，掌握羊毛鳞片层、皮质层和髓质层的作用。

【技能目标】 能够识别不同羊毛的纤维类型，会鉴别羊绒的优劣。

【课前思考】 羊毛的品质主要从哪些方面评定？影响羊毛产量的因素有哪些？

1. 羊毛纤维的形态学与组织学构造

（1）羊毛纤维的形态学构造　羊毛在形态学上可分为三个部分：毛干、毛根和毛球。羊毛及其邻近部分纵切面见图4-1。

a. 毛干：毛纤维裸露于皮肤表面的部分，即毛干。

b. 毛根：毛纤维尚未长出体表的部分，上端与毛干相接，下端则与毛球相连。

c. 毛球：位于毛根的最下端，毛球围绕毛乳头并与之紧密相连，外形膨大呈梨形，从毛乳头中获得营养物质。毛球内细胞不断分裂、增殖，毛纤维生长。

毛纤维还有毛乳头、毛鞘、皮脂腺、竖毛肌等附属物。

d. 毛乳头：毛乳头是供给毛纤维营养的器官。它被包裹于毛球中心，呈圆锥形。毛乳头供应营养和实现羊毛纤维生长的神经调节。

e. 毛鞘：毛鞘是由数层表皮细胞形成的管状物。它包围着毛根，可以分为内鞘和外鞘。

f. 皮脂腺：是沿毛鞘的两侧有 1～2 个分泌油脂的腺体。它分泌的油脂能滋润并保护羊毛纤维。

g. 竖毛肌：是皮肤内层一种很小的肌纤维，它的一端附着在皮脂腺下面的毛鞘上，另一端和表皮相连。由于竖毛肌的收缩与松弛，起到调节皮脂腺和汗腺的分泌以及血液和淋巴循环的作用。

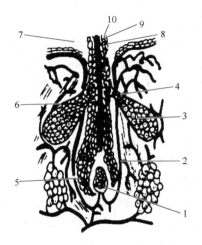

图 4-1　羊毛及其邻近部分纵切面图
1—毛乳头　2—毛鞘　3—皮脂腺　4—皮脂腺分泌管　5—毛球　6—毛根　7—毛干
8—毛的髓质层　9—毛的皮质层　10—毛的鳞片层

（2）羊毛纤维的组织学构造　羊毛纤维的组织学构造分为鳞片层、皮质层和髓质层。粗毛纤维具有以上完整的三层而称为有髓毛。细、绒毛只有鳞片层和皮质层而无髓质，称为无髓毛。

a. 鳞片层：它是毛纤维最外面的一层，由扁平、无核、形状不一的角质化细胞构成，像鱼鳞一样覆盖在毛纤维表面，它的游离一端指向纤维的尖端，起到擀毡作用。

不同类型的毛纤维，具有不同的鳞片，按鳞片的形状和排列分为环状鳞片和非环状鳞片两种。

环状鳞片：呈不规则的环圈形状覆盖于毛纤维上，其上端游离面向上翘起，下端紧贴皮质，多呈覆瓦状排列。细毛具有这种鳞片。

非环状鳞片：呈不规则状，由两个或两个以上这种鳞片彼此衔接，覆盖在羊毛纤维上，其上端翘起的程度不如环状鳞片大，有髓毛和较粗的两型毛都具有这种鳞片。

鳞片层的作用是保护毛纤维，使其免受或减少外界物理和化学因素的影响。鳞片层的存在，使羊毛具有擀毡性和缩绒性。由于鳞片发射光线，所以使毛纤维具有光泽。

b. 皮质层：皮质层是毛纤维的主要部分，位于鳞片层的里面。由细长、两端尖、扁的梭状角质细胞所组成，形状像细长枣核，沿着纤维纵轴排列，细胞之间，借细胞间质紧密结合。

皮质层是毛纤维的主体。一般无髓毛有发达的皮质层，有髓毛皮质层不发达。死毛极不发达，容易碎断。羊毛纤维的弹性、强度、伸度等主要取决于皮质层。此外，羊毛的天然颜色也取决于皮质层细胞色素的沉积情况。染色时，染色剂也被吸收在皮质层细胞内。

c. 髓质层：髓质层是由疏松网状细胞组成的多孔组织，是羊毛最中心的一层，但并不是所有的毛纤维都具有。髓质层的发达程度取决于羊毛的类型，也受个体和品种的影响。细毛无髓，半细毛有点状或间断状的髓，粗毛有髓，死毛的髓特别发达。

髓质层的多孔组织中含有空气，因此使羊毛的导热性能降低，保暖性增强。髓质层降低了羊毛的弹性和强、伸度。

2. 羊毛纤维的类型和羊毛的种类

（1）羊毛纤维的类型

①有髓毛：又称发毛。这种毛纤维粗、长、无弯曲或很少弯曲。有髓，鳞片为非环状。又分为正常有髓毛、干毛和死毛 3 种类。

a. 正常有髓毛：毛纤维粗、长、弯曲少或无，细度为 $40\sim120\mu m$，产生于粗毛羊或低代杂种羊。此种毛纤维只能加工成的制品有毛毯、地毯和毡制品等。

b. 干毛：正常有髓毛受日光、雨水、粪尿的损害而失去油脂和光泽，变得干枯、粗硬、易断，称为干毛。多见于正常有髓毛的上端。

c. 死毛：死毛基本上无皮质层，而充满了髓。毛色苍白无光，不能染色，粗硬、脆弱、易断，完全失去了弹性和染色性，无工业价值。

②无髓毛：又称细毛或绒毛。无髓质层有发达的皮质层，并有环状鳞片。细度一般不超过 $40\mu m$。无髓毛是羊毛中工艺特性最好的毛纤维，可以制成各种高级纺织品。

③两型毛：这种毛介于有髓毛和无髓毛之间，髓质层不发达，一般呈断续或点状，细度为 $30\sim50\mu m$，鳞片为块状排列。两型毛因具有较长的毛纤维和较好的弹性与强、伸度，故工业价值较高，最适于制造地毯。

（2）羊毛的种类 羊毛可按其所含纤维的类型分为两大类，即同质毛和异质毛。

①同质毛：同质毛又称同型毛，是由同一类型的纤维所组成。细毛羊、半

细毛羊和高代杂种的羊毛都属于这一类。在同质毛内，又根据羊毛的细度分为细毛和半细毛两种。

细毛由同一类型的无髓毛组成，毛纤维直径在 25μm 以下，或品质支数在 60 支以上。细毛主要来源于细毛羊及其高代杂种羊的被毛。细毛是毛纺工业的优良原料，可织制华达呢等精纺制品。

半细毛是由同一类型的较粗的无髓毛或两型毛所组成。较细羊毛长，弯曲稍浅，油汗较少。纤维平均细度在 25.1μm 以上，品质支数在 58 支及以下。在工艺性能方面与细毛相似，但较细毛用途更广。首先它是良好的纺织原料，也可制造毛毯、呢绒和工业用呢。56～58 支的半细毛是生产细绒线和针织品的原料，要求长度在 9cm 以上。46～50 支的半细毛，主要用作毛线和工业用，要求羊毛长度在 12cm 以上。半细毛主要来源于半细羊毛。

②异质毛：又称混型毛。这种羊毛是由各种不同类型的毛纤维组成。从外部观察，羊毛纤维在细度、长度、弯曲方面都有显著的差别。粗毛羊及其低代杂种羊的被毛即属于异质毛，被毛由无髓毛、两型毛和有髓毛（粗毛和死毛）等毛纤维组成。

品质好的异质毛，即绒毛和两型毛含量多，粗、死毛少的混型毛是制作地毯的良好原料。

3. 羊毛的工艺特性

羊毛的工艺特性决定了羊毛在纺织工业上的价值和用途。主要的工艺特性有细度、长度、强伸度、弹性、毡合性、颜色、光泽和吸湿性等，这些特性与绵羊的品种和饲养管理条件有密切关系。

（1）羊毛的细度　细度是指羊毛纤维直径的大小，表示单位为 1μm（微米）。在国内外羊毛交易、纺织工业和养羊生产中都采用与羊毛直径相关的品质支数来表示羊毛的细度。

品质支数的含义是：在公制中，1kg 净梳毛能纺成多少个 1000m 长的毛纱段数。如果 1kg 净梳毛能纺成 60 个 1000m 长的毛纱，那么这种羊毛的细度就是 60 支。

细度是羊毛最重要的物理特性，即最重要的品质。因为细度决定着羊毛的纺织性能和工艺价值。只有很细的羊毛才能纺成又细又长的毛纱，织出精纺产品。

在工业生产中，一般羊毛越细，纺织价值越高。但在育种中应注意绵羊体质，不能片面地追求细度，因为细度与绵羊的体质成负相关。一般地，毛越细的羊体质越弱。羊毛的细度主要是与绵羊的品种有关。

羊毛细度与其它特性的关系：

①与长度的关系：细度与长度成负相关，即羊毛越细，长度越短。

②与强度的关系：羊毛越细，单根纤维断裂强度越小；反之则越大。

细度是羊毛各种物理性能的基础，它决定着羊毛的纺织价值。

（2）羊毛的长度　羊毛的长度有两个概念，即自然长度与伸直长度，自然长度是指羊毛在自然状态下的毛丛长度；伸直长度是指单个纤维将弯曲伸直而未延伸时的长度，这个长度是羊毛的真实长度。

在养羊业生产中和羊毛收购时都用自然长度。在工业生产上用伸直长度。一般伸直长度比自然长度长 10% ～20%。

羊毛长度决定羊毛加工类型，在一定细度内，较长的羊毛用来作精纺原料，纺出的纱细而光滑；较短的羊毛用于粗纺，织制呢绒等粗纺品。

羊毛的长度受品种、类型、性别、年龄和饲养管理条件等多种因素的影响，并和细度有一定的相关性。半细毛较细毛长，公羊毛比母羊毛长，壮龄比老龄、幼龄的毛长，营养好的比营养差的毛长，身体各部位的毛长也不相同。

（3）羊毛的弯曲　羊毛纤维在自然状态下，沿着长度的方向，呈现有规则的弯曲。单位长度内的弯曲数与羊毛的细度有关。弯曲的形状、弧度大小，与羊的品种、类型、羊体部位及羊毛的品质有关。一般细毛的弯曲，分为大弯和中弯两种。品质差的毛还有浅弯、深弯和高弯曲等不良弯曲。弯曲使羊毛组成紧密的毛丛，可防止杂物入侵，保护羊毛的理化特性。羊体腹部易出现深弯和折线弯，鉴定时应特别注意检查。

（4）羊毛的强度和伸度　拉断羊毛所需要的力称为羊毛的强度，以 N 表示。这是羊毛的重要物理特性，它直接影响织品的结实性。

羊毛的强度分为绝对强度和相对强度两种。绝对强度是指将单根毛纤维拉断所用的力。绝对强度主要受羊毛粗细的影响。一般情况下，毛越粗，绝对强度就越大。相对强度是指拉断羊毛时在其单位横截面积上所用的力，用 N/cm^2 表示，细毛和半细毛相对强度比粗毛大。

伸度是指将羊毛自然弯曲拉直，继续拉长，直至断裂时所增加的长度与自然长度的比。羊毛的伸度与强度有一定的相关性，影响羊毛的强度，也影响羊毛的伸度。

皮质层与羊毛的强度、伸度有关。髓质层使羊毛的强、伸度降低，所以有髓毛的相对强度小于无髓毛的。死毛因髓质层发达、而皮质层极少，所以强、伸度也最低。羊毛纤维细度与羊毛的强、伸度有关。

（5）羊毛的弹性和回弹力　给羊毛施加外力使其变形，当外力除去后羊毛恢复原来形状的特性，称为弹性。这种恢复原形的速度称为回弹力。两型毛具有较大弹性。

由于羊毛具有较好的弹性及回弹力，毛织品才得以保持其原有的形状而不易变形，使衣物挺括、美观。

（6）羊毛的可塑性与毡合性

①可塑性：羊毛在水湿、温、热条件下，施加外力使其变形，当外力解除

后，它能保留所变形状的性质，称为可塑性。人们利用可塑性烫平半干的毛料衣服，使它保持被烫的挺直形状。

②毡合性：羊毛在水湿、温、热下受到压力和摩擦后发生缠结咬合，称为羊毛的毡合性。人们利用这种特性制毡及进行呢绒制品的缩绒。

（7）羊毛的光泽和颜色　光泽是羊毛对光线的反射能力。光泽主要产生于羊毛的鳞片层。由于鳞片的形状、排列方式及角度的不同，表现出对光线的不同反射能力。一般细毛对光线的反射能力较弱，光泽比较柔和。粗毛鳞片平整，对光线的反射方向齐一，所以光泽很强。

羊毛的颜色指羊毛的天然颜色，这种颜色产生于羊毛皮质层细胞沉积的色素，有白色、黑色、褐色、灰色、紫色和杂毛等。在毛纺工业中，白色的羊毛因可以染成各种艳丽的色泽，价值最高，在羔皮羊中，优良的天然色泽又能提高羔皮的价值。

（8）吸湿性及回潮率　羊毛在自然状态下具有吸收水分并保持水分的特性，称为吸湿性。羊毛在自然状态下的含水量称为羊毛的湿度，其表示方法常采用含水率和回潮率两种指标。原毛的含水量可达 15% ~ 18%。羊毛的湿度既决定于羊毛本身的因素，也取决于空气湿度。

羊毛的吸湿性是其它纤维特别是人造纤维所不能比拟的。由于吸湿性强，使人们穿上毛纺品的衣服后有干燥舒适的感觉。羊毛的吸湿性使羊毛在不同大气温度下的重量不同。

我国现行规定的回潮率为 16%，此时的质量为标准质量。

4. 羊毛的化学特性

（1）羊毛的化学成分　羊毛纤维由碳、氢、氮、硫、氧 5 种主要元素组成，并以蛋白质的形式存在于羊毛中。含硫是羊毛蛋白质的主要特性，且含硫量比较稳定。细毛的含硫量高于粗毛。在饲养中要注意硫元素的供给，饲料中硫元素不足时，羊毛的细度和品质会下降。

（2）羊毛对酸的反应　羊毛是耐酸的物质。用 10% 的硫酸溶液处理羊毛，羊毛的强度反而还可以提高。在毛纺加工中用稀硫酸处理羊毛，可使植物杂质发生炭化而被清理，这种方法称为炭化法。有机酸中的醋酸和蚁酸，被广泛用于羊毛的染色工艺中。

（3）羊毛对碱的反应　羊毛不耐碱性。碱对羊毛的破坏与碱的浓度、种类、作用时间和温度有关。在一定温度和时间下，碱的浓度越高，羊毛溶解度越大。因此，在羊毛加工中，我们应尽量减少羊毛和碱性物质接触。

（4）光对羊毛的影响　长时间的日照，可使羊毛中的含硫氨基酸受到破坏而损失硫元素，使羊毛发黄变脆，强度下降，手感粗糙，降低羊毛的品质。

（5）热对羊毛的影响　在温、热条件下，羊毛的可塑性增强，但时间过长又使羊毛强度下降。

羊毛易燃。燃烧后，会发出一种特殊臭味，但是火源离去，羊毛即停止燃烧并结以炭头。可以用此种办法来鉴别羊毛纤维。

单元二 绵羊、山羊的品种

【学习目标】 了解绵羊和山羊的分类方法，掌握几个主要肉羊和半细毛羊品种，掌握绵羊和山羊品种的体型特征、生产性能及利用情况。

【技能目标】 能准确鉴别绵羊和山羊品种，根据生产目的正确利用绵羊和山羊品种。

【课前思考】 澳洲美利奴羊的体型特征和德国美利奴羊的体形特征是什么？我国绵羊品种都有哪些，各有何特点？国外引进的绵羊品种有哪几种，对我国绵羊改良起了什么作用？

1. 羊的品种分类

（1）绵羊品种的分类 绵羊品种的分类方法很多，如动物学上根据绵羊尾的长短和形态，将绵羊分为短瘦尾品种，约 87 个；短脂尾品种，约 87 个；长瘦毛品种，约 390 个；长脂尾品种，约 26 个；脂臀尾品种约 13 个和无尾品种等。根据被毛覆盖的特征，可分为细毛品种，约 65 个；半细毛品种，约 205 个；粗毛和半粗毛品种，约 281 个；非毛用品种，约 52 个。根据生产方向来分，具有一个专门生产方向的绵羊品种 124 个；具有两个生产方向的绵羊品种 333 个；具有三个生产方向的绵羊品种 146 个。

①根据绵羊所产羊毛类型分类：此种分类方法是由 M. E. Ensminger 提出的。根据绵羊所产羊毛类型的不同，将绵羊品种分成六大类：

a. 细毛型品种：如澳洲美利奴羊、中国美利奴羊等。

b. 中毛型品种：这一类型品种主要用于产肉，羊毛品质居于长毛型与细毛型之间。如南丘羊、萨福克羊等，它们一般都产自英国南部的丘陵地带，故又有丘陵品种之称。

c. 长毛型品种：长毛型品种原产于英国，体型大，羊毛粗长，主要用于产肉，如林肯羊、罗姆尼羊、边区莱斯特羊等。

d. 杂交型品种：杂交型品种是指长毛型品种与细毛型品种为基础杂交所形成的品种，如考力代羊、波尔华斯羊、北高加索羊等。

e. 地毯毛型品种：如德拉斯代、黑面羊等。

f. 羔皮用型品种：如卡拉库尔羊等。

目前，上述绵羊品种分类方法在西方国家被广泛采用。

②根据生产方向分类：此种分类方法是根据绵羊主要的生产方向来分类的。它把同一生产方向的绵羊品种概括在一起，便于说明、选择和利用。但这一方法也有缺点，就是对于多种用途的绵羊，如毛肉乳兼用的绵羊，在不同的国家，往往由于使用的重点不同，归类也不同。这种分类方法，目前在中国、俄罗斯等国普遍采用。主要分为以下几类：

a. 细毛羊：

毛用细毛羊：如澳洲美利奴羊等。

毛肉兼用细毛羊：如新疆细毛羊、高加索羊等。

肉毛兼用细毛羊：如德国美利奴羊等。

b. 半细毛羊

毛肉兼用半细毛羊：如茨盖羊等。

肉毛兼用半细毛羊：如边区莱斯特羊、考力代羊等。

c. 粗毛羊：如西藏羊、蒙古羊、哈萨克羊等。

d. 肉脂兼用羊：如阿勒泰羊、吉萨尔羊等。

e. 裘皮羊：如滩羊、罗曼诺夫羊等。

f. 羔皮羊：如湖羊、卡拉库尔羊等。

g. 乳用羊：如东佛里生羊等。

（2）山羊品种分类

因山羊仅有短瘦尾形一种，且尾巴上翘，故山羊品种只按经济用途分类，主要分为 7 个类型：

①肉用山羊：以生产优质山羊肉为主要方向，具有明显的肉用体型和较高的产肉性能，如南江黄羊、波尔山羊等。

②奶用山羊：以生产山羊奶为主要方向，如崂山奶山羊、关中奶山羊、萨能奶山羊等。

③绒山羊：以生产优质山羊绒为主要方向，具有产绒量高、绒毛品质好等特点，如辽宁绒山羊、内蒙古白绒山羊等。

④毛用山羊：主要用于产毛的一类山羊，如安哥拉山羊。

⑤羔皮用山羊：如济宁青山羊。

⑥裘皮用山羊：如中卫山羊。

⑦普通山羊：如新疆山羊、西藏山羊等。

2. 中国引入主要绵羊品种

（1）澳洲美利奴羊

①产地及外貌特征：澳洲美利奴羊原产于澳大利亚和新西兰。

澳洲美利奴羊分细毛型、中毛型和强壮型，每个类型中又分有角和无角两种。澳洲美利奴羊体型近似长方形，体宽，背平直，后躯肌肉丰满，腿短。公羊颈部有 1~3 个横皱褶，母羊有纵皱褶，腹毛好。细毛型：体格结实，有中等大的身躯，毛密而柔软，有光泽。中毛型：体格大、毛多，前身宽阔，体型好，毛被长而柔软，油汗充足，光泽好。强壮型：体格大而结实，体型好。

②生产性能：成年公羊，剪毛后体重平均为 90.8kg，剪毛量平均为 16.3kg，毛长平均为 11.7cm。细度均匀，羊毛细度为 20.79~26.4μm，有明显的大弯曲，光泽好，净毛率为 48.0%~56.0%，油汗呈白色，分布均匀，油汗率平均为 21.0%。澳洲美利奴羊具有毛被毛丛结构好、羊毛长、油汗洁

白、弯曲呈明显大中弯、光泽好、剪毛量和净毛率高等优点。

（2）德国美利奴羊

①产地及外貌特征：德国美利奴羊原产于德国萨克森州，属于肉毛兼用细毛羊。体型大，胸宽深，背腰平直，肌肉丰满，后躯发育良好。

②生产性能：德国美利奴羊日增重可达 300 ~ 350g，10 个月龄幼羊体重可达 70kg，屠宰率 47% ~ 49%，肉质良好。成年公羊平均体重 100 ~ 140kg，母羊 70 ~ 80kg。成年公羊的剪毛量达 7 ~ 8kg，母羊 5kg 左右，净毛率 40%，毛长 9 ~ 11cm，羊毛细度为 60 ~ 64 支，产羔率为 150% ~ 250%。

（3）无角道赛特羊

①产地及外貌特征：无角道赛特羊原产于大洋洲的澳大利亚和新西兰。由雷兰羊和有角道赛特羊为母本、考力代羊为父本，再用有角道赛特公羊回交选无角后代培育而成。我国于 20 世纪 80 年代末到 90 年代初引入，主要用做经济杂交生产羔羊的父本，是理想的肉羊生产的终端父本之一。

无角道赛特羊被毛为白色。肉用体型明显，体质结实，头短而宽，光脸，羊毛覆盖至两眼连线，耳中等大，公、母羊均无角，颈短粗，前胸凸出，胸宽深，肋骨开张，背腰平直，后躯丰满，从后面看，呈倒 "U" 字形；四肢短粗，整个躯体呈圆桶状。

②生产性能：无角道赛特羊胴体品质好，产肉性能高，经过肥育的 4 月龄羔羊胴体重，公羔为 22kg，母羔为 19.7kg，屠宰率 50% 以上。无角道赛特羊毛长 7.5 ~ 10cm，净毛率为 60%，细度 56 ~ 58 支，剪毛量 2.5 ~ 3.5kg。无角道赛特全年发情，母羊发情表现不明显，在发情鉴定时应仔细观察，发情周期为 14 ~ 18d，发情持续期为 32 ~ 36h。产羔率为 130% ~ 180%，按产羔季节以春羔最多，占全年的 87%。精子密度与活力以秋季最好，春季次之，冬夏季最差。羔羊断奶成活率为 86% ~ 95%。

（4）夏洛莱羊

①产地及外貌特征：夏洛莱羊产于法国中部的夏洛莱地区，是以英国莱斯特羊、南丘羊为父本与夏洛莱地区的细毛羊杂交育成的，是最优秀的肉用品种。具有早熟，耐粗饲，采食能力强，肥育性能好等特点。

夏洛莱被毛同质，呈白色。公、母羊均无角，整个头部往往无毛，脸部皮肤呈粉红色或灰色，有的带有黑色斑点，两耳灵活会动，性情活泼。额宽、眼眶距离大，耳大、颈短粗、肩宽平、胸宽而深，肋部拱圆，背部肌肉发达，体躯呈圆桶形，后躯宽大。两后肢距离大，肌肉发达，呈 U 字形，四肢较短，四肢下部为深浅不同的棕褐色。

②生产性能：夏洛莱羔羊生长速度快，平均日增重为 300g。4 月龄育肥羔羊体重为 35 ~ 45kg，6 月龄公羔体重为 48 ~ 53kg，母羔 38 ~ 43kg，周岁公羊体重为 70 ~ 90kg，周岁母羊体重为 50 ~ 70kg。成年公羊体重 110 ~ 140kg，成年母羊体重 80 ~ 100kg。夏洛莱羊 4 ~ 6 月龄羔羊的胴体重为 20 ~ 23kg，屠宰

率为 50%，胴体品质好，瘦肉率高，脂肪少。夏洛莱羊被毛白色，毛细而短，毛长 6~7cm，剪毛量 3~4kg，细度为 60~65 支，密度中等。夏洛莱羊属季节性自然发情，发情时间集中在 9~10 月，平均受胎率为 95%，妊娠期 144~148d。初产羔率 135%，三至五产可达 190%。

（5）萨福克羊

①产地及外貌特征：萨福克羊原产英国东部和南部丘陵地区，由南丘公羊和黑面有角诺福克母羊杂交，在后代中经严格选择和横交固定育成，以萨福克郡命名，现广布世界各地，是世界公认的用于终端杂交的优良父本品种。澳洲白萨福克是在原有基础上导入白头和多产基因新培育而成的优秀肉用品种。

萨福克羊无角，头、耳较长，颈粗长，胸宽，背腰和臀部长宽平，肌肉丰富。体躯被毛白色，脸和四肢呈黑色或深棕色，并覆盖刺毛。体型大，颈长而粗，胸宽而深，背腰平直，后躯发育丰满，呈桶形，公母羊均无角，四肢粗壮。早熟，生长快，肉质好，繁殖率很高，适应性很强。

②生产性能：成年公羊 90~100kg，成年母羊 65~70kg，剪毛量成年公羊 5~6kg，成年母羊 2.5~3.0kg，被毛白色，毛长 8.0~9.0cm，细度 50~58 支。产羔率 130%~140%。4 月龄育肥羔胴体重公羔 24.2kg，母羔为 19.7kg。

3. 我国绵羊品种

（1）新疆细毛羊

①产地及外貌特征：新疆细毛羊育成于新疆巩乃斯羊场，是我国培育的第一个毛肉兼用型细毛羊品种。它具有适应性强、耐粗饲、产毛多、毛质好、体型大、繁殖力高、遗传性稳定等优点。目前，已广泛分布在我国大多数省区。

新疆细毛羊具有一般毛肉兼用型细毛羊的特征，躯体结构良好，骨骼结实，头较宽长。公羊有螺旋型大角，母羊无角，颈下有 1~2 个皱褶，鬐甲和十字部较高。四肢强健，高大端正，蹄质致密结实。

②生产性能：新疆细毛羊的种公羊毛长平均为 11.2cm，成年母羊毛长平均为 8.24cm，幼龄母羊毛长平均为 8.2cm。成年种公羊平均产毛量为 12.42kg，净毛重 6.32kg，净毛率 50.88%。成年母羊年平均产毛量为 5.46kg，净毛重 2.95kg，净毛率 52.28%。幼龄公羊年均产毛量 4.89kg，净毛量 2.49kg，净毛率 51.01%。幼龄母羊年均产毛量 4.17kg，净毛量 2.46kg，净毛率 52.15%，产羔率 130%。

（2）东北细毛羊

①产地及外貌特征：东北细毛羊是在中国黑龙江、辽宁和吉林三省育成的细毛绵羊品种。1952 年由兰布列羊和蒙古羊的杂交种先后，与前苏联美利奴羊、高加索细毛羊、阿斯卡尼羊和斯大夫细毛羊等品种杂交而成，1967 年通过鉴定，并命名为东北毛肉兼用型细毛羊，简称东北细毛羊。适应性强，遗传

性稳定，耐粗饲，生长发育快。用于改良粗毛羊，对提高被毛质量效果良好。主要分布于东北三省西北部平原和部分丘陵地带，以该地带的农区和半农半牧区饲养较多。

东北细毛羊体质结实，体大，匀称。体躯无皱褶，皮肤宽松，胸宽深，背平直，体躯长，后躯丰满，肢势端正。公羊有螺旋形角，颈部有 1~2 个不完全的横皱褶。母羊无角，颈部有发达的横皱褶。被毛呈白色，品质良好，有中等以上密度，体侧毛长达 7cm 以上，细度 60~64 支。弯曲明显，匀度均匀，油汗含量适中，呈白色或浅黄色，净毛率为 35%~40%。头部细毛到两腿中间连线，前肢细毛到腕关节，后肢至飞节。腹毛长度比体侧毛短 2cm，呈毛丛结构，无环状弯曲。

②生产性能：成年公羊体重 84kg，剪毛量 13kg；母羊分别为 45kg 和 6kg。净毛率偏低，仅 40% 左右。毛长 7~9cm，细度 60~64 支，弯曲正常。产羔率 125%。

（3）中国美利奴羊

①产地及外貌特征：中国美利奴羊简称中美羊。是我国在引入澳美羊的基础上，于 1985 年培育成的第一个毛用细毛羊品种。

中国美利奴羊体质结实，体型呈长方形。公羊有螺旋形角，母羊无角，公羊颈部有 1~2 个皱褶或发达的纵皱褶。鬐甲宽平，胸宽深，背长直，尻宽而平，后躯丰满，歉部皮肤宽松。四肢结实，肢势端正。毛被呈毛丛结构，闭合性良好，密度大，全身被毛有明显大、中弯曲；头毛密长，着生至眼线；毛被前肢着生至腕关节，后肢至飞节；腹部毛着生良好，呈毛丛结构。

②生产性能：中国美利奴羊成年公羊平均体高、体长、胸围和体重分别为：（72.5±2.3）cm，（77.5±4.7）cm，（105.9±4.3）cm，91.8kg，成年母羊分别为：（66.1±2.5）cm，（71.7±1.8）cm，（88.2±5.2）cm，43.1kg。中国美利奴公羊与各地细毛羊杂交，对体型、毛长、净毛率、净毛量、羊毛弯曲、油汗、腹毛的提高和改进均有显著效果，其遗传性较稳定，对提高我国现有细毛羊的毛被品质和羊毛产量具有重要的影响。

（4）小尾寒羊

①产地及外貌特征：小尾寒羊源于古代北方蒙古羊，南移中原农业地区后，经群众长期选育，逐渐形成具有多胎高产的裘（皮）肉兼用型绵羊品种类型。

小尾寒羊体形结构匀称，侧视略成正方形；鼻梁隆起，耳大下垂；短脂尾呈圆形，尾尖上翻，尾长不超过飞节；胸部宽深、肋骨开张，背腰平直。体躯长呈圆桶状；四肢高，健壮端正。公羊头大颈粗，有发达的螺旋形大角，角根粗硬；前躯发达，四肢粗壮，有悍威、善抵斗。母羊头小颈长，大多有角，形状不一，有镰刀状、鹿角状、姜芽状等，极少数无角。

全身被毛白色、异质、有少量干死毛，少数个体头部有色斑。按照被毛类型可分为裘毛型、细毛型和粗毛型三类，裘毛型毛股清晰、花弯适中、美观。

②生产性能：3 月龄公羊断奶体重在 22kg 以上，母羔在 20kg 以上；6 月龄公羔在 38kg 以上，母羔在 35kg 以上；周岁公羊在 75kg 以上，母羊在 50kg 以上；成年公羊在 100kg 以上，母羊在 55kg 以上。成年公羊剪毛量 4kg，母羊 2kg，净毛率在 60% 以上。8 月龄公、母羊屠宰率在 53% 以上，净肉率在 40% 以上，肉质较好；18 月龄公羊屠宰率平均为 56.26%。母羊初情期 5~6 个月，6~7 个月可配种怀孕，母羊常年发情，初产母羊产羔率在 200% 以上，经产母羊 270%。

4. 中国引入主要山羊品种

（1）波尔山羊

①产地及外貌特征：原产于南非，是世界上最著名的肉用山羊品种。

被毛主体为白色，头颈为棕红色，且头部有条白色毛带。角粗大，耳大下垂，体型大，四肢发育良好，肉用体型明显，体躯呈长方形，各部位连接良好。

②生产性能：波尔山羊具有较高的产肉性能和良好的胴体品质，早熟易肥。在良好的饲养条件下，羔羊的日增重 200g 以上，3~5 个月羔羊体重 22.1~36.5kg。9 月龄公羊体重 50~70kg，母羊 50~60kg。成年公羊体重 90kg，母羊体重 50~73kg。羊肉脂肪含量适中，胴体品质好。体重平均 41kg 的羊，屠宰率 52.4%，未去势公羊可达 56.2%，羔羊平均胴体重 15.6kg。该羊四季发情，但多集中在秋季，产羔率为 150%~190%。主产群可达 225%，甚至更高。泌乳量高，每天约产奶 2.5L。

（2）萨能奶山羊

①产地及外貌特征：萨能奶山羊产于瑞士，是世界上最优秀的奶山羊品种之一，是奶山羊的代表品种。现有的奶山羊品种几乎半数以上都程度不同地含有萨能奶山羊的血缘。具有典型的乳用家畜体型特征：后躯发达，被毛白色，偶有毛尖呈淡黄色，有四长的外形特点，即头长、颈长、躯干长、四肢长。公、母羊均有须，大多无角。

②生产性能：成年公羊体重 75~100kg，最高达 120kg，母羊 50~65kg，最高达 90kg，母羊泌乳性能良好，泌乳期为 8~10 个月，可产奶 600~1200kg，各国条件不同其产奶量差异较大，最高个体产奶纪录达 3430kg。母羊产羔率一般为 170%~180%，高者可达 200%~220%。

5. 我国山羊品种

（1）辽宁绒山羊

①产地及外貌特征：辽宁绒山羊原产于辽宁省东南部山区步云山周围各市县，属绒、肉兼用型品种，因产绒量高，适应性强，遗传性能稳定，改良各地

土种山羊效果显著而在国内外享有盛誉。主要分布在盖州及其相邻的岫岩、辽阳、本溪、凤城、宽甸、庄河、瓦房店等地区。

辽宁绒山羊公、母羊均有角,有髯,公羊角发达,向两侧平直伸展,母羊角向后上方伸展。额顶有自然弯曲并带丝光的绺毛。体躯匀称,体质结实。颈部宽厚,颈肩结合良好,背平直,后躯发达,呈倒三角形。四肢较短,蹄质结实,短瘦尾,尾尖上翘。被毛为全白色,外层为粗毛,且有丝光光泽,内层为绒毛。

②生产性能:辽宁绒山羊生产发育较快,1周岁时体重在25~30kg,成年公羊在80kg左右,成年母羊在45kg左右。据测试,公羊屠宰前体重39.26kg,胴体重18.58kg,屠宰率为51.15%,净肉率为35.92%。母羊屠宰前体重43.20kg,胴体重19.4kg,屠宰率为51.15%,净肉率为37.66%。产羔率110%~120%,羊绒细度平均为15.35μm,净绒率75.51%,强度4.59g,伸直长度51.42%。

(2)崂山奶山羊

①产地及外貌特征:崂山奶山羊是我国培育成功的优良奶山羊品种之一。

崂山奶山羊体质结实,结构匀称,公母羊大多无角,颈下有肉垂,胸部较深,背腰平直,腹大而不下垂,母羊后躯及乳房发育良好,被毛白色。

②生产性能:成年公羊平均体重75.5kg,母羊47.7kg。第一胎平均泌乳量557kg,第二、三胎平均为870kg,泌乳期一般8~10个月,乳脂率4.0%。成年母羊屠宰率41.6%,6月龄公羔43.4%。羔羊5月龄可达性成熟,7~8月龄体重达30kg以上即可初配,平均产羔率180%。

(3)关中奶山羊

①产地及外貌特征:关中奶山羊,因产于陕西省关中地区,故得此名。

关中奶山羊体质结实,结构匀称,遗传性能稳定。头长额宽,鼻直嘴齐,眼大耳长。母羊颈长,胸宽背平,腰长尻宽,乳房庞大,形状方圆;公羊颈部粗壮,前胸开阔,腰部紧凑,外形雄伟,四肢端正,蹄质坚硬,全身毛短色白。皮肤粉红,耳、唇、鼻及乳房皮肤上偶有大小不等的黑斑,部分羊有角和肉垂。成年公羊体高80cm以上,体重65kg以上;母羊体高不低于70cm,体重不少于45kg。体型近似西农萨能羊,具有"头长、颈长、体长、腿长"的特征,俗称"四长羊"。

②生产性能:关中奶山羊以产奶为主,产奶性能稳定,产奶量高,奶质优良,营养价值较高。一般泌乳期为7~9个月,年产奶450~600kg。平均产羔率178%。初生公羔重2.8kg以上,母羔2.5kg以上。

【情境小结】

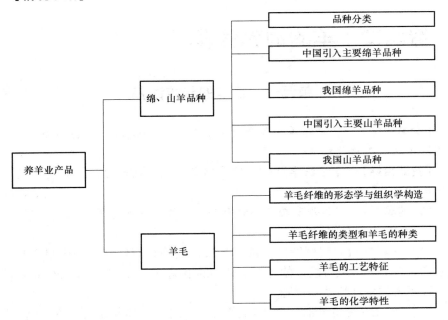

【情境测试】

1. 羊毛的组织学结构有哪些，各有什么作用？
2. 羊毛纤维的类型有哪些？
3. 羊毛的种类有哪些，如何进行鉴别？
4. 羊毛的工艺特性有哪些？
5. 绵羊、山羊品种是如何进行分类的？
6. 常见绵羊品种有哪些，其外貌特征有哪些？
7. 常见山羊品种有哪些，其外貌特征有哪些？

情境二 | 羊的饲养管理

单元一　绵羊的放牧饲养

【学习目标】　了解绵羊的饲养方式，掌握羊群放牧的方法及队形排列，掌握绵羊的四季放牧技术。

【技能目标】　能根据季节的不同，制定相应的放牧方法，做到在放牧过程中保护好羊群。

【课前思考】　我国现有绵羊品种有哪些，各自特点有哪些？

1. 绵羊的生物学特性

（1）对粗饲料的利用特性　绵羊是反刍动物，能较好地利用粗饲料。在能吃饱青草的季节或有较好的青干草补饲的情况下，绵羊不需要补饲精料就可以保证正常的生理活动和育肥。

绵羊的嘴唇尖而灵活，切齿向前倾斜。因此，能摄取零碎树叶和啃食低矮的牧草。在马、牛放牧过的草场，或马、牛不能利用的草场，还能采食。

（2）合群性　绵羊具有较强的合群性。放牧时，虽很分散，但不离群，一有惊吓或驱赶便马上集中。行走时，头羊前进，众羊就会跟随前进，适于大群放牧。但出现危险时，放牧员未跟群，也会造成损失。妊娠后期进圈时，也要进行必要的阻挡控制，防止因拥挤造成流产。

不同品种的羊合群性也不一致，粗毛羊最强，毛用羊次之，肉用羊较差。

（3）忍耐性　绵羊对劳苦、饥饿和疾病都比其它家畜有较大的忍耐性。羊只可以通过夏、秋育肥而增强对春乏的抵抗能力。在饥饿或患病状态下。羊只仍能跟群前进。当表现病态时，病情已重。因此，放牧员应注意对羊的观察，发现患病羊要进行及时治疗。

（4）其它特性

①性喜干燥：绵羊圈舍、牧地要求干燥。在潮湿的条件下易生病，所以群众有"水马旱羊"之说。绵羊耐湿的能力也与品种类型有关，一般肉毛兼用种比毛用种耐湿性强。

②怕热不怕冷：绵羊对湿热适应性最差。冬季在膘情较好时，羊只对寒冷有较好的抵抗力，但怕热，特别是强日光直射。尤以头部最怕日晒，炎热的中午，羊只互相挤在一起，把头部藏在另一只羊的腹下，直到太阳西下才开始采食。热天放牧时，尽量早出晚归，使羊只尽可能利用早晚天气凉爽时多吃牧草，中午选择风大凉爽的高地或山头，让羊休息或将其赶

回圈内。

③母子辨认能力强：母子相认主要通过 3 种方式：听声，母羊及羔羊都通过叫声呼唤。视觉，羔羊可以隔着许多羊只认出母羊，跑到母羊前吃奶。嗅觉，母羊跑到羔羊跟前，或羔羊吃奶时在羔羊体躯及尾部嗅味，以进一步确认是不是自己的羔子。

④胆小懦弱：绵羊十分胆小，在驱赶时，由暗处向明处好赶，由明处向暗处难赶。这时，如在暗处挂灯就好赶些。绵羊在铁路运输中上车、下车时，常出现这种情况。

2. 绵羊的消化特点

绵羊的消化道细而长，小肠与体长比为 25∶1～30∶1。这样，食物在消化道内停留时间较长，有利于营养的充分吸收。

反刍是羊只消化的生理特征。当饲料进入瘤胃后，经过浸软、混合和生物分解后，又一团一团返回口腔，嚼后再次咽下。这是羊只休息时进行的活动。反刍周期性地进行，每次 40～60min，有时可达 1～2h，每天反刍的时间约为放牧时间的 3/4。任何外来的刺激都能影响反刍，甚至使其停止。因此，在放牧和舍饲时，应保证羊只反刍的时间和安静的反刍条件。反刍也是羊只健康与否的重要标志。反刍停止是羊只生病的表现，在治疗过程中，羊只开始反刍，说明病情大有好转。

3. 绵羊的放牧饲养

由于绵羊的生物学特性和采食消化能力，绵羊是适合以放牧饲养为主的草食家畜。放牧是绵羊、山羊最经济、最简便的饲养方式。天然牧草是羊的主要饲料。利用羊的合群性和采食习性组群放牧，可以大大节省饲料和管理费用，降低生产成本。通过放牧，羊能广泛采食各种青绿饲料，获得完全营养，不仅能满足营养需要，而且也有利于羊只的生长发育和健康。因此，养羊生产中应尽可能多采用放牧方式，在冬春枯草期给予适当补饲。

（1）放牧羊群的组织　放牧羊群的组织要因地制宜，应以既节约劳动力，又便于羊群的管理和提高生产效力为原则。根据羊的品种、性别、年龄、生产用途和草场等情况合理组群，一般将同一品种、同一性别和相近年龄的羊只编为一群。在牧区和半农半牧区，细毛羊、半细毛羊品种的种公羊群以 50 只左右为宜，育成公羊为 200 只左右，成年母羊为 300 只左右，断奶羔羊以 200～300 只为宜。本地粗毛羊群，可以相应稍大些。农区因缺乏放牧地，羊群宜小不宜大，以便控制和管理。

（2）绵羊的四季放牧　我国北方地区的气候特点是，冬季漫长而寒冷，时有风雪灾害，夏季短暂而酷热、多干旱，春季风沙大，全年枯草期长达 6 个多月。不同季节牧草营养价值的季节性变化，导致放牧羊群全年营养状况的不平衡性，往往出现"夏壮、秋肥、冬瘦、春乏"现象。因此，绵羊的放牧饲养应按季节变化和地形特点来合理安排四季放牧场，并采取相应的放牧措施，以确保羊群安全越冬、度春。

①春季放牧：羊群经过漫长的冬季，营养水平下降。此时母羊正处在产羔哺乳阶段，膘情差，体力也弱。春季虽较冬季气候略暖，但气温变化较大，忽冷忽热。此时，草场上的牧草还未返青，正是青黄不接的春乏时期，放牧不当很容易造成羊只死亡。春季放牧的要求是让绵羊及早恢复体力，给以后放牧抓膘创造条件。

春季放牧场应选择在平原、川地、盆地或冬季未能利用的阳坡。这些地方气候较暖，化雪早，牧草萌生也早。春季放牧要特别注意天气变化，发现天气有变坏预兆时及时将羊群赶到羊圈附近或山谷地区放牧，以避风雪。根据春季气候特点，出牧宜迟，归牧宜早，中午可不回圈，使羊群多采食。

春季牧草返青时，羊群容易出现"跑青"现象。跑青不但吃不饱，还消耗体力。为避免羊群"跑青"，在牧草开始萌生时，应将羊群放在返青较晚的沟谷或阴坡牧地，逐渐由冬场转入春场。在出牧时，先在枯草地上放牧，条件好的场、户应在出牧前给羊先喂些干草，等羊半饱后再赶到青草地上。在放牧时，牧羊员应走在前面挡住"头羊"，拢住羊群，防止羊乱跑。

春季毒草一般萌发较早，而羊群急于吃青，很容易误食毒草。因此，应随时注意羊只表现。春季要重视羊群的驱虫工作，这对羊只在夏季体力的恢复和抓膘很有必要。

②夏季放牧：夏季日暖昼长，青草茂密，羊群吃得饱，体力大增，正是羊只抓膘的好时期。夏季放牧的主要任务是：迅速恢复冬、春季失去的体膘，抓好伏膘，将有助于羊只提前发情，迎接早秋配种，早产冬羔。

夏季气候炎热，低洼处闷热，且有蚊蝇滋扰。如果在低洼处放牧，羊不安于采食，会影响抓膘。因此，夏季应到高地或坡顶等牧场放牧。这些地方气候凉爽多风、牧草丰富，有利于羊群的放牧抓膘。

夏季要加强放牧，尽量延长放牧时间。早出晚归，使羊群充分采食。中午可以不赶羊回圈，让羊群卧息，要防止羊群"扎窝"。要早出牧，但要避开晨露较大、羊只不爱吃草的时间。出牧和归牧时要掌握收牧缓行顺风出牧和顶风归牧的原则。在山区，还要防止发生滚坡等意外事故。夏季多雨，小雨可照常放牧，背雨前进，如遇雷阵雨，应将羊群分散开。如果雨久下不停，应不时地驱赶羊群使其活动、产热，以免受凉感冒。

③秋季放牧：秋季气候凉爽，白天渐短，牧草正值抽穗结籽时期，营养价值较高，绵羊的食欲也较旺盛，是放牧抓膘的又一个高峰时期。秋季也是羊只的配种季节，抓好秋膘也利于受胎率的提高。在配种前，选择好草地做短期优饲，可以促使母羊发情整齐。利用秋季牧场抓膘，也为羊只越冬、过春做好准备。

秋季气候逐渐变冷，放牧时应由夏季的高山牧场逐渐向低处转移，可选择牧草丰盛的山脚地带进行放牧，也可选择在草高、草密的沟河附近或在江河两岸可食草籽多的牧地放牧，尽可能地放秋草，并经常更换牧地，使绵羊能够吃到多种杂草、多种草籽。秋季无霜时，应早出牧，晚归牧，尽量延长放牧时间。到晚秋时已有早霜，放牧时，应尽量做到晚出晚归，中午继续放牧，以避免羊吃霜草后患病，影响上膘。特别是配种后的母羊，更应防止食入霉烂和霜冻的饲草，以防造成流产。在农区或半农半牧区，秋季放牧应结合茬地放牧，对抓秋膘有利。

④冬季放牧：冬季气候寒冷，风雪频繁。冬季放牧的主要任务是保膘、保胎。牧区冬季很长，草场利用率较低。因此，应选择地势较低和向阳平坦地区进行放牧，尽量节约牧地，采取先远后近，先阴后阳，先高后低，先沟后平地，晚出早归，慢走慢游的原则放牧羊群。冬季放牧时，不要游走过远，这样碰到天气骤变时便于返场，以保证羊群的安全。如有条件，可在羊圈附近留一些牧地，以便天气坏时使用。羊群在进入冬场时，最好进行整群，淘汰老弱羊和营养太差的羊。由于冬季草地牧草枯黄，牧草营养价值低，要给羊群补草补料，以使羊只安全过冬。

（3）绵羊的补饲　冬春季节不仅草枯而少，更主要的是粗蛋白含量严重不足。牧草生长期粗蛋白含量为 13.6% ~ 15.57%，而枯草期则下降至 2.26% ~3.28%。另外，冬、春季节是全年气温最低，能量消耗最大，母羊妊娠、哺乳、营养需要增多的时期。此时单纯依靠放牧，不能满足羊的营养需要，特别是生产性能较高的羊，更有必要进行补饲以弥补营养的不足。

①补饲时间：补饲开始的早晚，应根据羊群具体情况与草料储备情况来定。原则上是从体重开始出现下降时补起，最迟也不能晚于 12 月份。补饲过早，不利于降低饲养成本；补饲过晚，羊只已掉膘乏瘦，体力和膘情难以恢复，达不到补饲目的。"早喂在腿上，晚喂在嘴上"，就深刻说明了这个道理。而一旦开始补饲，就应连续进行，直至到能接上吃青。

②补饲方法：补饲既可在出牧前进行，也可以安排在归牧后。如果仅补草，最好安排在归牧后；如果草、料都补，则可以在出牧前补料，归牧后补草。在草、料的利用上，应先喂质量较次的草，后喂较好的草。在草、料分配上，应保证优羊优饲，对于种公羊和核心群母羊的补饲应多些。其它羊则可按先弱后强、先幼后壮的原则来进行补饲。补草时最好用草架，既可以避免饲草的浪费，又可以减少草渣、草屑混入被毛，影响羊毛质量。饲喂青贮时，要特别注意妊娠母羊采食过多，造成酸度过高而引起流产。

③补饲量：一般可按每只羊每日补干草 0.5 ~1kg 和混合精料 0.1 ~ 0.3kg。

④补饲技术：补饲的目的是通过增加营养投入来提高生产水平。但如果不考虑羊体本身的营养消耗和对饲料养分的利用率，也达不到补饲的最终目的。因此，现代饲养理论是将补饲和营养调控融为一体，针对放牧存在的主要营养限制因素，采取整体营养调控措施来提高现有补饲饲料的利用率和整体效益。

根据我国养羊生产的现状和饲草、饲料资源状况，提出了主要的营养调控措施有以下几点：

a. 补饲可发酵氮源：常用的可发酵氮源为尿素。补饲尿素时，应注意严格控制喂量，成年羊日喂 10~15g 比较安全；饲喂尿素应分次喂给，而且必须配合易消化的精料或少量的糖蜜；还应配合适量的硫和磷。注意不能与豆饼、苜蓿混合饲喂，有病和饥饿状态下的羊也不要饲喂尿素，以防引起尿素中毒。

b. 使用过瘤胃技术：常用过瘤胃蛋白和过瘤胃淀粉。补饲过瘤胃蛋白，不仅可以提高放牧羊的采食量，而且可增加小肠吸收的氨基酸数量，达到提高毛量和产乳量的效果。

c. 增加发酵能：常用补饲非结构性碳水化合物的方法来提供可发酵能。

d. 青贮催化性补饲：在枯草期内，常用少量青贮玉米进行催化性补饲，以刺激羊瘤胃微生物生长，达到提高粗饲料利用率的目的。

e. 补饲矿物质：养羊生产中存在的普遍问题是放牧羊体内矿物质的缺乏和不平衡。由于矿物质缺乏存在明显的地域性特点。因此，需要在矿物质营养检测的基础上进行补饲。羊可能缺乏的矿物质元素有钙、磷、钠、钾、硒、铜、锌、碘、硫等。矿物质补饲方法可采用混入精料饲喂，或制成盐砖等进行补饲。

⑤绵羊的饮水和喂盐：饮水对绵羊很重要。如果饮水不足，对羊体健康、泌乳量和剪毛量都有不良影响。绵羊饮水量的多少，与天气冷热、牧草干湿都有关系。夏季每天可饮水两次，其它季节每天至少饮水 1 次。饮水以河水、井水或泉水最好，死水易使羊感染寄生虫病，不宜饮用。饮河水时，应把羊群散开，避免拥挤；饮井水时，应安装适当长度的饮水槽。

每只绵羊每日需食盐 5~10g，哺乳母羊宜多给些。补饲食盐时，可隔日或 3 日给 1 次，把盐放在料槽里或粉碎掺在精料里喂均可。

单元二　绵羊的饲养管理

【学习目标】　掌握羊育肥的方法和技术，了解羔羊的生理特点和营养需求，掌握羔羊的饲喂原则和饲喂方法，掌握妊娠母羊在饲养过程中的注意事项。

【技能目标】　在养羊生产中，能熟练配制育肥羊日粮，根据不同时期种公羊的营养需要，制定饲养管理方案。

【课前思考】　成年母羊如何饲养管理？羔羊如何培育？

1. 种公羊的饲养管理

种公羊在整个羊群中具有重要的地位，种公羊的饲养管理是否正确，对整个羊群的繁殖发展和生产的提高有直接影响。因此，必须将种公羊单独喂养，适当调剂，以保证其发挥良好的种用性能。种公羊应全年保持均衡的营养状况，不肥不瘦，精力充沛，即所谓种用体况。养种公羊的根本目的就是获得它的精液，用于配种。因此，种公羊配种能力的大小是检查种公羊饲养管理水平的标准。种公羊的饲养管理可分为配种旺季和配种淡季两个阶段。一般来说，春、秋季节为配种旺季，冬、夏季节为淡季。搞好配种旺季的饲养管理是非常重要的。

（1）配种旺季饲养管理 这个时期的任务是对公羊加强营养和体质锻炼，以使公羊适应紧张繁重的配种任务。这一时期应在做好放牧工作（目前多数公羊不予放牧）的同时，给公羊补饲富含蛋白质、维生素、矿物质的混合料和干草。蛋白质是否充足，对提高公羊性欲、增加精子密度和射精量有决定性作用；维生素缺乏时，可引起公羊睾丸萎缩，精子受精能力降低，畸形精子数增加，射精量减少；钙、磷等矿物质也是保证精子品质和种羊体质不可缺少的重要元素。据研究，一次射精需消耗蛋白质 25 ~ 37g，一只公羊每天采精 5 ~ 6 次，需消耗大量的营养物质和体力，所以在配种旺季应喂给种公羊充足的全价日粮。

种公羊的日粮应由种类多、品质好，且为公羊所喜食的饲料组成，豆类、谷物、高粱、小麦、麸皮等都是公羊喜吃的良好精料。干草以豆科和禾本科青干草为好，此外割些鲜草、玉米青贮和胡萝卜等多汁饲料也是很好的维生素饲料。粉碎的玉米易消化，含热量也多，但喂量不宜过多，占精料的 1/4 ~ 1/3 即可。

公羊的补饲定额应根据公羊体重、膘情和采精次数来决定。目前尚无统一的种公羊饲养标准。一般在配种旺季每日补饲混合精料 1.0 ~ 1.5kg，鲜、干青草任意采食，骨粉 10g，食盐 15 ~ 20g，采精次数较多时可加喂鸡蛋 2 ~ 3 个（带皮揉碎，均匀拌在精料中），或脱脂乳 1 ~ 2kg。种公羊的日粮体积不能过大，同时配种前准备阶段的日粮水平应逐步提高，到配种时达到所要求的标准。

在加强补饲的同时还应加强公羊的运动，这是配种公羊管理的重要内容，关系到精液质量和羊的体质，若运动不足，公羊会很快发胖，使精子活力降低，严重时不射精；但运动量也不宜过大，否则消耗能量多，不利于健康。一般以每天驱赶运动 2h 左右为宜。公羊运动时，应快速驱赶和自由行走相交替，快步驱赶的运动量以羊体的发热而不致喘气为宜，速度大约为 5km/h。在有条件放牧的情况下，则不必单独驱赶运动。

为使公羊在配种时期养成良好的条件反射，使各项配种工作有条不紊地进行，必须拟定种公羊的饲养管理日程。饲养管理日程的拟定应以饲养管理和配种强度为根据。

（2）配种淡季饲养管理 配种淡季应在保证公羊具有良好种用体况的前

提下，逐步减少精料的喂量，防止公羊过度肥胖。精料的喂量以不影响种公羊的体况为宜，因虽为配种淡季，但还是要进行配种。饲草以鲜、干青草为主，冬季应补给一定数量的多汁饲料。

2. 母羊的饲养管理

母羊的饲养管理对羔羊的发育、生长、成活影响很大。母羊的妊娠期为 5 个月，哺乳期为 4 个月，恢复期只有 3 个月。要在这 3 个月当中使母羊从相当瘦弱的状态很快恢复到配种的体况是非常紧迫的。配种受胎后，为使胚胎能充分发育和产后母羊有充足的乳汁，需要充足的营养。因此，对母羊的饲养管理在全年都应加强，保持全年膘情良好。

母羊在配种前完全依靠放牧，只要抓好膘，母羊都能正常发情、受胎。在配种前 1~1.5 个月给母羊补些精料，有利于促进排卵，提高受胎率。母羊的饲养管理分为妊娠期和泌乳期两个阶段。

（1）妊娠期 对妊娠母羊饲养管理的任务是保胎，并使胎儿发育良好。受精卵在母羊子宫内着床后，最初 3 个月对母体营养物质的的需要量并不大，以后随胎儿的不断发育，对营养的需要量越来越大，妊娠后期的母羊所需营养物质比未怀孕期增加饲料 30%~40%，可消化蛋白质 40%~60%。此时期是获得初生体重大、毛密、健壮羔羊的重要时期。因此，应当精心喂养。补饲精料的标准要根据母羊的生产性能、膘情和草料的质量而定。在种羊场母羊生产性能一般都很高，同时也有饲料基地，可按营养要求给予补饲。草料条件不充足的经济羊场和专业户羊群，可本着优先照顾、保证重点的原则安排饲料。

对妊娠母羊饲养管理不当时，很容易引起流产和早产。要严禁喂发霉、变质、冰冻或其它异常饲料，禁忌空腹饮水和饮冰碴水；在日常放牧管理中禁忌惊吓、急跑等剧烈动作，特别是在出入圈门或补饲时，要防止相互挤压。母羊在妊娠后期不宜进行防疫注射。

（2）泌乳期 母羊产后即开始哺乳羔羊，这一阶段的主要任务是保证母羊有充足的奶水供给羔羊。母羊每生产 0.5kg 奶，需消耗 0.3 个饲料单位，33g 可消化蛋白质、1.2g 磷和 1.8g 钙。凡在妊娠期饲养管理得当的母羊，一般都不会缺奶。为了提高母羊泌乳力，应给母羊饲喂较多的鲜、干青草，多汁饲料和精料，并注意矿物质和微量元素的供给。

泌乳母羊的圈舍必须经常打扫，以保持清洁干燥，对胎衣、毛团、石块、烂草等要及时扫除，以免羔羊舔食而引起疫病。

要经常检查母羊乳房，如发现有奶孔闭塞、乳房发炎、化脓或乳汁过多等情况，要及时采取相应措施进行处理。

3. 羔羊的护理及培育

羔羊的培育，不仅影响其生长发育，而且将影响其终生的生长和生产性能。加强培育，对提高羔羊成活率，提高羊群品质具有重要作用。因此，必须高度重视羔羊的培育。

①初乳期：母羊产后 5d 以内分泌的乳汁称初乳，它是羔羊生后唯一的全价天然食品。初乳中含有丰富的蛋白质（17%～23%）、脂肪（9%～16%）等营养物质和抗体，具有营养、抗病和抗轻泻作用。羔羊出生后及时吃到初乳，对增强体质，抵抗疾病和排出胎粪具有很重要的作用。因此，应让初生期羔羊尽量早吃、多吃初乳，吃得越早，吃得越多，增重越快，体质越强，发病较少，成活率较高。

②常乳期（6～60d）：这一阶段，奶是羔羊的主要食物，辅以少量草料。从初生期到 45 日龄，是羔羊体长增长最快的时期；从出生到 75 日龄是羔羊体重增长最快的时期。此时母羊的泌乳量虽高、营养很好，但羔羊要早开食，训练吃草料，以促进前胃发育，增加营养的来源。一般从 10 日龄后开始给草，将幼嫩青干草捆成把吊在空中，让小羊自由取食。生后 20d 开始训练吃料，在饲槽里放上用开水烫后的半湿料，引导小羊去啃，反复数次小羊就会吃了。注意烫料的温度不可过高，应与奶温相同，以免烫伤羊嘴。

③奶、草过渡期（两月龄至断奶）：两个月龄以后的羔羊逐渐以草食为主，哺乳为辅。羔羊能采食饲料后，要求饲料多样化，注意个体发育情况，随时进行调整，以促使羔羊正常发育。日粮中可消化蛋白质以 16%～30% 为宜，可消化总养分以 74% 为宜。此时的羔羊还应给予适当运动。随着日龄的增加，把羔羊赶到牧地上放牧。母子分开放牧有利于增重、抓膘和预防寄生虫病，断奶的羔羊在转群或出售前要全部驱虫。

4. 肥育羊的饲养管理

羊肉是养羊业的重要产品之一，凡不留作种用的成、幼年公羊，羯羊和失去繁殖能力的母羊都应先经肥育再进行宰杀。经过肥育的羊屠宰率高，肉质鲜嫩，同时产肉多，可增加养羊收入。

（1）肥育原理和方法　肥育目的是为了在短期内迅速达到增加肉量、改善肉质，生产品质优良的毛皮。肥育的原理就是一方面增加营养的蓄积，另一方面减少营养的消耗，使同化作用在短期内大量超过异化作用，使食入的养分除了维持生命之外，还有大量的营养蓄积体内，形成肉与脂肪。

由于构成肉与脂肪的主要原料是蛋白质、脂肪和淀粉，因此在肥育饲养时必须投入较多的精料，在肥育羊能够消化吸收的限度内充分供给精料。最适于羊肥育的饲料有豆类、饼类、麸皮、高粱、玉米、甘薯等。在肥育之前应有 10～15d 的准备期，在这期间逐渐交换饲料成分，给饲的方法是少量多餐，以改变羊只的习惯。肥育的日粮可根据具体情况酌情选定。在混合料中宜加入少量食盐，增加青饲料或青贮料的饲喂量。

供肥育的公羊应去势，去势后一般可以做到更好地肥育，也能改善肉的品质。因为去势后体内代谢及氧化作用均降低，有利于蓄积脂肪，同时又可降低肥育羊每增重 1kg 所消耗的饲料量。

要限制肥羊的运动，在舍饲肥育条件下，要把羊安置在温暖干净的地方，这样可促进肉和脂肪的沉积。

肥育期的长短，应视饲养水平和肥育效果而定。舍饲肥育时通常为75～100d，肥育期过短肥育效果不显著，过长羊的饲料报酬低，效果也不佳。

我国肥育绵羊的方法有3种，即放牧肥育、舍饲肥育和混合肥育。我国肥育羊的历史悠久，只因为规模小，方法简单，加之人们对羊肉品质的要求不严格，所以未引起重视。随着养羊生产的发展，应对传统的肥育方法加以总结和利用，并结合先进的科学理论和现有的生产条件，创造出更好的肥育方法。

羊的肥育分羔羊肥育和成年羊肥育两种。目前多用淘汰老羊进行肥育，也有用淘汰的羔羊进行肥育。随着肉食量的增加和羊群的扩大，羔羊的肥育量无疑也是需要扩大的。

无论是肥育羔羊还是成年羊，供给羊的营养物质必须超过它本身维持营养所必须的营养量，才有可能在体内蓄积肌肉和脂肪。肥育羔羊包括生长过程和肥育过程（脂肪蓄积），羔羊的增重来源于生长部分和肥育部分，生长是肌肉组织和骨骼的增加，肥育是脂肪的增加。肌肉组织主要是蛋白质，骨骼则由钙、磷所构成。成年羊体重的增加则限于脂肪的增加，不包括生长因素在内。因此，肥育羔羊比肥育成年羊需要更多的蛋白质。就肥育效果来说，肥育羔羊比肥育成年羊更有利，因为羔羊增重较成年羊要快。

（2）羔羊的肥育

①羔羊肥育的意义：肥羔生产是养羊业的一大发展，也是为了适应饲料资源的季节性变化而采取的一项有效措施。

肥羔肉膻味轻，精肉多，脂肪少，鲜嫩多汁，易于消化，同时饲料报酬高，这时羔羊的长势最为旺盛，增重快，成本低，极为经济。发展肥羔生产不仅可以加快羊肉生产，同时还可以提高羊群中母羊的比例，加快畜群周转。

利用夏秋季草料资源抓膘育肥，开展肥羔生产，不过冬就进行屠宰，可以节约草料、棚圈，从而用来养好过冬的怀孕母羊和后备羊，一举多得，是发展养羊生产的好途径。

羔羊肥育在国外相当盛行，且发展很快。新西兰是世界上肥羔生产出口国家，每年生产肥羔肉30万t，占全国出口的70%；美国每年上市羊肉中肥羔肉占94%。国外养羊业的趋向是一方面建立人工草场，另一方面利用杂交优势生产优质肥羔。20世纪60年代以来，国外培育的一些新品种，也有以适应集约化经营、大规模生产肥羔羊为特征的。

②羔羊肥育的方法：利用幼龄羊4～10月龄期间生长发育快、产肉多、肉质不肥不腻，细嫩可口的特点，在断奶后加强补饲和放牧，促其快速生长和肥育，经过肥育的羔羊在8～10月龄时体重可达到50～55kg，屠宰率也都在54%以上。

羔羊肥育以舍饲条件下进行较好，所用饲料除优良的豆科和禾本科鲜、干青草外、青贮料、根茎类饲料、加工副产品（如酒糟、豆饼、麸皮、糠、渣等）也都很好。也可采用秋季放牧结合补饲进行肥育的方法。

目前，世界许多国家都已采用肥羔专业化生产，这不仅使羊肉数量大大提高，而且质量也比较稳定，劳动生产率也大幅度提高。为适应羔羊肉生产的工业化，就要使产品生产规格化，并整批投入生产，才便于加快周转，从而符合专业化生产的需要，以达到提高生产的目的。这样在肥育羔羊上就形成了一套生产控制技术。采用机械化舍饲育肥的方式，人工控制小气候，全部采用全价颗粒配合饲料，让羊自由采食、饮水，可以大大提高生产效率。利用激素使大批母羊同时发情，通过人工受精时产羔时间大体一致，有利于成批生产。也可采用诱发分娩，在母羊妊娠后期（140d 左右）给予皮质固醇，调节分娩时间，同期产羔。实行早龄配种、早龄产羔、早龄断奶，使母羊一年两产，密集产羔，并尽量增加每胎产羔数。由于母羊在繁殖上的高度利用，因此应喂给全价饲料，日粮上要求蛋白质配比平衡，而且氨基酸配比平衡，以提高饲料的吸收率和利用价值。在大规模生产羊肉的情况下，饲料生产的社会化、配合饲料工业和颗粒饲料的迅速发展、羔羊人工哺乳用的代乳粉等，也都相应地快速发展。

（3）成年羊的肥育　成年羊的肥育在我国较普遍采用，主要利用淘汰的公羊和母羊加料催肥、适时宰杀，以供应市场。这种方法成本低、简单易行。成年架子羊发育已经完成，如果肥育得当，也可得到较好的肥育效果。

产区群众对于成年羊的肥育有着丰富的经验。成年公羊的肥育是以利用农副产品和精料为主，比如将大豆、豌豆、大麦或饼类泡闷煮熟，加大饲喂量，并补以鲜、干青草，肥育效果很好；有的则采用夏秋季节放牧抓膘，或放秋茬补精料，春节前膘壮时屠宰，这样不仅可使市场上得到物美价廉的羊肉，而且可加速羊群周转，优化羊群质量。

5. 羊的年龄鉴别

羊的年龄识别一般有两种方法。

（1）耳标识别法　这种方法多用于种羊场或一般羊场的育种群。为了做好育种工作记录，每只羊都有耳标。编号方法是：前两个号码代表出生年份，年号的后面才是个体编号。如"8625"，即表示1986年出生的25号羊。因此，可通过前两个号码来推算羊的年龄。

（2）牙齿识别法　羊的门齿根据发育阶段分为乳齿和永久齿两种。

幼年羊乳齿共有20枚，随着羊的生长发育，逐渐更换为永久齿，到成年时达32枚。乳齿小而白，永久齿大而微黄。上、下颚各有臼齿12枚（每边各6枚）。

羔羊出生时，在下颚有乳齿一对，出生后不久长出第二对乳齿，出生后2~3周长出第三对乳齿，出生后3~4周长出第四对乳齿。乳齿换为永久齿的年龄：更换第一对时为1~1.5岁，更换第二对时为1.5~2.0岁，更换第三对时为2.25~2.75岁，更换第四对时为3~3.5岁。4对乳齿完全更换为永久齿时，一般称为"齐口"或"满口"。

4岁以上的羊，根据门齿磨损程度来识别年龄。5岁牙齿出现磨损，称为"老满口"。6~7岁牙齿松动或脱落，称为"破口"。当牙床只剩下点状齿时，称为"老口"，此时羊的年龄已在8岁以上。但羊的牙齿更换时间及磨损程度受很多因素的影响，如品种、个体与所采食饲料的种类等。因此，以牙齿识别年龄只能提供参考。

单元三　绵羊的接羔技术

【学习目标】　掌握羊分娩前征兆，掌握羊分娩过程正常分娩的助产方法、羊难产的救护方法和羔羊的护理方法。

【技能目标】　学会羊正常分娩助产方法，学会羊难产的救护方法，学会羊分娩后羔羊的护理方法。

【课前思考】　理解母羊生殖器官的形态、位置、结构及功能。

1. 正常分娩

妊娠母羊将发育成熟的胎儿和胎盘从子宫中排出体外的生理过程称作分娩，或称产羔。产羔是养羊业的收获季节之一，因此应当精心准备，确保丰产丰收。在母羊产羔过程中，非必要时一般不应干扰，让其自行分娩羔羊。

（1）准备工作　产羔前应准备好接羔用的棚舍。棚舍要宽敞、光亮、保温、干燥、空气新鲜。产羔棚舍内的墙壁、地面，以及饲草架、饲槽、分娩栏、运动场等在产羔前3~5d要彻底清扫和消毒。要为产羔母羊及其羔羊准备充足的青干草、质地优良的农作物秸秆、多汁饲料和适当的精饲料，或在产羔舍附近为产羔母羊留有一定面积的产羔草地。

（2）分娩过程观察　母羊临产前乳房膨大，乳头直立，用手挤时有少量黄色初乳，阴门肿胀潮红，有时流出浓稠黏液。骨盆部韧带松弛，在临产前2~3h最明显。

在分娩前数小时，母羊表现精神不安，频频转动或起卧，有时用蹄刨地，排粪、排尿次数增多，不时回顾腹部；经常独处墙角卧地，四肢伸直努责。放牧母羊常常掉队或卧地休息，以找到安静处，等待分娩。

母羊分娩时，在努责开始时卧下，由羊膜绒毛膜形成白色、半透明的囊状物至阴门突出，膜内有羊水和胎儿。羊膜绒毛膜破裂后排出羊水，几分钟至30min产出胎儿。正常胎位的羔羊出生时一般是两前肢及头部先出，头部紧靠在两前肢的上面。若产双羔，前后间隔5~30min，但也有长达数小时以上的。胎儿产下后2~4h排出胎衣。

（3）操作方法　羔羊产出后，首先把其口腔、鼻腔的黏液掏出擦净，以免因呼吸困难、吞咽羊水而引起窒息或异物性肺炎。羔羊身上的黏液应及早让母羊舔干，既可促进新生羔羊的血液循环，又有助于母羊认羔。如果母羊恋羔性弱时，可将胎儿身上的黏液涂在母羊嘴上，引诱它舔净羔羊身上的黏液。羔羊生后 0.5~3.0h 后排出胎衣。

（4）注意事项

①在母羊产羔过程中，非必要时一般不应干扰，让其自行分娩。

②排出的胎衣要及时取走，以防被母羊吞食养成恶习。

2. 助产

分娩是母羊的正常生理过程，一般情况下不需要干预。接产人员的责任是监视分娩情况和护理仔畜。但在出现以下情况时，为保护母子安全，需要助产。

①当羊水流出，胎儿尚未产出时，而母羊阵缩及努责无力，即需要助产。

②胎头已露出阴门外，而羊膜尚未破裂。

③正常胎位倒生时。为防止胎儿的胸部在母羊骨盆内停留过久，脐带被挤压，因供血和供氧不足引起窒息，应迅速助产拉出胎儿。

④对产双羔和多羔的母羊，在产第二三只羔羊时，如母羊乏力，此时也需要助产。

（1）准备工作

①产房：要求有单独的产房，并应具备阳光充足、干燥、宽敞、温暖、没有贼风的安全环境。场地要经常用消毒液喷洒消毒，垫草每天更换，保持清洁、干爽。

②接产人员：一些规模化的羊场，要有专人值班接产，并应具备接产的基本知识和兽医知识。

③药品及器械：产房内必须备有清洁的盆、桶等用具及肥皂、毛巾、刷子、绷带、消毒用药、产科绳、剪子等，还应有体温计、听诊器、注射器和强心剂和催产药物等，有条件的最好准备一套产科器械。

④待产母羊。

（2）操作方法　接羔员蹲在母羊的体躯后侧，用膝盖轻压其欹部，等羔羊的嘴部露出后，用一手向前推动母羊的会阴部，待羔羊的头部露出时再用一手拉住头部，另一手握住前肢，随羊的努责向后下方拉出胎儿。母羊产羔后站起，脐带自然断裂；在脐带端涂 5% 的碘酒消毒。如脐带未断，可在离脐带基部约 10cm 处用手指向脐带两边将去血液后拧断，然后消毒。

（3）注意事项　助产过程中，切忌用力过猛，或不根据努责节奏硬拉，防止撕裂母羊阴道。

3. 难产及救护

（1）操作方法　母羊骨盆狭窄，阴道过小，胎儿过大或母羊身体虚弱，子宫收缩无力或胎位不正等均会造成难产。要助产必须先了解情况。

①属于胎向、胎势、胎位不正的应及时调整，特别是胎位不正时，可先将胎儿露出部分推回子宫，再将母羊后躯抬高，伸手入产道，矫正胎位，随着母

羊努责，拉出胎儿。

②胎儿过大时，可将胎儿的两前肢反复拉出和送入，然后一手拉前肢，一手扶头，随母羊努责缓慢向下方拉出。

③母羊身体虚弱分娩无力时，可人工助力。

④阴门相对过小的可斜上剪切阴户。

（2）操作原则

①防撕：助产过程中，切忌用力过猛，或不根据努责节奏硬拉，防止撕裂母羊阴道。

②分清：在矫正和牵引过程中，一定要分清羔羊的前后肢或双羔不同胎儿的前后肢，必须保证所牵引的是同一胎儿的前肢或后肢。

③涂油：助产过程中，如果发现产道干燥，可向子宫注入消毒温肥皂水，并在产道内涂上无刺激性润滑油剂，然后再行牵引救助。

④手术：若确因胎儿过大而不能拉出，可采用剖腹术或截胎术。

⑤施药：助产完成后，向母羊子宫注入抗生素，并肌注缩宫素。

（3）注意事项

①当发现难产时，应及早采取助产措施。助产越早，效果越好。

②使母羊成为前低后高或仰卧（有时）姿势，把胎儿推回子宫内进行矫正，以便利操作。

③如果胎膜未破，最好不要弄破。因为当胎儿周围有液体时，比较容易产出。但当胎儿的姿势、方向、位置复杂时，就需要将胎膜穿破，及时进行助产。

④如果胎膜破裂时间较长，产道变干，就需要注入石蜡油或其他油类，以利于助产手术的进行。

⑤将刀子、钩子等尖锐器械带入产道时，必须用手保护好，以免损伤产道。

⑥所有助产动作都不要过于粗鲁。一般来说，只要不是胎儿过大或母体过度疲乏，仅仅需要将胎儿向内推，矫正反常部分，即可自然产出。如果需要人力拉出，也应缓缓用力，使胎儿的拉出和自然产出一样。因为羊的子宫壁较马、牛薄，如果矫正或拉出时过于粗鲁，容易造成子宫穿孔或破裂。

⑦矫正之后，如果一个人用一定的力量还不能拉出胎儿，或者胎儿过大、畸形、肿大时，就需考虑施行截胎术或剖腹产术。

单元四　奶山羊的饲养管理

【学习目标】　掌握奶山羊的生产性能及泌乳情况，掌握奶山羊的饲喂和管理技术。

【技能目标】　能够正确哺育羔羊和挤奶。

【课前思考】 奶山羊的泌乳期如何划分？挤奶操作要点有哪些，挤奶注意事项有哪些？

奶山羊的饲养原则是希望奶山羊能安全地大量采食，尽量满足泌乳需要，减少消耗体内积蓄，为高产稳产创造条件。在产后几日的初乳阶段，由于母羊体内的积蓄营养较多，加上泌乳量少，所以喂量要少，以后随泌乳量的增加，喂量相应逐渐加大，随泌乳量减少喂量也相应减少。

奶羊的饲料报酬与产奶量有关。泌乳量高时，饲料的利用率就高，每日产奶 3.5kg 者要给 1.5kg 的总消化养分；而泌乳量低时，饲料的利用率也低，每日产奶 1kg 者仍须给 0.91kg 的总消化养分。为此，我们在生产实际中，应充分利用高饲料报酬时期，在产奶量上升阶段，增加喂量时要有意加大给量，即在加料至与产奶量基本相适应时，仍继续增加，使日粮比实际产奶量所需要的营养多。等到增料到产奶量不再上升后，才将多余的饲料降下来。在产奶量下降时，降料要比加料慢些，逐渐与产奶量相适应，即再减料，产奶量就会随之迅速下降。

1. 泌乳期的饲养

母羊产羔后，开始进入泌乳期，泌乳期可分为泌乳初期、泌乳盛期和泌乳后期。不同的泌乳时期，母羊的生理状况和生产力不同，对营养物质的需要也有差别，必须按不同生理阶段的营养要求，合理饲养，使羊既能获得全价平衡日粮，又不造成浪费。

①泌乳初期：母羊产后 15d 内为泌乳初期。具体的饲喂原则是以优质嫩干草为主，然后看母羊体况肥瘦、乳房膨胀程度、食欲表现、粪便形状和气味，灵活掌握精料和多汁饲料的量。一般产后 4～7d，每日可喂麸皮 0.1～0.2kg，青贮饲料 0.3kg；产后 7～10d，每日喂混合精料 0.2～0.3kg，青贮饲料 0.5kg；10～15d 每日可喂混合精料 0.3～0.5kg，青贮饲料 0.7kg；产羔 15d 后，逐渐恢复到正常的饲养标准。在泌乳初期的饲养过程中要注意：首先应保证充足的优质青干草任其自由采食，但精料和多汁饲料的喂量要由少到多，缓慢增加，不能操之过急，否则会影响母羊体质的恢复和生殖器官的恢复，还容易发生消化不良等胃肠疾病，轻者影响本胎次产奶量，重则影响终生的生产性能。对于膘情好、乳房膨胀过大、消化不良者，应以饲喂优质青干草为主，不喂青绿多汁饲料，控制饮水，少给精料，以免加重消化障碍和乳房膨胀，延缓水肿的吸收；对体况较瘦，消化力弱，食欲不振和乳房膨胀不显著者，可适量补喂些含淀粉的薯类饲料，多进行舍外运动，以增强体力。

②泌乳盛期：产后 15～180d 为泌乳盛期。在这时期奶山羊食欲旺盛，饲料利用率高，就尽量利用优越的饲料条件，配给最好日粮，促进其多产奶。每天除喂给相当于体重 2%～4% 的优质干草外，尽量多喂些青贮、青草、块根块茎类多汁饲料，营养物质不足可用混合精料补充。为刺激泌乳机能充分发挥，可超标准多喂一些饲料，如果超喂的饲料提高了产奶量，应继续喂下去，

并调整原有日粮标准，若不能提高产奶量，应去掉多余的部分。

在泌乳盛期，高产奶山羊每日所食饲料达 10kg 以上，要使它采食大量的饲料，需要注意日粮的体积和适口性，日粮的体积要小，适口性要好，营养价值高，种类多，易消化，并从各方面提高奶山羊的消化力，如进行适当的运动、增加采食次数、改善喂饲方法、定时定量、少给勤添、清洁卫生。在奶量稳定期，应尽量避免饲料、饲养方法以及工作日程的变动，尽一切可能使泌乳高峰保持较长的稳定时期，因为泌乳高峰的产奶量如果下降，是很难再上去的。

③泌乳后期：泌乳 180d 后，便进入泌乳后期。此阶段要使母羊的体重增加既不太快，又要使产奶量下降比较缓慢。这样，每天除逐渐减少精料外，应尽量供应优质青干草和青绿多汁饲料来延长泌乳期，提高本胎次产奶量，既有利于胎儿的健康发育，还能为下一胎次的泌乳蓄积体力。

2. 干乳期母羊的饲养

母羊经过 10 个月的泌乳和 3 个月的怀孕，营养消耗很大，为了使它有个恢复和弥补的机会，使其停止产奶。

干乳分自然干乳法和人工干乳法两种。产奶量低、营养差的母羊，在泌乳 7 个月左右配种，怀孕至怀孕两个月以后，产奶量迅速下降直至自动停止产奶，即自然干奶。产奶量高，营养条件好的母羊，要采取一些措施，让它停止产奶，即人工干奶法。

干乳期的饲养可分干乳前期和干乳后期两个阶段。干乳前期是自干乳之日起至泌乳活动停止及乳房恢复松软正常为止，一般需 1 ~ 2 周。在此期间的饲养原则是：在满足干奶羊营养的前提下，使其尽早停止泌乳活动，最好不用多汁饲料，少用精料，以青粗料为主。如果母羊膘情欠佳，仍可用产奶羊料。精料喂量视青粗料的质量和母羊膘情而定，对膘情良好的母羊，一般充分喂给优质干草即可。这段时期要求母羊特别是膘情稍差的母羊有适当增重，至临产前体况丰满度在中上水平，健壮又不过肥。饲料应以优质青干草为主，同时饲料中应富含蛋白质、维生素和矿物质。进行日粮配合时，优质青干草如甘薯、胡萝卜、甜菜、南瓜、马铃薯等占 1/3，精料只作补充，每只羊每天给混合精料 0.2 ~ 0.3kg，骨粉 10 ~ 20g。在此期间，应注意不能喂发霉、冰冻、腐败、体积过大、不易消化以及容易发酵的饲料，也不能饮用冰冻的凉水，并要严防惊吓，避免远牧。

3. 奶山羊羔的饲养

羔羊出生后 5 ~ 7d 为初乳哺育期，最好让羔羊随母羊自然哺乳。初乳期过后，羔羊即应与母羊分开，改为人工哺乳，使母羊减少干扰，定时挤奶。羔羊离开母羊初次人工哺乳往往不会吸吮，因此事先必须进行训练。一般有瓶喂法和盆饮法两种。瓶喂法可用橡皮乳头喂饮，如用盆饮法，最初可用两手固定其头部，使其在奶盆中舔奶，以诱导吸食，要注意勿使小羊鼻孔浸入奶盆中，以免误吸入鼻腔影响呼吸。如果小羊不饮奶,可把洗净的右手食指浸入奶中,诱使其从手指上吮奶。训练羔羊吮奶,必须耐心,不可强行硬喂,否则容易呛入气管造成疾病或引起死亡。一般羔羊经 1~2d 的训练,便可习惯人工哺乳。

人工哺乳要求定时、定量、定温、定质。温度应与母羊体温相近或稍高(38~42℃),此外,所接触乳汁的用具要清洁、消毒,保持卫生。

通常一昼夜的最高哺乳量,母羔不超过体重的 20%,公羔不超过体重的25%。在体重达到 8kg 以前,哺乳量随体重的增加而增加。体重在 8~13kg 阶段,哺乳量不变。在此期间应尽量训练其采食草料,且要注意草要柔嫩,料要炒香。体重达 13kg 以后,哺乳量渐减,草料渐增,体重达 18~24kg 时,可以断奶。整个哺乳期平均日增重,母羔不应低于 150g,公羔不应低于 180g。如日增重太高,平均 250g 以上,喂的过程,会影响到奶山羊应有的体况,对产奶不利。

4. 育成奶山羊的饲养

断奶之后的育成羊,各种组织器官都处在旺盛的生长发育阶段,体重、躯干的宽度、深度与长度都在迅速增长。如果此时营养跟不上,便会影响生长发育,形成体小、四肢高、胸窄、躯干细的体型,严重影响体质、采食量和将来的泌乳能力。加强饲养,可以增大体型,促进器官发育,对将来提高产奶量至关重要。因此,为了培育高产奶山羊,必须重视育成羊的饲养。

育成羊应以优质青粗饲料为主日粮,并随时注意调整精料喂量和蛋白质水平,不喂给过多富含淀粉的精料,应避免使其变得体态臃肿,肌肉肥厚,体格粗短。喂给充足优质的青干草,再加上充分的运动,是育成羊饲养的关键。充足而优质的青干草,有利于消化器官发育,培育成的羊骨架大,肌肉薄,腹大而深,采食量大,消化力强,体质健壮。半放牧半舍饲是育成羊最理想的饲养方式。断奶后至 8 月龄,每日在吃足优质干草的基础上,补饲混合精料 250~300g,其中可消化粗蛋白的含量不应低于 15%。以后如青粗饲料质量好,可以少给精料,甚至不给精料。

为了掌握育成阶段培育的特点,除对高产的羊群做好个别照顾外,必须做到大小分群和各种不同情况的分群饲养,以利于定向饲养,促进其生长发育。

5. 挤奶

奶山羊每天挤奶次数应视产奶量而定:一般每日两次,即早、晚各 1 次。如日产奶量 5~8kg 者,应日挤 3 次,产奶量 8kg 以上者,应日挤 4 次,每次挤奶间隔时间应大致相等。

挤奶前应剪掉乳房周围的长毛,并用 40~50℃的温水浸泡毛巾,擦洗乳房,擦干后用双手托住乳房,对乳房进行充分按摩,按摩时要柔而轻快,先左右、后上下。在挤奶过程中,要求在挤奶的前、中、后期,进行按摩 3~4 次,每次半分钟,这样可迅速引起排乳反射,便于乳汁排出和提高产奶量。经过按摩的乳房,乳头膨胀后,要立即挤奶,最初挤的几滴奶不要,然后以轻快的动作,均匀的速度，迅速将奶挤干，乳房中不留残乳，以免影响产奶量或形成乳房炎。

常用的人工挤奶法有压榨法（又名拳握法）和滑榨法（又名指挤法）。压榨法较为科学，符合奶山羊的生理特点和乳房发育特点，所以较为常用。压榨法适用于奶头适中或稍长的奶羊，先用拇指和食指握紧乳头基部，然后依次用中指、无名指和小指向手心压缩，把奶挤出。挤奶时用力要均匀，动作要敏捷轻巧，两手的握力、速度要一致，方向要对称，以免造成乳房畸形。挤奶时两手不要同时挤压或放松，要一个放松一个挤压交替进行。对一些奶头过小的奶羊，可采用滑榨法挤奶，用拇指和食指捏住乳头基部，由上向下滑动，将奶挤出。对于初产乳头较小的母羊，采用滑榨法待乳头拉长后，应改为压榨法挤奶。无论采用何种方法挤奶，挤完奶后，应再次按摩乳房，以便将乳汁挤净。此外，挤奶时要求挤奶室安静洁净。挤奶员的指甲应经常修剪，避免损伤乳房。同时要经常保持手、衣物、用具的清洁卫生。另外，挤奶员对羊的态度必须温和。挤奶必须定时，并按照一定的方法和顺序挤奶，挤奶时切忌嘈杂、惊扰奶羊。

【情境小结】

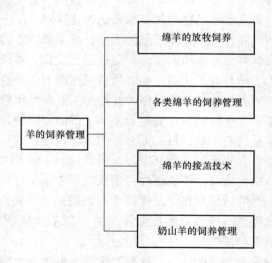

【情境测试】
1. 绵羊的饲养方式有哪些，各有什么优缺点？
2. 羊的四季放牧技术要点有哪些，注意事项有哪些？
3. 种公羊的饲养管理技术要点有哪些？
4. 羔羊的护理及培育技术要点有哪些？
5. 肥育羊的饲养管理技术要点有哪些？
6. 绵羊助产技术要点有哪些？

实训一　参观养猪场 （熟知养猪设备）

◇ **实训目的**

通过学生亲自参观校内外规模化养猪场，使学生了解规模化养猪场的各生产环节及设备，结合课堂讲授内容，学生对所调查的猪场做出评价，以提高学生发现问题、分析问题的能力。

◇ **实训内容**

（1）对猪场的场址选择进行调查。

（2）对场区布局和各类猪舍设计进行调查。

（3）对猪场、猪舍设备进行调查。

（4）了解猪主要生产环节的技术特点。

◇ **实训条件**

规模化养猪场及相关资料，卷尺、皮尺及记录本等工具。

◇ **方法步骤**

（1）教师预先对实习现场进行摸底和安排，做到心中有数。

（2）根据所参观猪场的地势、土壤、水源、交通等条件，结合课堂讲授内容，分析该场的场址选择是否合理。

（3）调查猪场的消毒设备，消毒用药的名称、用量和方法，猪的免疫程序。

（4）了解猪场的饲养规模，公猪的数量、品种类型、年龄结构等情况；母猪的数量、品种类型、年龄结构等情况。

（5）分组参加现场的猪舍实践。对场区布局和各类猪舍进行调查，并对猪舍的栋长、栋宽、舍高、墙体、走道、猪栏、门窗、通风排水设施、沼气池等进行实测，绘出草图。

（6）调查猪场的各种设备：猪栏、漏缝地板、供水系统、饲料贮存、输送及饲喂设备、供热保温设备、通风降温设备、自动冲洗设备、猪粪处理设备。

（7）找出猪场建筑设计方面存在的问题，并提出改进意见。

（8）了解猪场的配种、产仔和哺乳记录，种猪的生产成绩，肥育猪的育肥效果、售价，饲料消耗等。

◇实训报告

（1）对上述问题做出评价，画出猪场布局草图。

（2）画出各类猪舍示意图及尺寸，画出通风及排水设施示意图。

实训二　猪的品种识别

◇实训目的

通过观看录像片或幻灯片和现场识别引进品种，学生会辨认几种常见的品种，并能复述其突出外貌特征和生产性能。

◇实训内容

（1）观看幻灯片或录像。

（2）现场观察不同品种猪的外貌特征，测定体尺并对其进行评分。

◇实训条件

（1）放映室　猪常见品种彩色幻灯片或光盘。

（2）实训猪场　各品种成年猪、保定架、专用秤、软尺、记录本等。

◇方法步骤

（1）先放映幻灯或录像，教师总结出每个品种的突出外貌特征及所属经济类型，然后由学生指出其品种名称、突出外貌特征及所属经济类型，最后到种猪场现场识别。

（2）带领学生参观猪场，由教师对参观的猪品种做扼要介绍。内容包括：品种的产地及分布、外貌特征、生产性能、主要优缺点及在本地区的作用。

（3）学生对所观察猪品种的外貌特征，如毛色、体型等进行描述记载，并进行体尺测定，测定方法如下：

①姿势：测量时地面须平坦，姿势正直，头部不偏歪或上举或下垂，下颌与胸腹应基本上在一条水平线上。

②体长：从两耳根中点连线的中部起，用卷尺沿背脊梁至尾根的第一自然轮纹止。

③胸围：在肩胛后缘用卷尺测量胸围。松紧度以卷尺自然贴紧毛皮为宜。

④腹围：用卷尺测量。

⑤腿臀围：从臀部上方距尾根 20cm 处为起点，用卷尺沿腿臀内侧绕大腿

量到尾根。

⑥体高：自鬐甲处至地面的垂直距离。用杖尺的主尺放在猪左侧前肢附近，然后移动横尺紧贴甲最高点，读主尺数即体高。

⑦体重估计：按上述方法测出胸围与体长，根据下列公式估算猪的体重：

体重（kg）=胸围（cm）×体长（cm）/营养系数

营养系数：营养优良者用142，营养中等者用156，营养不良者用162。

◇结果与分析

（1）结果判定　对常见的品种进行识别，在规定时间内识别5~10个品种，按正确率记分。

（2）注意事项　在进行本实习时，应考虑到本地区的猪品种分布情况而有所侧重，对全国或世界著名的品种要一一介绍，当地地方品种可以自行选择。

◇实训报告

（1）根据对片子和现场的观察与辨认，记录各品种突出外貌特征、所属经济类型、生产性能。

（2）将各品种猪体尺测定结果汇总成表格，并进行鉴别比较。

实训三　掌握屠宰测定的项目及其方法

◇实训目的

了解屠宰测定的整个过程，掌握主要项目的测定方法。

◇实训内容

屠宰测定猪的胴体性状。

◇实训条件

达到屠宰体重的肥育猪若干头，杆秤、皮尺、游标卡尺、硫酸纸、求积仪、钢直尺、各种屠宰用刀和钩、天平及记录表格等。

◇方法步骤

1. 屠宰

屠宰测定的猪应空腹24h，次日早晨空腹称重，作为宰前活重。

（1）放血、烫毛、褪毛　在膈后部凹陷处刺入，割断颈动脉放血；烫毛前不宜吹气，以免组织变形；烫毛水温应控制在62~65℃，烫毛时间一般为

5～7min；刮毛速度要快，以免冷后难以褪毛。

（2）开膛　自肛门起沿腹中线至咽喉左右平分剖开体腔，清除内脏（肾脏和板油保留）。

（3）劈半　沿脊柱切开背部皮肤和脂肪，再将脊椎骨分成左右两半，注意保持左半胴体的完整。

（4）去头、蹄和尾　在耳根后缘及下颌第一条自然横褶切离寰、枕关节去头；断离腕掌关节去前肢，跗关节内侧断离第一间褶关节去后肢；紧贴肛门切断尾根。

（5）胴体分割与剥离　用左胴体除去板油、肾脏以及腰肌后，将其分为前、中、后三躯。然后将各躯的骨、肉、皮、脂肪剥离并称重，分离时肌间脂肪算作瘦肉不另剔除，皮肌算作肥肉不剔除。

2. 胴体测定

（1）胴体重　猪屠宰后经放血、褪毛去掉头、蹄、尾、内脏（板油和肾脏保留），左右两片胴体重量之和即胴体重。

（2）屠宰率　屠宰率＝胴体重÷宰前活重×100%

（3）胴体长　用钢卷尺测量吊挂右胴，耻骨联合前缘至第一肋骨与胸骨结合处内缘的长度为胴体斜长；耻骨联合前缘至第一颈椎的凹陷处的长度为胴体直长。

（4）膘厚与皮厚　膘厚是指皮下脂肪的厚度。一般在第6～7胸椎相接处用游标卡尺测定皮肤厚度及皮下脂肪厚度。多点测膘以肩部最厚处、胸腰椎结合处和腰荐椎结合处三点的膘厚平均值为平均膘厚。

（5）眼肌面积　在倒数第一和第二胸椎间背最长肌的横断面面积。先用硫酸纸描下横断面图形，用求积仪测量其面积，若无求积仪，可量出眼肌的高度和宽度，用下列公式估测：

眼肌面积（cm^2）＝眼肌高度（cm）×眼肌宽度（cm）×0.7

（6）花板油比例　分别称量花油、板油的重量，并计算其各占胴体的比例。

花（板）油比例（%）＝花（板）油重量÷胴体重×100%

（7）瘦肉率　将去掉的板油和肾脏的新鲜左胴体剖分为瘦肉、脂肪、骨、皮四部分，肌肉间的脂肪随瘦肉不剔除，皮肌随脂肪也不剔除。作业损耗控制在2%以下，并计算百分比，瘦肉占这四种成分之和的比例即为瘦肉率。

瘦肉率（%）＝瘦肉重量÷（骨重＋瘦肉重＋脂肪重＋皮重）×100%

（8）腿臀比例　沿倒数第一和第二腰椎间（吊挂冷冻的胴体在腰荐椎结合处）的垂直线切下的左右腿重量（包括腰大肌），占胴体重量的比例。

腿臀比例（%）＝左后腿重÷左胴体重×100%

（9）腿瘦肉率：是指前、后腿瘦肉重占宰前活重的百分数。计算公式如下：

腿瘦肉率（%）＝2×（左胴前、后腿瘦肉重）÷宰前活重×100%

◇ **结果与分析**

（1）准确测量计算胴体各指标的重量和长度。

（2）正确进行胴体测定。

◇ **实训报告**

填写测量记录，对胴体品质做出评价。

猪屠宰测定记录表

序号	项 目		数据	序号	项 目		数据
1	耳 号			26	平均膘厚/cm	肩部最厚处	
2	宰杀时间/min			27		胸腰椎结合处	
3	宰前活重/kg			28		腰荐椎结合处	
4	胃、肠、花油/kg			29		三点平均值	
5	胃、肠、膀胱/kg			30	后腿比例/%		
6	2~3 内容物重/kg			31	前后腿瘦肉重/kg		
7	空体重/kg			32	腿瘦肉率/%		
8	左胴体重/kg			33	左前躯重/kg		
9	右胴体重/kg			34	前躯组分重/kg	骨	
10	胴体总重/kg			35		皮	
11	屠宰率/%			36		肉	
12				37		脂	
13	花油重			38	左中躯重		
14	板油重/kg	左		39	前躯组分重/kg	骨	
15		右		40		皮	
16	肾重/kg	左		41		肉	
17		右		42		脂	
18	胴体长/cm	斜长		43	左后躯重		
19		直长		44	后躯组分重/kg	骨	
20	肋骨数			45		皮	
21	6~7 胸椎间背膘厚/cm			46		肉	
22	6~7 胸椎间皮厚/cm			47		脂	
23	眼肌	宽/cm		48	胴体瘦肉率/%		
24		高/cm		49	作业损耗/kg		
25		面积/cm²		50			

测定人　　　　　　　记录人　　　　　　　测定日期

实训四　观看配种、分娩、仔猪哺育等
生产环节的录像带或课件

◇ **实训目的**

母猪的配种、分娩和仔猪哺乳是生产中非常重要的生产环节，也是专项技能学习的重点，可利用课件或视频等方式掌握技能操作。

◇ **实训条件**

多媒体教室，种猪生产的光盘。

◇ **方法步骤**

观看各生产环节的录像带或课件，在配种、分娩，仔猪哺育环节中教师指出重要的技能操作，让学生进行归纳总结，最后师生共同归纳操作要领。

◇ **结果与分析**

（1）在规模的养猪场中主要应用猪的人工受精技术。
（2）采用人工辅助交配时，要注意公母猪的体重不应悬殊太大。
（3）刚出生的仔猪及时喂初乳。
（4）给仔猪断脐带时最好钝性掐断，尽量不用绳系上。

◇ **实训报告**

写出猪的配种、分娩和仔猪哺育的操作要领。

实训五　参观肉猪基地

◇ **实训目的**

通过参观肉猪饲养基地，掌握肉猪饲养的技能，动手实践仔猪的去势方法，了解肉猪的肥育方式、肉猪出栏时间和体重等知识。

一、仔猪的去势

◇ **实训条件**

手术刀、碘酒。

◇**方法步骤**

1. 保定

将仔猪保定好，防止仔猪乱动。

2. 手术

根据术者习惯，右手拿刀，左手拇食指捏住睾丸，使阴囊皮肤突出，用刀尖刺入睾丸，利用左手的挤压，睾丸自然弹出阴囊，握住睾丸和附睾拉出阴囊，扯断阴囊韧带。创口用碘酒消毒。

◇**结果与分析**

（1）仔猪手术的时间是出生后 7 日龄左右。

（2）创口要及时消毒。

二、了解肉猪的肥育方式、 肉猪出栏时间和体重

◇**实训条件**

规模化猪场。

◇**方法步骤**

（1）教师事先对实习活动进行详细安排。

（2）学生分组实习，老师详细指导。

（3）通过询问现场的技术员、饲养员，掌握肉猪的育肥方法，肉猪出栏时间和出栏体重。

◇**结果与分析**

（1）肉猪的育肥方法有一条龙等方法。

（2）肉猪的适宜出栏体重是 100kg 左右。

◇**实训报告**

写出参观猪场的体会。

实训六　鸡场建筑设计

◇**实训目的**

鸡场的合理建设是鸡场安全生产、取得良好经济效益的前提条件。学生在

教师指导下，结合学所知识，绘制鸡场建筑分布图，查找鸡场建筑的不足，并提出修改意见。

◇ **实训条件**

鸡场、皮尺、铅笔 、直尺、绘图纸、温度计、风速仪等。

◇ **方法步骤**

1. 实地考察

包括鸡场建设规模、场址选择与建场条件、规划与布局、工艺与设备、鸡舍建筑、卫生防疫和环境保护等总体情况。

2. 划分鸡场建筑物的种类

按建筑设施的用途，鸡场建筑一般可分为五类：①行政管理用房，包括行政办公室、接待室、会议室、图书资料室、财务室、值班门卫室以及配电、水泵、锅炉、车库、机修等用房；②职工生活用房，包括食堂、宿舍、医务、浴室等房舍；③生产性用房，包括各种鸡舍、孵化室等；④生产辅助用房，包括饲料库、蛋库、兽医室、消毒更衣室等；⑤间接生产性用房，如粪污处理设施等。以上为一般必须的房舍建筑，根据生产任务、规模不同还有其它房舍，如大型工厂化养鸡场需设病鸡剖检、化验，生产统计等房舍，可根据工作性质分别列入该类用房之内。

3. 观察各分区规划

根据功能区划的不同，鸡场场区可分为职工生活区、行政管理区、辅助生产区、鸡群饲养区、病鸡以及粪便污水处理区；观察鸡场分区规划，是否因地制宜，根据场区的自然条件——地势地形、主导风向和交通道路等情况进行的。

4. 记录养鸡场区房舍功能

根据鸡场生产工艺流程简图，将相应各建筑物的功能关系进行分析。功能关系即房舍的功能和彼此间工作联系。在观察养鸡场区房舍时，要考虑生产工艺流程中工作联系最频繁、劳动强度最大、养鸡生产最关键的环节是否在中心位置，同时查看防疫卫生、提高工效、缩短管线道路三个方面，安排各种房舍的平面位置是否有利于组织生产，提高工效。

5. 观察测量鸡舍朝向和间距

观察鸡舍朝向和间距时，同时兼顾到防疫、排污、防火和鸡舍采光、保温、通风等环境效果的关系。鸡舍朝向的选择主要是对太阳光、热的利用和对主导风向的利用。阳光可以影响光照，太阳辐射影响鸡舍内环境温度；主导风向对鸡场的排污、鸡舍内的通风换气效果以及鸡舍内温度等均有影响。

6. 观察养鸡场道路布局

观察并思考养鸡场道路和场区建筑物之间、建筑物与建筑设施、场内与场外联系的关系。它的主要功能是为人员流动，及运输饲料、产品和鸡场的废弃物，提供短捷方便的线路。以此为依据，观察布置和设计是否合理。

7. 查看养鸡场绿化情况

养鸡场的绿化，它不仅可以美化环境、改善鸡场的自然面貌，而且对鸡场的环境保护、促进安全生产、提高生产经济效益有着明显的作用。绿化与果木、蔬菜、牧草结合，可以直接提供产品为鸡场增加收入。因此，绘制建筑设计图时，需要将植物的作用与鸡场生产功能结合考虑，观看绿化是否合理。

8. 绘图

通过前 7 步的观察、整理与分析，绘制鸡场分区规划图，并查找所在鸡场设计不足，提出自己的修改建议和意见。

◇ 实训报告

1. 画出鸡场内生产区、管理区、辅助生产区、行政管理区和生活区的分区规划图。

2. 查找所考察鸡场不足，画出该鸡场理想的建筑结构分布图。

实训七　孵化操作技术

◇ 实训目的

人工孵化技术是现代养鸡业中的一项新型实用技术。通过实训，使学生能独立使用孵化机，并学会调试和检修孵化机；熟练掌握机器孵化的操作程序、操作要领和注意事项等。

◇ 实训条件

孵化器、控温仪、继电器、水银导电表、干湿球温度计、孵化室有关设备用具、记录表格、孵化规程。

◇ 方法步骤

1. 孵化前准备与机器维修

（1）制定计划　孵化前根据现有设备条件、孵化能力、种蛋供应、管理水平等具体情况，制定生产、财务及销售等计划。

（2）检修机器　对每台孵化机在入孵前一周要全面系统地检查安装是否妥当、严密、牢固，供电系统是否接好、灵敏、准确、风扇是否加油保养等。

（3）试机运转　试机过程中要对供温、供湿、警铃、风扇、翻蛋等系统以及电机运转和蛋车等仔细检查，待一切正常后，运转 1～2d 方可正式装机入孵。

（4）检修用具　蛋盘、出雏盘等器具是否有损坏，及时维修损坏的器具。

（5）备齐用品　包括易损电器原件、水银导电表、温度计、照蛋器及灯泡、消毒药品、注射器材、电动机及各种表格等。

（6）消毒　试机正常后，对孵化室、孵化机（出雏器）及一切用具进行彻底消毒。

（7）种蛋预温　为了使胚胎苏醒，恢复活力，减少因孵化机中温度下降或因温差大而引起种蛋壳表面凝结水珠，除去水珠，以便干燥后消毒入孵，所以入孵前要依据季节将种蛋置于 22～25℃ 的环境中预温 6～8h。

2. 孵化条件

（1）温度　温度是胚胎发育的首要条件，也是决定孵化成败的关键。孵化最适温度是 1～18d 为 37.8℃，19～21d 为 37.3～37.5℃。一般情况下，孵化室和出雏室的温度要保持在 25℃ 左右。

（2）湿度　机孵对环境湿度的要求是两头较高，中间较低。即孵化 1～7d 相对湿度为 65%；8～18d 相对湿度 50%～55%，19～21d 相对湿度为 65%。

（3）通风换气　胚胎对氧气的需要量随胚龄的增长而加大，所以孵化机的通风孔应随胚龄的增长而逐步开大、最后完全打开。

（4）翻蛋　翻蛋的目的是使种蛋改变位置，受温均匀，防止胚胎与壳膜粘连，促进胚胎运动，保证胎位正常。孵化期一般每 2h 翻蛋一次。每次使蛋转动 45°。

（5）晾蛋　晾蛋具有积极的生理作用，可适当降低孵化机内的温度，以达到彻底通风换气，促进胚胎活动和散热，增强胚胎抗寒和生活力的目的。一般地区，在种蛋入孵后的第 5 天开始早晚晾蛋各 1 次。在甘肃海拔比较高的地区，5～11 胚龄每天晾蛋 2 次，或从 11 胚龄开始至落盘前每天晾蛋 3 次。晾蛋时间一般为半小时。

3. 孵化期间种蛋操作

（1）码盘　种蛋一律大头朝上，不准相反或水平放置。蛋盘在蛋架上要卡紧，防止翻蛋时滑脱。

（2）照蛋　一般一个孵化期照 3 次蛋，照蛋时间及需观察的现象（见表 1）。同时剔除无精蛋、死胚蛋、破蛋。

（3）落盘　有 10% 鸡胚"起嘴"时进行（一般在孵化第 19.5 天）。即将发育正常的胚蛋从孵化机转移到出雏机内。落盘时室温要保持在 25℃ 左右。

4. 雏鸡处理

（1）拣鸡　要适时拣雏。以保证雏鸡出壳后在机内所停留的时间不超过 12h。一般出雏 70% 左右时将绒毛已干的雏鸡捡出，同时捡出蛋壳，最后待出雏完再捡 1 次，并清盘。注意当大部分雏鸡拣完后，要把已"起嘴"的胚蛋集中并盘，同时将出雏器温度升高 1℃，相对湿度为 70% 以上，以促使弱胚出雏。

（2）雏鸡消毒　第 20 ~ 21 天采取每立方米用甲醛溶液 20 ~ 30mL，加温水 40mL 或 20% 过氧乙酸 40 ~ 50mL，置于出雏器底部使其自然挥发。

（3）雏鸡保管　雏鸡从出雏器拣出后，应立即进行鉴别、分级、过数、做好标记及注射等工作。

表1　　　　　　　　　　　　鸡孵化期照蛋观察表

照蛋次数	时间	照蛋目的	发育正常的胚胎
第一次照蛋	第 5 天	鉴别出正常发育的蛋，死胚蛋和无精蛋	形如蜘蛛状，周围血管呈放射状分布
第二次照蛋	第 11 天	选出胚体小，血管不清晰，气室混浊的死胚蛋	整个视野布满了血管网，小端也有血管分布，气室增长
第三次照蛋	第 19 天	选出胚体较小，看不到血管；气室混浊，蛋已发凉的死胚蛋	蛋内被胚胎所充满，气室附近可见几根粗大的血管，气室清亮

5. 环境卫生和消毒

孵化室每天用消毒药液喷洒地面一次，每次出鸡前对孵化室四壁、棚顶、孵化器、出雏器外壳及顶部用 0.3% 百毒杀进行一次喷雾消毒。装雏盘、箱每次使用前用熏蒸消毒法消毒。工作人员讲究个人卫生，室内必须穿戴工作服，出入更换，脚踏消毒池；孵化室每出完一批雏必须将室内所有器具进行彻底冲洗、药液浸泡、擦拭干净，干燥后熏蒸消毒；每次入孵、照蛋、落盘、扫盘后遗留下来的蛋壳、破损蛋、蛋内容物要尽快清除并无害化处理。孵化室谢绝参观。

◇ **实训报告**

（1）了解并掌握孵化操作技术的方法。

（2）写出实习报告。

实训八　家禽品种的识别

◇ **实训目的**

能识别家禽主要品种及其特征。

◇ **实训条件**

（1）提供相关鸡、鸭、鹅品种的实物、图片或幻灯片等。

（2）投影仪、幻灯机。

◇ **方法步骤**

1. 鸡的品种识别

展示或放映体型、外貌典型的蛋用、肉用、兼用、观赏型鸡的图片或幻灯片，边展示边讲授，介绍蛋用、肉用、兼用、观赏型的体型、外貌特征。

（1）蛋用型　体型较小，体躯较长，腿高跗细，颈细尾长，肌肉结实，羽毛紧凑。

展示或放映体型外貌典型的蛋用型品种，如白来航鸡、仙居鸡、海兰白鸡、罗曼褐壳鸡等。

（2）肉用型　体型硕大，体躯宽深，腿短跗粗，颈粗尾短；肌肉丰满，羽毛蓬松。

展示或放映体型外貌典型的肉用型品种，如考尼什、白洛克鸡、北京油鸡等。

（3）兼用型　体型外貌介于蛋用型和肉用型中间。

展示或放映体型外貌典型的兼用型品种，如洛岛红鸡、新汉夏鸡、寿光鸡、固始鸡等。

2. 鸭的品种识别

（1）蛋用型　展示或放映蛋用型品种，如金定鸭、绍兴鸭、康贝尔鸭等。

（2）肉用型　展示或放映蛋用型品种，如北京鸭、樱桃谷鸭、瘤头鸭等。

（3）兼用型　展示或放映蛋用型品种，如高邮鸭、建昌鸭等。

3. 鹅的品种识别　展示或放映体型外貌典型的狮头鹅、太湖鹅、朗德鹅等。

◇ **结果与分析**

每人随机抽取家禽图片 10 张，识别品种，考核标准如下：

（1）回答完全正确为优秀；

（2）回答 8 个以上正确为良好；

（3）回答 6 个以上正确为合格；

（4）回答 5 个及以下正确为不合格。

◇ **实训报告**

了解本地四个以上家禽的品种及其产地、类型、外貌特征和主要生产性能。

实训九　蛋鸡场参观实习

◇ **实训目的**

通过参观养鸡场和对当地蛋鸡生产情况调查，使学生了解蛋鸡生产的技术环节和饲养管理情况。

◇ 实训条件

蛋鸡养殖场、白大褂、口罩等。

◇ 方法步骤

（1）请蛋鸡场技术员或经营者介绍蛋鸡生产和市场需求情况。

（2）参观蛋鸡场，了解育雏期及雏鸡的饲养管理。

（3）了解蛋鸡饲养育成期和产蛋期的营养标准、饲喂方法，产蛋鸡的饲养管理要点等。

（4）了解蛋种鸡的日常饲养管理与饲喂方法。

◇ 结果与分析

1. 考核内容

（1）雏鸡饲养管理

询问和观察项：雏鸡饮水、开食、饲喂方法、饲喂量、环境条件控制、断喙、粪便情况、精神状态、鸡群行为、消毒、日常记录、预防接种免疫程序等。

（2）育成鸡饲养管理

询问和观察项：饲喂方法、饲喂量、转群、脱温、换料、环境条件控制、光照控制、饮水、下笼、上架、体重测量、体尺测量、卫生防疫、淘汰病弱鸡等。

（3）产蛋鸡饲养管理

询问和观察项：产蛋鸡的选择和淘汰、饲养方式的选择、转群、饲喂、光照、更换日粮、环境控制、湿度控制、通风换气、密度控制等。

（4）蛋种鸡饲养管理

询问和观察项：饲养方式、饲养密度、卫生管理、合适配偶比例等。

2. 考核标准

每人随机抽取考核内容题卡 8 张，进行回答，考核标准如下：

（1）回答完全正确为优秀；

（2）回答 7 个正确为良好；

（3）回答 5～6 个正确为合格；

（4）回答 4 个及以下正确为不合格。

◇ 实训报告

根据鸡场参观情况，利用所学知识分析养殖中存在的问题并提出初步解决方案，写出实训报告。

实训十　肉鸡的屠宰与分割

◇实训目的

肉鸡的屠宰与分割技术的熟练和正确与否直接影响鸡肉产品的质量。学生通过现场学习，掌握肉鸡的屠宰与分割的规程，通过实际操作学习掌握肉鸡的屠宰与分割方法。

◇实训条件

肉鸡屠宰线（机械屠宰）；解剖刀、剪刀、方瓷盘、台秤、包装袋、公鸡、母鸡。

◇方法步骤

1. 宰前准备

将待宰鸡禁食12h（供饮水）。

2. 肉鸡的屠宰

（1）击昏　将待宰活鸡倒悬挂在高架传送机的轨道挂钩上，借助传送轨道自动运转，使鸡头、颈、胸浸入盐水水槽（与外界绝缘），利用水作为导电介质使鸡头与电路可靠接触。当到达击晕器时，鸡体成为一段电路，电流通过鸡体2s左右，使其击昏失去知觉，顺利进入宰杀器进行宰杀并彻底放血。电击晕器顶击晕电压为90~110V，击晕鸡昏迷时间为5~6s，最大生产能力为9000只/h。

（2）刺杀放血　被击昏的肉鸡经轨道转运到宰杀器，用自动圆盘刀切断颈部血管，经1.5~2min血液充分排出。手工宰杀可采用口腔放血，耳静脉放血以及切断"三管"法，但刀口不宜过大，以免影响屠体美观。

（3）浸烫　家禽经宰杀后，要经烫毛机进行浸烫拔毛，浸烫水温以60~65℃为宜，时间为1.5min。

（4）脱毛　常用指盘式脱毛机，借助转轮上的指状橡胶突褪去羽毛，做到体表洁净不变形，不破皮。也可按部位分区手工拔毛，其拔毛顺序为：右翅羽、肩头毛、左翅羽、背毛、腹脯毛、尾毛、颈毛。

（5）清除内脏　一般小型加工厂多从胸骨后至肛门的正中线切腹开膛，清除内脏。有的采用拉肠，从肛门拉出肠管胆囊。剪开颈皮，取出气管、食管和嗉囊，剪去肛门。

（6）通体的修理于检验　将鸡体放入流动的清水中冷却，并在水中除去残毛、脚皮、趾皮、爪壳、壳，洗去颈部和肛门处残留粪便、血污和其它杂物，送检验处，检验有无破皮、外伤、粪便、血污、残毛及漏取气管、食管、嗉囊、内脏和各种病变等。

（7）沥干　净膛体必须按顺序进行沥水，沥去体表、腹腔残留血水。

（8）冷却　沥干后的屠体移至冷却间，使体温迅速下降至20℃左右，然后送包装间处理。

（9）内脏处理　心脏去包膜，排出血块及外表脂肪；修净肝脏去掉胆囊；剪去腺胃，剥去肌胃外面脂肪，去掉内容物和肌胃膜，并逐个检查。将符合要求的脏器去除血水，用聚乙烯薄膜把心、肝、肌胃包成小包装送成品包装处。

（10）成品包装　用于整鸡加工的屠体，将翅膀向后理平，脚拉向腹下，头、颈侧向腹部，用聚乙烯薄膜包装，送分级处处理，然后冷藏或销售。

3. 鸡肉的分级

（1）出口冻鸡的分级与质量要求　出口冻鸡的分级采用外观品质于重量相结合分级，主要是冻全鸡和冻分割鸡两种，其规格和质量标准见表2、表3。

表2　　　　　　　　　　　　　　**冻全鸡规格质量标准**

等级	重量/kg	全净膛	半净膛	外观
特级	>1200	去毛，摘肠，割除头脚，带翅，留肺、肾（其它内脏不留）	在全净膛基础上留有肌胃、肝和心，洗净、包装放入腹腔	鸡体洁净，无血污，体腔内不得有残留组织、血水，胸部允许轻微伤斑，但均不影响外观，注意肥度和外形特征
大级	1000～1200			
中级	800～1000			
小级	600～800			
小小级	400～600			

表3　　　　　　　　　　　　　　**冻分割鸡规格质量要求**　　　　　　　　　　单位：g

级别	鸡翅	鸡腿	鸡胸
大级	>50	>200	>250
中级		150～200	200～250
小级	<50	<150	<200
外观	无残存羽毛，无黄皮、伤疤和溃烂	无残留羽毛	无伤斑和溃疡

（2）肉用仔鸡的分级　我国目前尚无肉用仔鸡分级标准，现介绍法国肉用仔鸡分级标准供参考。

A级：屠体外形良好，胸肌丰满，骨骼无畸形，胸骨挺直，大腿结实，肉多，背、腰、尾部和翅下稍有脂肪层，表皮允许有小损伤。

B级：有轻度畸形，胸、背略有弯曲，胸部和大腿肌肉厚实不过肥，允许泄殖腔处有较多脂肪。

C级：外观差或有严重畸形，可做分割鸡或用于加工鸡肉制品。

按活重分四种规格：1.3kg以下为小型鸡；1.3～1.7kg为中型鸡；1.8～2.2kg为大型鸡；2.2kg以上为特大型鸡。

◇**结果与分析**

1. 掌握肉鸡的屠宰方法和分割方法

2. 注意事项

（1）机械屠宰要选择均匀度高的鸡群，有利于控制屠宰过程中的环境条件，有利于分割包装时重量和质量上的统一。

（2）击晕鸡时电压要符合要求，昏迷时间在 5~6s，否则操作过程中鸡易恢复知觉不便进一步操作。

（3）放血时要充分排出，否则影响肉质的颜色。

（4）热烫的水温要适宜。若水温过高，则表皮蛋白胶化，不宜拔毛，且易破皮，同时脂肪溶解，表皮呈暗灰色，造成次品，若水温过低或浸烫不透，则拔毛困难，更容易破皮。

（5）要清洁好屠体，避免屠体上有残留粪便、血污和其它杂物。

◇**实训报告**

（1）机械屠宰的工艺程序和肉鸡屠宰与分级的注意事项。

（2）查资料将肉鸡分割技术进行列表说明。

实训十一　奶牛的挤奶技术

◇**实训目的**

挤奶是发挥奶牛泌乳潜力的重要环节之一。挤奶技术的熟练和正确与否直接影响奶牛的产奶量。先现场观察并查阅资料，掌握奶牛挤奶的规程，通过实际操作学习奶牛挤奶的方法。

一、手工挤奶

◇**实训条件**

奶牛、挤奶桶、过滤用纱布、洗乳房水桶、盛乳罐、毛巾、小凳、秤、记录本。

◇**方法步骤**

1. 挤奶前的准备

挤奶前准备包括清除牛体沾污的粪、草，清除牛床粪便；准备好擦洗乳房的温水；拿出备齐挤奶的用具，挤奶员剪短指甲，穿好工作服，洗净双手。

2. 擦洗乳房

擦洗乳房的目的是以温热刺激促进乳腺神经兴奋，加快乳汁的合成与分泌，以提高产奶量，同时保持乳房和牛奶的卫生。擦洗方法：用 40～45℃温水把毛巾浸湿，先洗乳头，后洗乳房底部，自下而上擦洗整个乳房，再把毛巾洗净拧干后擦净整个乳房。擦洗后的乳房显著膨胀，即可开始挤奶。如乳房膨胀不大，可进行乳房按摩。

3. 按摩乳房

按摩乳房是以力的刺激，促进乳房显著膨胀，有利于泌乳反射的形成，加速乳汁的分泌与排出。按摩一般进行两次，挤奶前和挤奶过程中各按摩一次，有时为了挤净乳房内的乳，在挤奶结束前还可再按摩一次，每次按摩 1～2min。具体的按摩方法是：第一次采用分侧按摩法。挤奶员坐在牛的右侧，先用两手抱住乳房的右侧两乳区，自上而下，由旁向内反复按摩数次；然后两手再移至左侧两乳区同法按摩；最后两手托住整个乳房向上轻推数次，当乳头膨胀且富有弹性时，说明乳房内压已足，便可开始挤奶。第二次按摩采取分区按摩法。按照右前、右后、左前、左后四个乳区依次进行。按摩右前乳区时，将两手抱住该部，两拇指放在右外侧，其余各指分别放在相邻乳区之间，重点地自上而下按摩数次。此时两拇指需用力压迫其内部，以迫使乳汁向乳池流注。其它乳区也按同样方法按摩。高产奶牛可做第三次按摩，采用分区按摩法。对未挤净乳的牛也可采用"撞击按摩法"，可托住乳房底部，模仿犊牛吃乳用嘴顶乳房的动作，用力向上撞击数次，再用一手掐住乳区的乳池部，用另一手挤奶，分别将各乳区剩余的乳汁挤出来，力争挤净最后一滴乳，这对提高乳脂率是十分有利的。

4. 挤奶方法

挤奶员坐小凳于牛右侧后 1/3 处，与牛体纵轴成 50°～60°的夹角。奶桶夹于两大腿间，左膝在牛右侧飞节前附近，两脚尖朝内，脚跟向侧方张开，以便夹住奶桶。手工挤奶通常采用压榨法，其手法是用拇指和食指扣成环状紧握乳头基部，切断乳汁向乳池回流的去路，然后再用其余各指依次压榨乳头，使乳汁由乳头孔流出，然后先松开拇指和食指，再依次舒展其余各指，通过左右手有节奏地压榨与松弛交替进行，即一紧一松连续进行，直至把奶挤净。挤奶过程中，要求用力均匀，动作熟练，注意掌握好速度，一般要求每分钟压榨80～120 次。在排乳的短暂时刻，要加快速度，在开始挤奶和临结束前，速度可稍缓慢，但整个挤奶过程要一气完成。挤奶的顺序，一般先挤后面两个乳头，后挤前面两个乳头。注意严格按顺序进行，使其养成良好条件反射。少数初产母牛，因乳头太小，不便于用压榨法挤奶，可采用滑下法。其挤奶方法是，用拇指和食指紧夹乳头基部，然后向下滑动，左右手反复交替进行。此法容易使乳头变形或损伤乳头管部膜，也不卫生，故一般不宜采用。

◇结果与分析

（1）掌握挤奶的方法和操作程序，并记录每头奶牛的实际产奶量。

（2）应用手工挤奶，主要适合于牛只数量比较少的家庭养殖，或大规模养殖的个别牛只因患病而不适合采用机械挤奶的情况。

（3）乳时注意事项

①挤奶员坐姿要端正，对牛亲和，不可粗暴，注意安全。

②挤奶时要精力集中，禁止喧哗和嘈杂等特殊声响等，勿让生人站在牛蹄附近，以免对牛只产生应激。

③严格执行作息时间，并以一定次序进行作业。必须做到定人、定时、定次数、定顺序进行。

④挤奶时要随时注意乳房与乳汁是否正常，如发现乳房有硬块或乳中有絮状物血丝等，应进一步检查治疗。

⑤开始挤出的几滴乳因细菌含量较高应弃掉。

⑥患乳房炎等病的牛放在最后挤，以防传染其它牛，并把乳汁单独存放。

⑦结核病等传染病患者，不能作挤奶员。

⑧保持乳汁及挤奶用具清洁卫生。

⑨性情暴躁不老实的牛，先保定两后腿再进行挤奶。

二、 机械挤奶

◇**实训条件**

奶牛、挤奶器、洗乳房水桶、毛巾、记录本。

◇**方法步骤**

将挤奶器上的大橡胶管与真空管开关连接，打开开关，挤奶器上的脉动器开始工作。将4个挤奶杯的输乳管握在手中使它弯曲，防止由挤奶杯进入空气；另一只手打开挤奶桶上的开关，将挤奶杯按顺序由远及近地逐个套在乳头上，即开始挤乳。挤奶时，挤奶器脉动器的频率每分钟为55~60次。当挤奶快结束时按摩乳房。挤奶结束后手握集乳器将挤乳杯卸下，立即关闭挤奶桶上的开关，然后关闭真空管开关，取下大胶管。

挤奶器用完后，先将挤乳杯放入冷水桶内，打开真空管使冷水通过挤奶杯进到挤奶桶内。然后用85℃热水冲洗干净，最后将挤奶桶和集乳器、挤奶杯等放在架子上晾干备用。

◇**结果与分析**

（1）记录每头奶牛的实际产奶量，如产奶量出现异常，应及早分析导致产奶量下降的原因，并采取相应的措施。

（2）机械挤奶与手工挤奶的区别　机械挤奶利用真空造成乳头外部压力低于乳头内部压力的环境，使乳头内部的乳汁向低压方向排出。机器挤乳速度快，劳动强度较轻，节省劳力，牛奶不易被污染。但是必须遵守操作规程，经常检查挤乳设备的运转情况，如真空和节拍等是否正常，否则会引起奶牛乳房炎，产奶量下降。手工挤奶，耗时耗力，但可有效预防奶牛乳房炎的发生。

◇ 实训报告

根据实训课实际操作，报告手工挤奶和机械挤奶的方法及结果。

实训十二　绵羊剪毛技术

◇ 实训目的

绵羊剪毛技术是畜牧兽医专业学生从事养羊生产工作必会的一项专业技能。通过剪毛训练，使学生能够在规定的时间内熟练而准确进行剪毛操作。

◇ 实训条件

剪毛剪具、绵羊、剪毛台、台秤、毛袋、标记颜料、碘酊、外科缝合器械等。

◇ 方法步骤

1. 剪毛前的准备

剪羊毛根据绵羊的体况选择晴朗的日子进行。绵羊在剪毛前 12h 停止放牧、饮水、饲喂，以免剪毛时粪便污染羊毛和发生伤亡事故。剪毛前把羊群赶到狭小的圈舍内让其拥挤，退去油汗，剪毛效果会更好。剪毛前 3 ~ 5d，对剪毛场所进行认真的清扫和消毒。在露天场地应选择在高燥地方，以防沾污羊毛。

2. 剪毛方法

方法一：让羊左侧卧在剪毛台，羊背靠剪毛员，腹部向外。从左后胁部开始，由后向前剪掉腹部、胸部和右侧前后肢的羊毛。再翻转羊使其右侧卧下，腹部朝向剪毛员。剪毛员用右手提直绵羊左后腿，从左后腿内侧剪到外侧，再从左后腿外侧至左侧臀部、背部、肩部、直至颈部，纵向长距离剪去羊体左侧羊毛。然后使羊坐起，靠在剪毛员两腿间，从头顶向下，横向剪去右侧颈部及右肩部羊毛。再用两腿夹住羊头，使羊右侧突出，再横向由上向下剪去右侧被毛。最后检查全身，剪去遗留下的羊毛。

方法二：将羊的双前肢和右或左后肢用绳捆住，侧卧。剪毛工蹲（坐）

在羊的腹侧，自后肢向臀部，腹侧向背腰部，再前肢向肩胛、鬐甲，最后剪颈部一侧，按顺序剪毛；将羊翻转，仍按已剪过毛的一侧顺序剪毛。或者翻转后，仍按着向下剪，直至这一侧毛剪完。最后解开绳子，把腹毛全部剪掉。

◇ 结果与分析

（1）能熟练地剪毛，并记录各羊只的产毛量。

（2）注意事项

①把患有皮肤病的绵羊放到最后剪毛，以免传染到健康羊只。

②每剪完1只绵羊，取走羊毛之后，将剪毛处的碎毛、尘土、粪便等杂物清扫干净，然后再剪第2只羊。

③把剪下的头、四肢、尾等部位羊毛另外包装，带粪块、有色毛等分别包装，保持毛被完整，以利于羊毛分级、分等。

④应注意不要剪破皮肤，特别是公羊的阴囊、母羊的乳头、皱褶等处。剪破要及时消毒、涂药或进行外科缝合，以免感染溃烂。

⑤剪毛剪应贴近皮肤均匀地把羊毛一次剪下，留茬尽量要低，不要重剪，以免造成二刀毛，影响羊毛的价值。

⑥剪毛动作要快，时间不宜拖得太久，翻羊要轻，以免引起瘤胃鼓起、肠扭转等而造成不应有的损失。

⑦剪毛后，不可立即到茂盛的草地放牧。因为剪毛前羊只已禁食十几个小时，放牧易贪食，往往引起消化道疾病，剪毛后一周内不宜远牧，以防气候突变，来不及赶回圈舍引起感冒。同时也不要在强烈的日光下放牧，以免灼伤皮肤。

⑧在剪毛后20d左右，应选择晴朗的天气，对羊只进行药浴，以防止疥癣的发生，影响羊毛质量。

◇ 实训报告

根据实训课实际情况报告剪羊毛的方法及结果。

参 考 文 献

［1］赵书广. 中国养猪大成. 北京：中国农业出版社，2003
［2］李炳坦，赵书广，郭传甲. 养猪生产技术手册. 北京：中国农业出版社，1990
［3］庄庆士. 庄氏养猪法. 哈尔滨：黑龙江人民出版社，2000
［4］朱宽佑，潘琦. 养猪生产. 北京：中国农业大学出版社，2007
［5］山西农业大学，江苏农学院. 养猪学. 北京：中国农业出版社，1982
［6］杨子森，郝瑞荣. 现代养猪大全. 北京：中国农业出版社，2009
［7］李立山，张周. 养猪与猪病防治. 北京：中国农业出版社，2006
［8］苏振环. 现代养猪实用百科全书. 北京：中国农业出版社，2004
［9］陈清明，王连纯. 现代养猪生产. 北京：中国农业大学出版社，1997
［10］本书编写组. 实用养猪大全. 郑州：河南科学技术出版社，1996
［11］段诚中. 规模化养猪新技术. 北京：中国农业出版社，2000
［12］赵凤翔，傅耀荣. 养猪新法. 北京：中国农业出版社，1995
［13］魏刚才，苗志国. 怎样科学办好中小型猪场. 北京：化学工业出版社，2010
［14］李宝林. 猪生产. 北京：中国农业出版社，2001
［15］杨公社. 猪生产. 北京：中国农业出版社，2002
［16］陈润生. 猪生产学. 中国：中国农业出版社，1995
［17］蔡幼伯，黄唯一. 科学养猪问答. 北京：农业出版社，1977
［18］李和国. 猪的生产与经营. 北京：中国农业出版社，2001
［19］杨公社. 猪生产学. 北京：中国农业出版社，2002
［20］李建国. 畜牧学概论. 北京：中国农业出版社，2002
［21］程德君. 规模化养猪生产技术. 北京：中国农业大学出版社，2008
［22］吴健. 畜牧学概论. 北京：中国农业出版社，2006
［23］李培庆. 实用畜禽生产技术. 北京：中国农业科学技术出版社，2008
［24］邱祥聘，家禽学. 成都：四川科学技术出版社，1993
［25］张维珍，高淑华. 养禽新技术. 延吉：延边人民出版社，1999
［26］魏国生. 动物生产概论. 北京：中央广播电视大学出版社，2001
［27］王长康. 现代养鸡技术与经营管理. 北京：中国农业出版社，2005
［28］于长斌，赫冬梅. 肉用种鸡限饲的方法及注意事项. 养殖技术顾问，2006
［29］刘太宇. 养牛生产. 北京：中国农业大学出版社，2008
［30］莫放. 养牛生产. 北京：中国农业大学出版社，2010
［31］昝处森. 牛生产学. 北京：中国农业出版社，2011
［32］闫明伟. 牛生产. 北京：北京师范大学出版社，2011
［33］张玉海. 牛羊生产. 重庆：重庆大学出版社，2009